Bernd-Olaf Küppers · Der Ursprung biologischer Information

Bernd-Olaf Küppers

Der Ursprung biologischer Information

Zur Naturphilosophie der Lebensentstehung

Vorwort von
Carl Friedrich von Weizsäcker

Piper
München · Zürich

Mit 26 Abbildungen

ISBN 3-492-02996-5
© R. Piper GmbH & Co. KG, München 1986
Gesetzt aus der Times-Antiqua
Gesamtherstellung: Mühlberger, Augsburg
Printed in Germany

Meiner Mutter

Inhalt

Vorwort

Die philosophisch wichtigste Entdeckung der neuzeitlichen Naturwissenschaft ist wohl die Geschichte der Natur. Das Buch, dem dieses Vorwort gilt, behandelt die aktuellen philosophischen Probleme eines wichtigen Ausschnitts aus dieser Geschichte, der sich erst in den letzten Jahrzehnten dem Zugriff der Wissenschaft zu erschließen beginnt. Es sei erlaubt, in einem etwas weiteren Ausgriff den Hintergrund dieser Probleme anzudeuten.

Als Europa im Hochmittelalter materiell aufblühte und sich auch das europäische Denken mehr der sinnlich erfahrbaren Wirklichkeit zuwandte, wählte es als seine philosophische Autorität den größten Empiriker unter den antiken Philosophen, Aristoteles. In der Tradition dieser Wahl steht die Entwicklung der abendländischen Naturwissenschaft bis zum heutigen Tage. Genau deshalb mußten sich die beiden tiefsten Zäsuren dieses Reifungsprozesses gerade durch ihre Abweichung von Aristoteles interpretieren: die Entstehung der mathematischen Physik im 17. und der Evolutionslehre im 19. Jahrhundert. Nun gibt es nur selten ein Erwachsenwerden ohne Vaterkonflikt. Wie in Vaterkonflikten üblich, war der Sohn psychisch genötigt, ein verzerrtes Bild des Vaters zu zeichnen, weil er nur so die Kraft fand, sich angesichts der überwältigenden väterlichen Leistung auf den ihm selbst bestimmten, vom Vater abweichenden Weg zu machen. Aristoteles war nicht der Dogmatiker, als den ihn der Geschichtsmythus der Naturwissenschaft später karikiert hat. Seine Schriften, Dokumente eines rastlos offenen Forschens und überlegener methodischer Reflexion, wurden nur die Lehrbücher eines elementaren und darum dogmatischen Unterrichts. Die Abweichung von Aristoteles lag in beiden Zäsuren in einer Sachentscheidung von freilich höchster Relevanz. In Galileis mathematischer Physik bedeutete sie einen veränderten Begriff von Erfahrung, in Darwins Evolutionslehre bedeutete sie den Gedanken einer Geschichte der Natur. Beide Entscheidungen hängen – so können wir heute sehen – miteinander zusammen.

Was ist Erfahrung? Wie verhält sie sich zur Theorie? Wir pflegen zu sagen, Erfahrung sehe das Einzelne, Theorie denke das Allgemeine. Ich finde im Herbst eine kleine Fliege in meiner Küche, ich verfolge am Himmel den Lauf des Jupiters – das ist Erfahrung. Die kleine Fliege ist keine Stubenfliege, sondern eine Taufliege, Drosophila. Jupiter wandert an den anderen Sternen vorbei, er ist kein Fixstern, sondern ein Planet. Durch das Fernrohr sehe ich die Jupitermonde, von Galilei 1610 entdeckt und mit den um die Sonne kreisenden Planeten verglichen. Mikroskop und Chemie haben Drosophila zum Modelltier der modernen Genetik gemacht. Was ist geschehen?

Ich habe nicht »bei Speisedüften etwas kleines Schwarzes« gesehen, sondern »in der Küche eine Fliege«; nicht »bei Dunkelheit einen hellen Fleck«, sondern »am Himmel einen Stern«. Die griechische Philosophie in ihrer hohen methodischen Bewußtheit geht von dem Faktum aus, das für die moderne Verhaltensforschung Konrad Lorenz wiederentdeckt hat: Wahrnehmung ist Gestaltwahrnehmung. Ich sehe eine Fliege, das heißt, ich nehme das kleine Wesen alsbald *als* Fliege wahr und den Lichtpunkt *als* Stern. »Fliege« und »Stern« sind Begriffe. Sie bezeichnen ein Allgemeines; es gibt viele Fliegen, viele Sterne. Ohne Begriffe könnten wir keine einzige Erfahrung aussprechen; auch »kleines Schwarzes«, »heller Fleck« sind Begriffe. Auf der Stufe philosophischer Reflexion, die das gegenwärtige Buch anstrebt, kommt es noch nicht darauf an, zu diskutieren, wie diese Leistung der Gestaltwahrnehmung physiologisch und psychisch zustande kommt. Es ist aber unerläßlich, zu sehen, daß es ohne diese Leistung keine Erfahrung, keine Wissenschaft und keine Philosophie gäbe. Das, was der Begriff bezeichnet, also dasjenige, *als was* wir das Wahrgenommene wahrnehmen, also »Fliege« oder »Stern«, nennt Aristoteles das »eidos«, was ins Lateinische übersetzt »species«, ins Deutsche »Aussehen«, »Gestalt« oder – in der Sprache der Biologie – »Art« heißt.

Begriffe aber gewinnen in der Wissenschaft einen scharfen Sinn erst im Rahmen eines umfassenden Wissens, letztlich einer Theorie. Woher weiß ich eigentlich, daß dieses Tierchen eine Fliege ist? Mein biologischer Freund, dessen Spezialität das Fliegenhirn ist, bestätigt: Taufliege, Drosophila. Er bestätigt es, ohne das Tierchen gesehen zu haben: Er kennt ihre Gewohnheiten und weiß, was sonst in Betracht käme. Daß die Jupitermonde um Jupiter kreisen, hat Galilei gesehen; daß ebenso Jupiter, Mars, Erde . . . um die Sonne kreisen, hat er geglaubt; warum beides geschieht, hat Newton durch das Gravitationsgesetz beschrieben; seitdem ist »Jupitermond« ein klarer Begriff. Daß unter den Begriff »Planet« die Erde fällt, nicht aber die Sonne, diese Erkenntnis unterscheidet Galilei von Aristoteles; und zur Zeit Galileis war sie nur ein Glaube.

Was ist dann der tiefe methodische Unterschied zwischen Aristoteles und Galilei? Beide suchten eine umfassende Theorie; beide wußten, daß erst in einem solchen Rahmen Erfahrung streng interpretiert werden kann. »Theoria« heißt im Griechischen Anschauung, ein intellektuelles Sehen. Aristoteles tastete sich durch die Fülle sinnlicher und durch die Strenge intellektueller Wahrnehmungen zu einer Wahrnehmung der obersten gedanklich zugänglichen Gestalten und der umfassenden sinnlich zugänglichen Welt vor. Wenn die Erdkugel die Mitte, der Himmel die Schale einer endlichen, sich selbst ewig gleichen Welt ist, so ist dieses Unterfangen vielleicht nicht aussichtslos. Galilei, Erbe des Pathos des

Kolumbus und der Vision des Kopernikus, sprengt diese Welt. Er schaltet statt dessen zwischen Erfahrung und Theorie zwei Handwerkszeuge ein: Mathematik und Experiment. Man kann Mathematik vielleicht als Wahrnehmung von Strukturen durch die Schaffung von Strukturen bezeichnen; diese Definition sucht das unerläßliche Zusammenspiel von Sehen und Handeln, von Rezeptivität und Spontaneität zu beschreiben; »Struktur« ist ein anderes modernes Wort für einen Typ des intellektuell wahrnehmbaren »eidos«. Hypothetisch entworfene Strukturen des physischen Geschehens unterwirft Galilei dann dem Test des Experiments. Das Experiment ist Wahrnehmung eines Einzelfalls durch Schaffung eines Einzelfalls. Diese Methode nannte Galilei »dissecare naturam«, die Natur zerschneiden, um sie in einem neuen Bilde zusammenzusetzen. Galilei stößt bewußt über die Grenzen unserer üblichen sinnlichen Erfahrung hinaus. Hierdurch entsteht in den folgenden Jahrhunderten eine andere Einheit der Natur als bei Aristoteles, nicht eine Einheit des Sinns, sondern der mathematischen Gesetze. Auf diesem Wege sind wir heute noch.

Die Evolutionstheorie sprengt die zeitlichen Grenzen unserer Wahrnehmung. Im 18. Jahrhundert, bei Buffon und Kant, taucht der Gedanke einer natürlichen Entstehung unseres Sonnensystems auf; die Ähnlichkeit mit dem System der Jupitermonde deutet nun auf eine ähnliche Entstehung. Die paläontologischen Funde nötigen die Biologen, an eine Geschichte des organischen Lebens auf der Erde zu glauben. Lamarck gibt ihr die Gestalt des Glaubens an eine einheitliche Abstammung aller Spezies. Dies nun ist ein Bruch mit einer Grundüberzeugung des Aristoteles; und diesen Bruch hat die Debatte, von der auch das vorliegende Buch handelt, bis heute seelisch nicht ganz verarbeitet.

Wir erläutern dies durch einen Blick auf die vier »archai«, die Aristoteles, zunächst rein deskriptiv, allen veränderlichen Dingen zuschreibt. »Archai« wird ins Lateinische mit »causae«, ins Deutsche, sehr mißverständlich im modernen Sprachgebrauch, mit »Ursachen« übersetzt; wörtlich heißt es »Anfänge«, abstrakter also »Prinzipien«. Das erste Prinzip ist die »Materie«, aus der das Ding wird. »Hylē«, lateinisch »materia«, heißt eigentlich »Holz«. Die Materie ist eine selbst schon gestaltete Sache, welche imstande ist, eine bestimmte Form anzunehmen: Die Bronze ist Materie der Statue, die vier Elemente (wir würden sagen: die chemischen Atome) sind Materie für das Lebewesen. Das zweite Prinzip ist die »Form«, das »eidos«: eben die Gestalt einer Statue, der Wirkungszusammenhang eines lebendigen Körpers. Das dritte Prinzip ist »der Ursprung der Veränderung«, also modern die wirkende Ursache: der Künstler, der die Statue macht; die Eltern, die Nachkommen ihresgleichen erzeugen. Das vierte Prinzip ist das »Ziel« (telos), also das, was beim Entstehen schließlich herauskommen soll: die Statue im Tempel, die fertigen Organismen der Nachkommen. Jedes veränderliche Ding hat alle vier Prinzipien. Insbesondere ist zwischen Ursache und Ziel sowenig ein Widerspruch wie, modern gesprochen, zwischen Genotyp und Phänotyp.

Von dieser, wie mir scheint, tadellosen phänomenologischen Deskription macht Aristoteles dann aber einen weitgehend philosophischen Gebrauch. Platon hatte ihn gelehrt, das »eidos« als überzeitlich zu verstehen. Zweimal zwei ist nicht nur heute gleich vier; das Gerechte ist nicht nur heute gerecht. Wie aber kann das »eidos« der Taufliege oder des Menschen überzeitlich sein? Des Aristoteles Antwort: »Ein Mensch erzeugt einen Menschen«; die Welt ist ewig und in ihr die Spezies. Dieses Weltbild nun zerbricht durch die Evolutionslehre. Die Einheit der Natur wird im Lichte der Evolution eher vollständiger. Wir Menschen sind zwar nicht mehr behaust in einer endlichen, wohnlichen Welt, sondern wir sind in den unermeßlichen Kosmos der Galaxien geworfen. Aber wir sind nun wirklich Kinder der Natur, stammverwandt nicht nur mit Affen, Taufliegen, Gräsern und Amöben, sondern, wenn Eigens Theorie und Küppers' Buch recht haben, auch

13

mit Molekülen, Steinen und Sternen. Die Eidosphilosophie freilich muß nun durchaus umgebaut werden.

Vor dem Hintergrund dieser umfassenden Revolution schneidet das Buch von Küppers eine wichtige Phase des Evolutionsprozesses heraus, die Entstehung des Lebens aus anorganischer Materie. In diesem Gebiet bin ich nicht Fachmann. Ich gestehe, daß ich keine seelische Hemmung und kein begriffliches Gegenargument gegen den »molekulardarwinistischen« Ansatz habe, den das Buch darstellt und philosophisch analysiert. Wissenschaftlich scheint mir diese Theorie eine Lücke zu schließen, vielleicht vergleichbar geographischen Leistungen wie der Nordwestdurchfahrt nördlich von Amerika: Man hatte keinen Grund zu zweifeln, daß jene Meere existieren, aber es war ungewiß, ob unsere Schiffe sie durchfahren können. Auch philosophisch habe ich keine Hemmung, mit ihm die beiden Gegenmodelle zu kritisieren: die Zufallshypothese von Monod und die »teleologischen« Versuche. Vielleicht würde diese Debatte vor dem Hintergrund eines besseren Verständnisses der verdrängten Vaterfigur sogar noch etwas leichter.

Information, der Zentralbegriff des Buchs, ist einfach eine moderne quantifizierende Fassung dessen, was bei den Griechen »eidos« oder »Form« heißt; sie ist ein Maß der Strukturmenge. Die drei »Dimensionen« dieses Begriffs im 2. Kapitel machen die Fragestellung klar. Die syntaktische Information ist eine Abzählung der formalen Mittel unter Absehung von ihrem Sinn. Die semantische Information behandelt den Sinn, also das, was wir verstehen, wenn wir eine Struktur verstehen, im Rahmen des Dualismus von Subjekt und Objekt, der eine Erfindung der neuzeitlichen Philosophie ist (weder Platon noch Aristoteles sind Dualisten; sie werden nur oft so mißverstanden). Die pragmatische Information ist ein Versuch, das Verstehen von Sinn selbst als Naturprozeß zu beschreiben; eine Annäherung an die den Menschen einschließende Einheit der Natur.

14

Die Zufallshypothese und die »Teleologie« scheinen mir feindliche Brüder zu sein, beide erzeugt aus einem Mißverständnis des aristotelischen Ansatzes und einer daher stammenden Fehllokalisierung des eigentlichen philosophischen Problems. Mitschuldig hieran ist die erste Verzerrung der aristotelischen Philosophie, die schon durch ihre Rezeption im christlichen Mittelalter eingetreten ist. Sie mußte dort mit der christlichen Schöpfungstheologie versöhnt werden, mit der sie, wenn beide wörtlich gedeutet werden, unvereinbar ist (»man kann die Bibel nur entweder ernst oder wörtlich nehmen«). Die Welt ist in dieser Auffassung nun gerade nicht ewig, und das »eidos« ist ewig nur als des ewigen Gottes schöpferischer Gedanke. So wird aus dem objektiven »Ziel« des Wachstums ein anthropomorph gedachter »Zweck«. Die Naturwissenschaft war in vollem Recht, sich gegen diese Zwecke als »Erklärungsprinzipien« zu wehren. »Kausalität« und »Finalität« sind Ausdruck derselben Grundstruktur; das sieht man mathematisch daran, daß Integralprinzipien als Bedingungen ihrer Erfüllung Differentialgleichungen erfordern. Das philosophisch-biologische Problem ist, wie diese Grundstruktur, die Aristoteles als ewig setzt, in der Geschichte der Natur entstehen konnte. Davon handelt dieses Buch. Die Überwindung des Dualismus von Materie und Bewußtsein bleibt ausgespart. Sie wird aber leichter zu leisten sein, wenn das hier Besprochene verstanden sein wird.

Starnberg, im November 1985   *Carl Friedrich von Weizsäcker*

Einleitung

Die faszinierenden Ergebnisse der molekularen Biologie vermitteln uns einen tiefen Einblick in den materiellen Aufbau lebender Systeme. Eine Vielzahl komplizierter Lebenserscheinungen läßt sich heute bereits auf die bekannten Gesetzmäßigkeiten der Physik und Chemie zurückführen. Dies gilt auch für das Phänomen der Entstehung des Lebens. So ist es in den letzten Jahren gelungen, das Darwinsche Evolutionskonzept auf den molekularen, a priori unbelebten Bereich der Materie zu übertragen und darauf aufbauend eine physikalisch-chemische Theorie der Lebensentstehung zu entwickeln, die in ihren wesentlichen Aussagen experimentell überprüfbar ist. Es liegt auf der Hand, daß sich im Rahmen dieser Entwicklung auch eine Reihe wichtiger naturphilosophischer Fragestellungen neu bestimmen läßt.

Wenngleich mit dieser Untersuchung naturphilosophisches Neuland betreten wird, so steht die Gesamtdiskussion doch unter einer geradezu klassischen Fragestellung der Naturphilosophie: der des Zusammenhangs von Gesetz und Zufall in der Evolution des Lebens.

Der französische Molekularbiologe Jacques Monod hat diese Problematik erstmals aus der Perspektive der modernen Genetik behandelt. Als er seine Überlegungen seinerzeit unter dem Buchtitel »Zufall und Notwendigkeit« veröffentlichte, befand sich die Molekulartheorie der Evolution noch in statu nascendi, und eine gesetzmäßige Erklärung des Phänomens der Lebensentstehung wurde vorwiegend im Rahmen vitalistischer beziehungsweise teleologischer Denkmodelle

17

angeboten. Dem setzte Monod nun seine eigene, ebenso einseitige Sicht der Evolution entgegen: Er interpretierte die Entstehung und Evolution des Lebens als einen im wesentlichen durch den Zufall bedingten Prozeß. Die Abhandlungen Monods zur Evolutionsproblematik zeichnen sich freilich mehr durch brillant vorgetragene Polemik als durch naturphilosophische Tiefe aus und hinterließen in dieser Hinsicht ein Defizit, das bis heute noch nicht kritisch aufgearbeitet worden ist. Die vorliegende Untersuchung soll diese Lücke schließen. Sie gliedert sich in fünf Kapitel.

In Kapitel I wird zunächst der biologische Problemkreis eingegrenzt, auf den sich die anschließende naturphilosophische Analyse bezieht. Am Anfang steht eine knappe Einführung in die moderne Evolutionstheorie (I, 1). Ein zentraler Grundbegriff dieser Theorie ist der Begriff der »biologischen Information«; denn die für lebende Systeme charakteristische materielle Ordnung und Zweckmäßigkeit sind vollständig informationsgesteuert und in universeller Form bereits auf der Ebene der biologischen Makromoleküle begründet (I, 2). Die Frage nach dem Ursprung des Lebens erweist sich daher als gleichbedeutend mit der Frage nach dem Ursprung biologischer Information.

Das Problem der biologischen Informationsentstehung wird in den nachfolgenden Kapiteln unter zwei Gesichtspunkten behandelt: Zum einen wird es unter seinem erkenntnistheoretischen Aspekt, zum anderen aber auch unter dem metatheoretischen Aspekt der Begriffs- und Theorienbildung im Grenzbereich von Physik, Chemie und Biologie analysiert. Insofern spiegelt bereits die Doppeldeutigkeit des Titels der vorliegenden Untersuchung den zweifachen Aspekt der Problemstellung wider.

Die Anwendung des Informationsbegriffes in der Biologie setzt zunächst eine begriffliche Klärung dessen voraus, was unter »biologischer Information« zu verstehen ist. Diesem Ziel dient Kapitel II. Es lassen sich drei Dimensionen des

Informationsbegriffes unterscheiden, die als syntaktischer, semantischer und pragmatischer Aspekt von Information in Erscheinung treten. Der syntaktische Aspekt von Information, wie er Gegenstand der ausschließlich strukturwissenschaftlich orientierten Shannonschen Informationstheorie ist, ist für eine nähere Bestimmung des Begriffs »biologische Information« von untergeordneter Bedeutung (II, 1). Wesentlich ist hingegen der semantische Aspekt; denn das, was an einem Organismus informationsgesteuert ist, hat einen bestimmten Sinn und eine Bedeutung für die Aufrechterhaltung seiner Lebensfunktionen (II, 2). Dies führt unmittelbar auf die grundlegende wissenschaftsphilosophische Frage, inwieweit sich der semantische Aspekt von Information überhaupt objektivieren und zum Gegenstand einer naturwissenschaftlichen Betrachtung machen läßt. Carl Friedrich von Weizsäcker hat vorgeschlagen, den semantischen Aspekt von Information über den pragmatischen Aspekt von Information zu objektivieren. Seine zentrale philosophische These lautet: »Information ist nur, was Information erzeugt« (Die Einheit der Natur, S. 351). In Kapitel II, 3 wird gezeigt, daß dieser Ansatz geeignet ist, auch den Begriff der biologischen Information zu objektivieren, womit zugleich die Voraussetzungen geschaffen sind, um die Frage nach dem Ursprung biologischer Information sinnvoll diskutieren zu können.

In Kapitel III werden für das Problem der biologischen Informationsentstehung drei Lösungsmodelle vorgestellt: die Zufallshypothese, der teleologische Ansatz und der molekulardarwinistische Ansatz. Allen Lösungsmodellen ist gemeinsam, daß sie von extrem niedrigen A-priori-Wahrscheinlichkeiten für eine zufällige Entstehung biologischer Information ausgehen. Sie unterscheiden sich hingegen in ihrer Antwort auf die Frage, inwieweit eine *gesetzmäßige* Erklärung des Phänomens möglich ist. Die insbesondere von Monod propagierte Zufallshypothese negiert gänzlich die Möglichkeit einer gesetzmäßigen Erklärung und interpretiert den Ursprung biologischer Information a posteriori als ein singuläres Zufallsereignis, das aufgrund seiner extrem niedrigen A-priori-Wahrscheinlichkeit im gesamten Universum einmalig und nicht wiederholbar ist (III, 1). Demgegenüber führt der teleologische Lösungsansatz, wie er insbesondere von Walter Elsasser und Eugene Wigner entwickelt wurde, die Existenz biologischer Information auf das Wirken *lebensspezifischer* Gesetzmäßigkeiten zurück, welche die Belebung der unbelebten Materie verursachen, ihrerseits aber nicht auf die Gesetze der Physik und Chemie reduzierbar sein sollen (III, 2). Das dritte Lösungsmodell, das vor allem auf die Arbeiten von Manfred Eigen zurückgeht, basiert im wesentlichen auf den Gesetzen der chemischen Reaktionskinetik und beschreibt den Prozeß der biologischen Informationsentstehung als einen molekulardarwinistischen Selbstorganisations- und Evolutionsprozeß der Materie, in dessen Verlauf biologische Information sukzessiv entsteht (III, 3).

Der erkenntnistheoretische Status der Zufallshypothese sowie des teleologischen Ansatzes wird in Kapitel IV analysiert. Es zeigt sich, daß beide Lösungsmodelle, im Gegensatz zum molekulardarwinistischen Ansatz, außerhalb des Rahmens physikalisch-chemischer Erklärungsmodelle stehen. Grundlegend für die Diskussion in Kapitel IV ist die von Ray Solomonoff im Zusammenhang mit der algorithmischen Informationstheorie entwickelte phänomenologische Deutung des Gesetzesbegriffs in den empirischen Wissenschaften. Danach enthält eine Folge von Beobachtungsdaten genau dann eine gesetzmäßige Beziehung, wenn die Datenfolge (etwa verschlüsselt als Binärsequenz) keine Zufallsfolge, das heißt, wenn sie aufgrund ihr innewohnender Gesetzmäßigkeiten in komprimierter Form darstellbar ist. Diese Deutung des Gesetzesbegriffs ist so allgemein, daß sie neben dem Gesetzzesbegriff der Physik und Chemie auch den teleologischen Gesetzesbegriff umfaßt. Sie beruht auf der Definition des Begriffes »Zufallsfolge« als eine Zeichenfolge, deren Infor-

20

mation nicht wesentlich komprimierbar ist (IV, 1). Die Tatsache, daß die in den biologischen Makromolekülen verschlüsselte genetische Information sich in Form von Binärsequenzen ausdrücken läßt, erlaubt eine direkte Anwendung der algorithmischen Informationstheorie und ihrer Theoreme. Insbesondere läßt sich aus dem sogenannten Zufallstheorem von Gregory Chaitin eine wichtige Grenze objektiver Erkenntnis in der Biologie ableiten. Danach ist die Monodsche Zufallshypothese prinzipiell unbeweisbar, während der teleologische Ansatz prinzipiell unwiderlegbar ist (IV, 2).

Die erkenntnistheoretischen Möglichkeiten und Grenzen des molekulardarwinistischen Lösungsansatzes werden in Kapitel V analysiert. Das zentrale Postulat des molekulardarwinistischen Ansatzes ist die Behauptung, daß eine Selektion im Sinne Darwins bereits im molekularen Bereich wirksam ist und daß die genetische Information durch Selbstorganisation und Evolution von biologischen Makromolekülen entstanden ist. Am Kernstück der Darwinschen Evolutionslehre, dem Prinzip der natürlichen Selektion, stellt sich somit geradezu paradigmatisch die Frage nach der physikalischen Begründbarkeit der Biologie. Die stärksten Einwände gegen den Physikalismus in der Biologie kommen von seiten der sogenannten organismischen Biologie. Diese stellt vor allem den ganzheitlichen Aspekt der Lebenserscheinungen in den Vordergrund ihrer Betrachtungen und vertritt unter anderem die These, daß jene Lebenserscheinungen, in denen sich die Phänomene der Emergenz und der Makrodeterminiertheit widerspiegeln, nicht vollständig auf die Gesetzmäßigkeiten der unbelebten Materie reduzierbar seien (V, 1). Es läßt sich jedoch an verschiedenen Beispielen zeigen, daß sowohl das Phänomen der Emergenz als auch das der Makrodeterminiertheit bereits bei unbelebten Systemen auftreten und daher, im Widerspruch zur Position der organismischen Biologie, *keinen* ontologischen Unterschied zwischen dem Belebten und Unbelebten begründen können. Folglich können die Phänomene der Emergenz und Makrodeterminiertheit auch nicht als Argument gegen eine physikalische Erklärung der Lebenserscheinungen, insbesondere nicht gegen eine physikalische Begründung des Selektionsprinzips angeführt werden. In Kapitel V, 2 wird vielmehr gezeigt, daß sich das Selektionsprinzip durchaus physikalisch begründen läßt. Natürliche Selektion im Sinne Darwins erweist sich als ein aus den Materieeigenschaften ableitbares Extremalprinzip, das über einen physikalisch definierten Wertgradienten zugleich die Ursemantik biologischer Information festlegt. Im Mittelpunkt der Diskussion von Kapitel V, 3 steht schließlich die Erklärungsstruktur des molekulardarwinistischen Lösungsansatzes sowie die Frage nach dem konzeptionellen Wandel, der sich gegenwärtig in der Physik der Selbstorganisation und Evolution vollzieht.

Die vorliegende Untersuchung hat den Vorteil, an die neuesten Erkenntnisse der Evolutionsforschung, wie sie zum Beispiel in Form der Molekulartheorie der Evolution vorliegen, anknüpfen zu können. Andererseits ergeben sich hieraus zwangsläufig gewisse Einschränkungen; denn obgleich uns die Molekulartheorie der Evolution bereits ein zusammenhängendes physikalisch-chemisches Bild der Lebensentstehung vermittelt, so hat sie doch keineswegs schon jenes Reifestadium erreicht, welches die grundlegenden Theorien der Physik auszeichnet. Demzufolge läßt sich die wissenschaftsphilosophische Analyse nicht mit der Schärfe und Präzision durchführen, wie es etwa im Rahmen der Wissenschaftsphilosophie der Physik möglich ist. Erschwerend hinzu kommt der für die Entwicklung neuer Theorien charakteristische Umstand, daß Theorienbildung und Begriffsbildung nicht synchron verlaufen, sondern – speziell in der Anfangsphase – die Theorienbildung der Begriffsbildung oft weit vorauseilt. So werden in der Regel bei der Grundlegung einer Theorie die Begriffe über ein intuitives Vorverständnis in die Theorie eingeführt und erst nach der Nukleationsphase der Theorie in

22

Form eines Iterationsprozesses zwischen Theorie- und Begriffsbildung verschärft. Allerdings macht dieser Aspekt der Theoriendynamik deutlich, wie sehr eine Theorie gerade in ihren frühen Entwicklungsstadien die Impulse durch eine metatheoretische Betrachtungsweise benötigt. Neben der naturphilosophischen Problematik, die im Zentrum dieses Buches steht, werden daher im folgenden auch immer wieder wissenschaftstheoretische Fragestellungen aufgegriffen und diskutiert.

I. Materie und Information

1. Das Darwinsche Evolutionskonzept

Auf der Erde leben gegenwärtig schätzungsweise drei bis zehn Millionen Pflanzen- und Tierarten. Jede Art ist an ihren besonderen Lebensraum und die damit verbundenen funktionellen Anforderungen angepaßt. Die hieraus resultierende Vielfalt des Lebendigen erscheint unerschöpflich und in ihrer Gesamtheit nahezu unfaßbar. Dennoch gibt es in der unübersehbaren Fülle lebender Organismen eine Vielzahl von Gemeinsamkeiten und Regularitäten. So konnte bereits Jean-Baptiste de Lamarck[1] zu Beginn des vorigen Jahrhunderts seine Vermutung wissenschaftlich belegen, daß die Lebewesen keine unveränderlichen Produkte eines einmaligen Schöpfungsaktes sind, sondern sich vielmehr evolutiv auseinanderentwickelt haben. Des weiteren unternahm Lamarck auch den Versuch, den Mechanismus der biologischen Evolution auf natürliche Weise zu erklären. Er nahm an, daß die Tiere zur Sicherung ihrer Lebensbedürfnisse verschiedene Organe weiterentwickeln und die so entstandenen körperlichen Veränderungen durch Vererbung auf ihre Nachkommen übertragen können. Der auf dieser Vorstellung aufbauende sogenannte *Lamarckismus* erklärt die biologische Evolution allgemein als eine auf Zweckmäßigkeit ausgerichtete finalistische Selbstanpassung der Organismen an ihre Umwelt, verbunden mit der Fähigkeit zur Vererbung erworbener Eigenschaften.

Wenngleich der Lamarckismus durch spätere Forschungsergebnisse nicht bestätigt werden konnte, so kommt Lamarck doch unbestritten das Verdienst zu, als erster das Phänomen der biologischen Evolution klar erkannt und damit die Abstammungslehre (Deszendenztheorie) begründet zu haben.

Der tatsächliche Mechanismus der Evolution wurde ein halbes Jahrhundert später durch Charles Darwin[2] in überzeugender Weise aufgeklärt. Als Ergebnis zahlreicher Naturbeobachtungen während seiner legendären Weltreise mit dem Forschungsschiff »Beagle« veröffentlichte Darwin im Jahre 1859 sein berühmtes Prinzip von der *Evolution durch natürliche Selektion*: Die Entstehung der Arten beruht auf einer natürlichen Auslese (Selektion) des durch zufällige und richtungslose Änderungen variierenden Erbmaterials; nur diejenigen Arten, die an die jeweils herrschenden Umweltbedingungen am besten angepaßt sind, können überleben und sich evolutiv weiterentwickeln.

Wie Darwin bereits richtig erkannte, wird die natürliche Selektion durch das in der Natur zu beobachtende Phänomen der Überproduktion ausgelöst. Mit dem Begriff »Überproduktion« bezeichnet man in der Populationsbiologie die Tatsache, daß sich die Lebewesen unter günstigen Bedingungen in der Regel unkontrolliert stark vermehren (exponentielles Wachstum). Da andererseits jeder Lebensraum begrenzt ist, gibt es im Wachstum einer Population immer einen Zeitpunkt, von dem ab die Umwelt, beispielsweise das Nahrungsreservoir, nicht mehr alle Individuen einer Population versorgen kann. Es werden dann zwangsläufig bestimmte Individuen sterben, während andere überleben und weiterhin Nachkommen produzieren. Da aber aus prinzipiellen physikalischen Gründen (Endlichkeit der Wechselwirkungsenergien, Brownsche Molekularbewegung) das genetische Material nur in begrenztem Umfang exakt kopiert werden kann, führt der Reproduktionsprozeß sowohl zu Nachkommen, die von den ursprünglichen Individuen abweichen (Mutanten), als auch zu solchen, die der Elterngeneration genetisch gleichen. Aufgrund ihres begrenzten Lebensraumes sind nun die Lebewesen einem fortwährenden Selektionsdruck ausgesetzt, dem jene Organismen am besten gewachsen sind, die die Ressourcen der Umwelt anteilmäßig am wirkungsvollsten nutzen, indem sie – bei gleichzeitig hoher Lebensdauer – pro Zeiteinheit die meisten Nachkommen produzieren (Prinzip des »survival of the fittest«).[3]

Wie die genauere Analyse des Selektionsmechanismus zeigt (vgl. V, 2), ist die Wachstumsbegrenzung allerdings keine notwendige Voraussetzung für das Einsetzen der natürlichen Selektion. In unbegrenzt wachsenden Populationen kommt es bereits dann zu ungleichgewichtigen Verschiebungen in den Populationsdichten, wenn die Individuen ein unterschiedliches Reproduktionsverhalten aufweisen (sogenannte differentielle Reproduktion). Tritt die Konkurrenz unter Artgenossen auf, so kommt es zu einer *intra*spezifischen Selektion. Treten als Konkurrenten Angehörige anderer Arten auf, so wirkt die Selektion *inter*spezifisch.

Das Darwinsche Evolutionskonzept wurde vorwiegend unter dem Einfluß der modernen Populationsgenetik zur sogenannten *synthetischen Evolutionstheorie* ausgebaut, wobei Mutation und Milieu-Selektion um eine Reihe anderer Evolutionsfaktoren (genetische Drift usw.) ergänzt wurden.[4] Heute liefern so verschiedene Disziplinen wie die Paläontologie, vergleichende Anatomie, Molekularbiologie und Ökologie wichtige Beiträge zur Evolutionstheorie.

Die synthetische Evolutionstheorie beschreibt im wesentlichen die Entwicklung einer Population, in der mehrere Varianten desselben Gens (Allele) miteinander konkurrieren. Das Grundkonzept dieser Theorie können wir in Anlehnung an Jacques Monod[5] vereinfacht durch die folgenden drei Thesen beschreiben:

(1) Die Übertragungseinheit der *Vererbung* ist das Gen, das infolge von Mutationen auch zum Träger der mikroskopischen Innovation wird.

(2) Die Einheit der *Selektion* ist das Individuum, das in seinem Phänotypus die äußerst komplexen Wechselwirkun-

gen seiner Erbmasse ausdrückt. Die Selektion auf der Ebene des Individuums wirkt sich als Evolutionsdruck ausschließlich durch eine Modulation der Wahrscheinlichkeit aus, mit der das Individuum seine Erbmasse in nachfolgenden Generationen verbreiten kann.

(3) Die *evolvierende* Einheit ist weder das Gen noch das Individuum, sondern die Population, die über einen gemeinsamen »Genpool« verfügt. In einer solchen »Mendelschen Population« wird die Summe der individuellen Genome dauernd sexuell ausgetauscht und rekombiniert. Die Evolution bezieht sich also auf einen spezifischen Genkomplex, der einer Spezies nach und nach bessere Eigenschaften verleiht.

Die synthetische Evolutionstheorie ist heute durch eine Vielzahl empirischer Befunde abgesichert. Ihre Gültigkeit ist so vielfach bestätigt worden, daß sie als *die* grundlegende Theorie der Biologie angesehen werden muß.

Wenn wir im folgenden von der Darwinschen Evolutionslehre sprechen, so ist damit immer die soeben skizzierte synthetische Theorie der Evolution gemeint. Sehr häufig werden wir jedoch auch vom *molekulardarwinistischen Ansatz* sprechen. Damit meinen wir dann die Anwendung des Darwinschen Evolutionskonzepts auf Molekülpopulationen, wie sie die Grundlage für die sogenannte *Molekulartheorie der Evolution* ist. Diese Unterscheidung ist insofern wichtig, als die Molekulartheorie der Evolution nicht bloß eine einfache Übertragung der synthetischen Evolutionstheorie auf den Bereich der biologischen Makromoleküle darstellt, sondern durchaus ihr eigenes begriffliches Instrumentarium entwickelt hat. Eine genauere Analyse der intertheoretischen Verhältnisse steht jedoch noch aus.

Weiterhin wollen wir die wichtige Frage, ob die synthetische Evolutionstheorie tatsächlich eine im Sinne des kritischen Rationalismus falsifizierbare Theorie darstellt oder, wie sich Karl Popper[6] einmal äußerte, ob sie lediglich ein »metaphysisches Forschungsprogramm« ist, zunächst zurückstellen. Diese Frage wird, insbesondere in bezug auf die Molekulartheorie der Evolution, in den folgenden Kapiteln für unsere Überlegungen eine zentrale Rolle spielen und dort noch eingehend diskutiert werden.

2. Die molekularen Wurzeln des Lebendigen

Nach der Darwinschen Evolutionslehre ist der Grad der funktionalen Anpassung eines Lebewesens an seine Umweltbedingungen ein entscheidendes Kriterium für dessen Überlebenschancen. Dementsprechend spiegelt sich das »Anpassungskriterium« auf mannigfaltige Weise in der Zweckmäßigkeit biologischer Strukturen wider. Zwei ausgewählte Beispiele machen dies deutlich:

Betrachten wir zunächst die Struktur eines Sinnesorgans, zum Beispiel die des Wirbeltierauges (Abb. 1). Was unmittelbar auffällt, ist die weitgehende strukturelle und funktionelle Identität, die zwischen dem Sehorgan und einem Photoapparat besteht. Auge und Kamera besitzen nahezu funktionsgleiche Bauteile wie Linsen, Blenden, Filter und Verschlüsse. In beiden Systemen werden die optischen Signale mit Hilfe von lichtempfindlichen Pigmenten fixiert. Die grundlegenden Gesetze der geometrischen Optik spiegeln sich im Konstruktionsprinzip des Auges ebenso klar wider wie in der von Menschenhand gefertigten Kamera. Mehr noch, das Wirbeltierauge ist sogar in vielen Belangen der Kamera überlegen. So ist zum Beispiel die automatische Bildfokussierung des Auges ein bislang nur unzulänglich erreichtes Ziel phototechnischer Entwicklungsarbeit. Und ist es nicht ein weiteres Zeichen hochgradiger Anpassung der Lebewesen an ihre Umweltbedingungen, daß das Auge seine höchste Empfindlichkeit im grüngelben Wellenlängenbereich besitzt, also gerade dort, wo das von der Sonne ausgehende Licht ein Intensitätsmaximum aufweist?

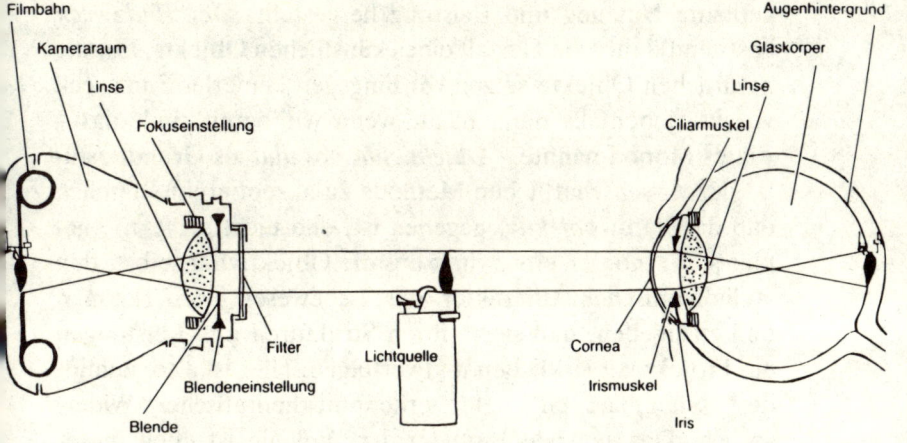

Filmbahn
Kameraraum
Linse
Fokuseinstellung
Filter
Blendeneinstellung
Blende
Lichtquelle
Augenhintergrund
Glaskorper
Linse
Ciliarmuskel
Cornea
Irismuskel
Iris

Abb. 1: *Struktur- und Funktionsvergleich zwischen Kamera und Auge. (In Anlehnung an Rupert Riedl.[7])*

Es wäre also absurd, wenn man die Zweckmäßigkeit des natürlichen Organs leugnen wollte, während man gleichzeitig dem Artefakt einen Zweck, nämlich den, Bilder einzufangen, zugesteht. Die Zweckmäßigkeit ist vielmehr ein charakteristisches Merkmal aller Lebewesen und nicht nur eine Einzelerscheinung, die auf einer zufälligen Koinzidenz von spezifischer Struktur und sinnvoller Funktion beruht.[8]

Colin Pittendrigh[9] hat für das biologische Phänomen der Zweckmäßigkeit den Begriff »Teleonomie« eingeführt. Im Unterschied zum Teleo*logie*-Begriff, der die Zweckmäßigkeit lebender Systeme durch die Existenz einer Endursache oder eines Endzweckes deutet, kennzeichnet der Teleo*nomie*-Begriff rein deskriptiv den Sachverhalt der Zweckmäßigkeit, ohne zugleich eine Erklärung für die Ursachen des Phänomens zu implizieren. Diese begriffliche Klarstellung ist außerordentlich wichtig, da sie zugleich eine Unterscheidung zwischen künstlichen und natürlichen Objekten erlaubt. Das Artefakt wird vom Menschen im Hinblick auf eine im voraus geplante Nutzung und Leistung hergestellt. Der *Endzweck* bestimmt daher die Gestalt eines künstlichen Objekts. Für die natürlichen Objekte setzen wir hingegen keinerlei Endzweck voraus, jedenfalls dann nicht, wenn wir bereit sind, das – wie es Monod nannte – *Objektivitätspostulat* als Grundpostulat der wissenschaftlichen Methode zu akzeptieren: »nämlich daß die Natur *objektiv,* gegeben ist, und nicht *projektiv,* geplant«.[10] Andererseits zwingt uns die Objektivität selbst, den »teleonomischen Charakter der Lebewesen anzuerkennen und zuzugeben, daß sie in ihren Strukturen und Leistungen ein Projekt verwirklichen und verfolgen. Hier ist also, zumindest scheinbar, ein tiefer erkenntnistheoretischer Widerspruch. Das zentrale Problem der Biologie ist eben dieser Widerspruch, der als nur scheinbarer aufzulösen oder, wenn es sich wirklich so verhält, als grundsätzlich unlösbar zu beweisen ist«.[11] Das Objektivitätspostulat und seine vielfältigen erkenntnistheoretischen Implikationen für die Biologie wird sich wie ein roter Faden auch durch die folgende Diskussion ziehen.

Das Wirbeltierauge ist nur eins von vielen Beispielen, wo die Teleonomie lebender Systeme makroskopisch in Erscheinung tritt und daher jedem von uns vertraut ist. Aber auch auf der mikroskopischen Ebene der Moleküle begegnet man im Bereich des Lebendigen teleonomischen Strukturen.

Betrachten wir zum Beispiel die lebenden Elementarbausteine der Organismen, die Zellen. Jede Zelle ist eine außerordentlich komplexe und hochorganisierte Einheit, die aus vielen Millionen Molekülen aufgebaut ist. Alle Moleküle einer Zelle wirken in einem genau aufeinander abgestimmten Funktionsschema zusammen, um den Ordnungszustand »Leben« aufrechtzuerhalten.

Werfen wir einen Blick auf die vielfältigen Wechselwirkungen der Zellmoleküle (Abb. 2). Besonders beeindruckend ist das komplexe Netzwerk von Stoffwechselkreisläufen und Regulationsmechanismen, wobei das in Abbildung 2 gezeigte

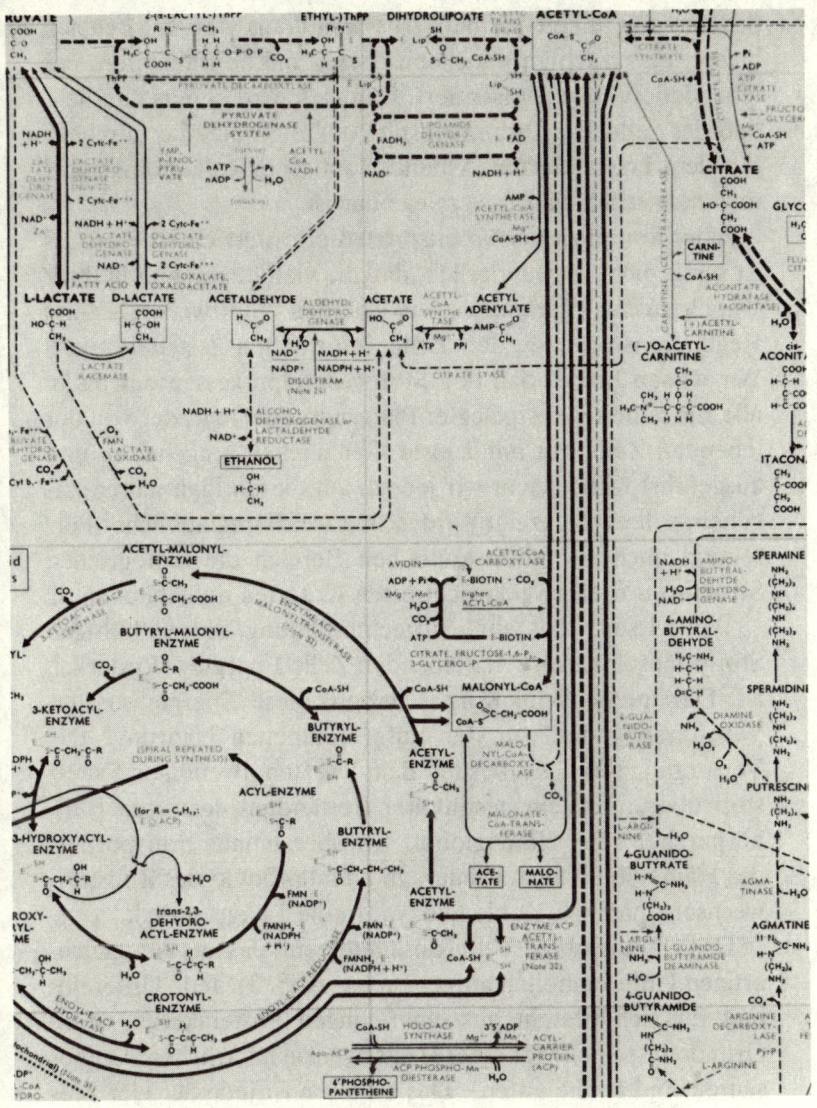

Abb. 2: *Stoffwechselkreisläufe der lebenden Zelle und deren Regulation.*[12]

Schema nur einen kleinen Ausschnitt aus den zahlreichen bisher untersuchten biochemischen Funktionsabläufen der lebenden Zellen repräsentiert. Dennoch wird bereits deutlich, daß das zelluläre Zusammenspiel der Biomoleküle durchaus mit dem koordinierten Arbeitsablauf einer vollautomatisierten chemischen Fabrik vergleichbar ist.

Jeder komplizierte Arbeitsprozeß erfordert einen Plan. Es ist somit nicht verwunderlich, daß die vielfältigen und in ihrer Detailstruktur geradezu verwirrenden Stoffwechsel- und Regulationsprozesse der Zelle informationsgesteuert sind. Wir wissen heute, daß den Stoffwechselprozessen ein bis in alle Einzelheiten festgelegter Plan zugrunde liegt, der von der lebenden Zelle mit minuziöser Genauigkeit eingehalten und ausgeführt wird. Bevor wir jedoch auf diesen Plan näher eingehen, soll noch gezeigt werden, mit welch unglaublicher Perfektion auch im mikroskopischen Bereich die biologischen Strukturen nach zweckorientierten Kriterien aufgebaut sind.

Wir wissen, daß zur Aufrechterhaltung der vielfältigen Stoffwechselprozesse der lebenden Zelle Energie erforderlich ist. Der menschliche Körper bezieht diese Energie aus der Verbrennung der von ihm aufgenommenen Nahrung. Die Versorgung des Gewebes mit dem hierzu notwendigen Sauerstoff übernimmt ein bestimmter Bestandteil der roten Blutkörperchen, das Hämoglobin. Darüber hinaus transportiert das Hämoglobin auch wieder ein Abfallprodukt des Zellstoffwechsels, nämlich Kohlendioxyd, in die Lunge zurück.

Das Hämoglobin ist ein Riesenmolekül, das aus vier gleichartigen Untereinheiten aufgebaut ist (Abb. 3). Jede Untereinheit für sich besteht aus einer langen Proteinkette, deren Grundbausteine (Monomere) die zwanzig natürlichen Aminosäuren sind (siehe unten). Des weiteren ist jede der vier Proteinketten im Hämoglobinmolekül um einen Farbstoffring mit einem zentralen Eisenatom (Hämgruppe) gefaltet, so daß das Gesamtmolekül ein kugelförmiges Knäuel bildet. Bei der Atmung wird der Sauerstoff an die Hämgruppe gebunden und

Abb. 3: *Das Hämoglobinmolekül, dessen Strukturmodell hier dargestellt ist, ist ein besonders signifikantes Beispiel für die teleonomischen Leistungen der biologischen Makromoleküle. Ein einziges rotes Blutkörperchen enthält bis zu dreihundert Millionen Hämoglobinmoleküle. Jedes Hämoglobinmolekül ist wiederum aus einem Proteinbestandteil und einem roten Farbstoff, dem Häm, aufgebaut. Im Zentrum des Hämmoleküls befindet sich ein Eisenatom, das die Fähigkeit besitzt, Sauerstoff zu binden, wenn der Sauerstoffpartialdruck in der Umgebung des Hämoglobinmoleküls hoch ist, und den Sauerstoff wieder abzugeben, wenn der umgebende Sauerstoffpartialdruck niedrig ist. Nichts in der Struktur des Hämoglobinmoleküls wirkt planlos. So ist im Fall der Sichelzellanämie bekannt, daß schon der Austausch eines einzigen Aminosäurerestes zum Funktionsverlust des gesamten Moleküls führen kann. (Nach Max Perutz.[13])*

anschließend von der Lunge zu seinem Bestimmungsort, dem Gewebe, transportiert. Sauerstoffaufnahme und -abgabe sind jeweils mit einer außerordentlich diffizilen Änderung in der räumlichen Struktur des Hämoglobinmoleküls verbunden. Die Strukturänderung ist reversibel und hat eine gewisse Ähnlichkeit mit der pulsierenden Aktivität der Lunge; daher bezeichnet man das Hämoglobinmolekül auch als »molekulare Lunge«.[14]

Die räumliche Faltung der Proteinketten und damit die biologische Funktion des Hämoglobinmoleküls wird durch die spezielle Abfolge ihrer Aminosäurebausteine bestimmt. Der Austausch eines einzigen Bausteines kann zur strukturellen Veränderung und damit zu einem partiellen oder gar totalen Funktionsverlust des Moleküls führen.

Struktur und Funktion des Hämoglobinmoleküls zeigen, daß sich die Zweckmäßigkeit lebender Organismen bis in die komplexe Architektur ihrer molekularen Träger hinein fortsetzt. Dabei ist das Hämoglobinmolekül wieder nur *ein* Beispiel für die teleonomischen Leistungen der biologischen Makromoleküle. Bereits in einer einfachen Bakterienzelle gibt es schätzungsweise eine Million solcher Funktionsträger, darunter zwei- bis dreitausend verschiedene Arten. Jeder molekulare Funktionsträger ist auf eine ganz bestimmte Aufgabe spezialisiert, die für die Aufrechterhaltung der Lebensfunktionen im allgemeinen unentbehrlich ist.

Daß eine solche Vielfalt von Funktionsträgern tatsächlich nach einem linearen Aufbauprinzip mit nur zwanzig Klassen von Bausteinen erzeugt werden kann, beweist eine einfache Rechnung. Die kleinsten, *katalytisch* aktiven Proteinmoleküle der lebenden Zelle bestehen aus wenigstens hundert Aminosäureresten.[15] Für ein Proteinmolekül dieser Kettenlänge existieren bereits $20^{100} \approx 10^{130}$ alternative Anordnungsmöglichkeiten der zwanzig Grundbausteine.[16] Dies zeigt, daß schon auf der untersten Komplexitätsstufe der biologischen Makromoleküle eine nahezu unbegrenzte Vielfalt von Strukturen möglich ist. Die makromolekularen Strukturen, die man in den Lebewesen vorfindet, sind nun insofern einzigartig, als sie eine begrenzte Auswahl *optimierter* Strukturen aus einer nahezu unbegrenzten Vielzahl physikalisch äquivalenter Alternativen repräsentieren. Die Vermutung liegt nahe, daß für den Aufbau und die koordinierte Wechselwirkung solcher molekularen Funktionsträger innerhalb der Zelle ein Plan, also eine Information, existiert.

In der Tat haben die Ergebnisse der modernen Biologie gezeigt, daß der zum Aufbau eines lebenden Organismus notwendige Plan für alle Lebewesen einheitlich in einer bestimmten Sorte von Zellmolekülen gespeichert ist: den Nukleinsäuren.

Wir wollen uns das Aufbauprinzip der Nukleinsäuren etwas genauer ansehen (Abb. 4). Die Nukleinsäuren gehören – wie die Proteine – zur Klasse der biologischen Makromoleküle, das heißt, sie entstehen durch lineare Verknüpfung kleinerer Moleküleinheiten. Diese Bausteine, die sogenannten Nukleotide, haben hinsichtlich der genetischen Informationsspeicherung dieselbe Funktion wie die Schriftsymbole einer Sprache (siehe unten). Das Alphabet der genetischen Molekularsprache besteht dabei aus nur vier verschiedenen Bausteinen, die man im allgemeinen durch ihre chemischen Initialen kennzeichnet, im Fall einer Desoxyribonukleinsäure durch

A(denosinphosphat)
G(uanosinphosphat)
C(ytidinphosphat)
T(hymidinphosphat).

Hin und wieder dient bei primitiven Lebensformen anstelle der Desoxyribonukleinsäure (DNS) die Ribonukleinsäure (RNS) als Informationsspeicher. RNS und DNS sind jedoch chemisch eng miteinander verwandt. Der einzige Unterschied hinsichtlich der Codierung der Erbinformation besteht darin,

Chemischer Aufbau der Nukleotide

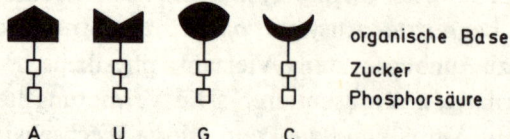

organische Base
Zucker
Phosphorsäure

A   U   G   C

Ausschnitt aus einer Ribonukleinsäure (RNS)

G   U   U   C   A   G   A   U   C

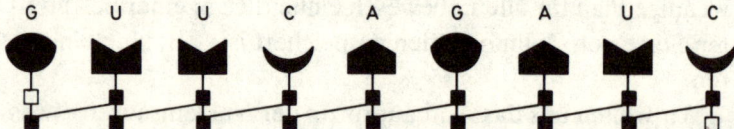

Abb. 4: *Das Aufbauprinzip der Nukleinsäuren (stark schematisierte Darstellung). Die Nukleinsäuren bauen sich aus vier molekularen Untereinheiten auf. Jede Untereinheit ist wiederum zusammengesetzt aus je einem Molekül organische Base (Nukleobase), Zucker und Phosphorsäure. Der Zucker kommt dabei sowohl in der Ribose- als auch Desoxyriboseform vor. Die beiden Modifikationen treten jedoch niemals gleichzeitig in einer Nukleinsäure auf. Dementsprechend gibt es auch nur zwei Klassen von Nukleinsäuren: die Ribonukleinsäuren (RNS) und die Desoxyribonukleinsäuren (DNS). Ferner besteht ein geringfügiger Unterschied zwischen den beiden Molekülklassen darin, daß in der RNS immer nur das Nukleotid (U)ridinphosphat, in der DNS hingegen immer nur das chemisch eng verwandte Nukleotid (T)hymidinphosphat vorkommt.*
Im Nukleinsäuremolekül sind die Nukleotide sequentiell (wie die Schriftsymbole einer Sprache) angeordnet. Auf diese Weise läßt sich in einem Nukleinsäuremolekül eine molekulare Botschaft (genetische Information) verschlüsseln. Die polymere Verknüpfung der Nukleinsäuren erfolgt durch chemische Bindung zwischen dem Zucker- und dem Phosphorsäurerest benachbarter Nukleotide (Phosphodiesterbindung). Hierdurch wird in einer Nukleinsäure gleichzeitig eine Richtung ausgezeichnet: An einem Ende des Moleküls befindet sich ein freier Zuckerrest (sog. 3'-Ende), am anderen ein freier Phosphorsäurerest (sog. 5'-Ende).

40

daß in der RNS immer anstelle des Nukleotids T(hymidinphosphat) das chemisch sehr ähnliche Nukleotid U(ridinphos-
phat) vorkommt. Man muß jedoch wissen, daß ein Nukleinsäuremolekül nicht notwendigerweise eine genetische Information trägt. Dies hängt, wie bei der Sprache auch, von der
genauen Reihenfolge seiner monomeren Bausteine ab. Ein
Nukleinsäuremolekül, dessen Nukleotidsequenz die Information für den Aufbau eines lebenden Systems verschlüsselt,
bezeichnen wir als »Erbmolekül«.

Auch die Fähigkeit zur Selbstreproduktion (und damit zur
Weitergabe der Erbinformation), welche ein charakteristisches Merkmal lebender Systeme darstellt, ist bereits in der
chemischen Struktur der Nukleinsäuren angelegt. Hierzu
betrachten wir eine bestimmte Molekülregion der Nukleotide,
die sogenannten Nukleobasen (Abb. 5; siehe auch Abb. 1).
Die Hälfte der Nukleobasen, nämlich Cytosin und Uracil
(beziehungsweise Thymin), gehören zur Gruppe der Pyrimi-

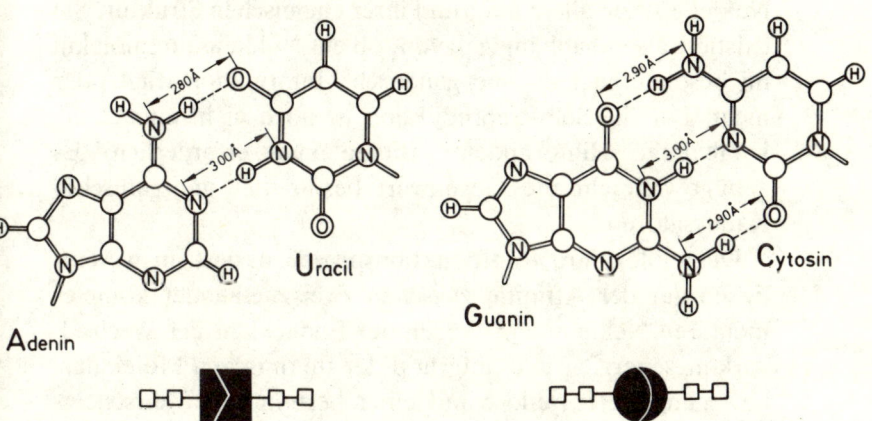

Abb. 5: *Wechselwirkung zwischen komplementären Nukleobasen.
Durch Wasserstoffbrücken-Bindungen können sich die Nukleobasen
A und U (bzw. T) sowie G und C so aneinanderlagern, daß sie geome-
trisch nahezu identische Basenpaare bilden.*

dine, deren chemisches Grundgerüst aus einem Sechserring von Kohlenstoff- und Stickstoffatomen besteht. Die andere Hälfte der Nukleobasen, nämlich Adenin und Guanin, sind Purine, bei denen am Pyrimidinring noch ein Fünferring angekoppelt ist. Zwischen Adenin und Uracil (beziehungsweise Thymin) einerseits und Guanin und Cytosin andererseits kommt es in wäßriger Phase zur Ausbildung spezifischer Wasserstoffbrücken-Bindungen, wodurch sich sterisch nahezu identische Basenpaare bilden. Man sagt auch kurz: A und U (beziehungsweise T) sowie G und C sind komplementär zueinander.

Die zwischen den Nukleotiden bestehende spezifische Wechselwirkung bildet die Grundlage für den Mechanismus der genetischen Informationsübertragung. Von dem zu kopierenden Erbmolekül wird durch Anlagerung der komplementären Nukleotide zunächst eine Negativkopie hergestellt und anschließend das Negativ wieder in ein Positiv umgekehrt (Abb. 6). Die Fähigkeit zur Selbstreproduktion besitzen die Nukleinsäuren allein aufgrund ihrer chemischen Struktur. Sie existiert also unabhängig davon, ob ein Nukleinsäuremolekül im besonderen Fall eine genetische Information trägt oder nicht. Für die Selbstreproduktion ist noch nicht einmal die katalytische Hilfe anderer Biomoleküle erforderlich. Es genügt vielmehr die Gegenwart bestimmter anorganischer Katalysatoren.[17]

Der molekulare Reproduktionsprozeß basiert im wesentlichen auf der Affinität zwischen zwei zueinander komplementären Nukleotiden. Wegen der Endlichkeit der Wechselwirkungsenergien und aufgrund der thermischen Molekularbewegung treten jedoch mit einer bestimmten Wahrscheinlichkeit Fehlpaarungen auf, so daß in einem Ensemble sich reproduzierender Erbmoleküle immer ein Bruchteil der Kopien fehlerhaft ist. Die Mutation ist somit aus prinzipiellen physikalischen Gründen ein inhärenter Bestandteil der molekulargenetischen Informationsübertragung.

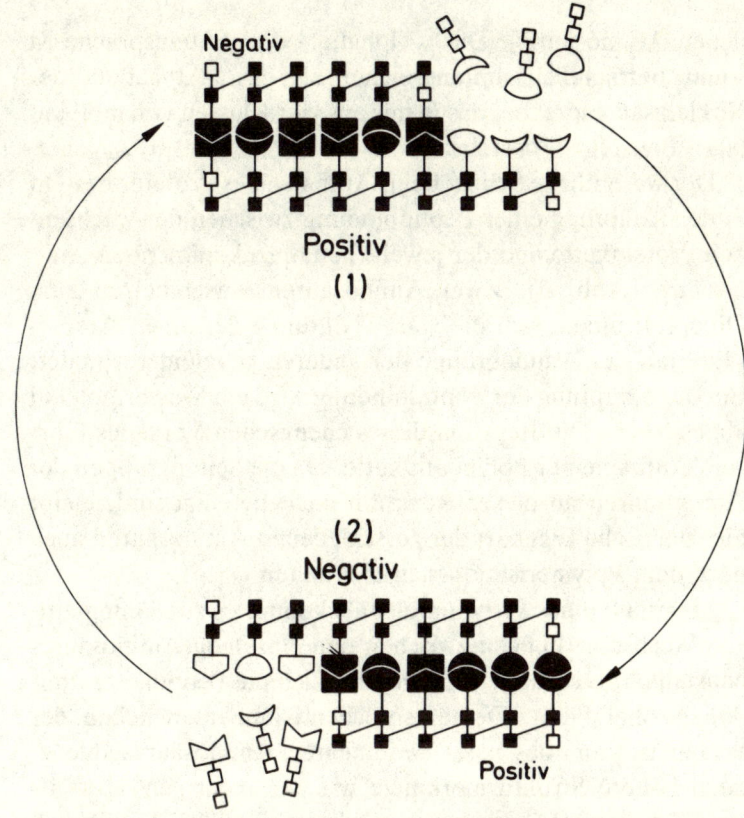

Abb. 6: *Selbstreproduktion eines Nukleinsäuremoleküls. Die Reproduktion eines Nukleinsäuremoleküls läuft im wesentlichen in zwei Phasen ab: (1) Anfertigung einer Negativ-Kopie, (2) Umkehrung des Negativs in eine Positiv-Form. Die Einzelsymbolerkennung erfolgt nach dem Prinzip der komplementären Basenerkennung.*

Die Abfolge der Nukleotide in den Erbmolekülen verschlüsselt die gesamte genetische Information, darunter alle Baupläne für die in der lebenden Zelle vorkommenden Proteine. Die Proteine sind die Träger der biologischen Funktion. Auch sie sind, ähnlich wie die Nukleinsäuren, lange Kettenmoleküle. Ihre Grundbausteine bilden die zwanzig natür-

43

lichen Aminosäuren. Das »Alphabet« der Proteinsprache ist somit beträchtlich umfangreicher als das »Alphabet« der Nukleinsäuresprache, das ja nur aus vier Klassen von molekularen Bausteinen besteht.

Der wesentliche Schritt beim Aufbau eines Proteins besteht in der Knüpfung einer Peptidbindung zwischen der wachsenden Proteinkette und der jeweils neu hinzukommenden Aminosäure (Abb. 7). Zwei Aminosäuren verschmelzen zum Dipeptid, indem sich die Carboxylgruppe der einen Aminosäure mit der Aminogruppe der anderen kovalent verbindet. Bei der Knüpfung der Peptidbindung wird ein Wassermolekül abgespalten. Die Iteration dieses chemischen Vorgangs führt zum Aufbau einer Polypeptidkette. Da die Seitengruppen der Aminosäuren an dieser Reaktion nicht beteiligt sind, bleibt die chemische Eigenart der verschiedenen Aminosäuren auch nach dem Polymerisationsschritt erhalten.

Innerhalb eines Proteinmoleküls kommt es zu mannigfaltigen Wechselwirkungen zwischen den einzelnen Aminosäurebausteinen. Dies hat zur Folge, daß sich die Peptidkette dreidimensional faltet. Dementsprechend muß man neben der Primärstruktur, das heißt der linearen Aminosäuresequenz, noch höhere Strukturmerkmale wie Sekundär- und Tertiärstruktur angeben, wenn man ein Proteinmolekül hinlänglich charakterisieren will. Definitionsgemäß versteht man unter der Tertiärstruktur die vollständige dreidimensionale Struktur, während sich die sogenannte Sekundärstruktur nur auf den symmetrischen Strukturanteil (zum Beispiel wendelartige Verdrillung der Peptidkette) bezieht.

Durch die Faltung einer Peptidkette werden ganz bestimmte, in der Primärsequenz unter Umständen weit auseinander liegende Aminosäurereste in eine spezifische räumliche Nähe zueinander gebracht (Phänomen der Stereospezifität, siehe Abb. 3). Die Seitenketten können sich dabei zu einer chemischen Funktionseinheit zusammenfinden, die in der Lage ist, bestimmte chemische Reaktionsschritte zu kata-

44

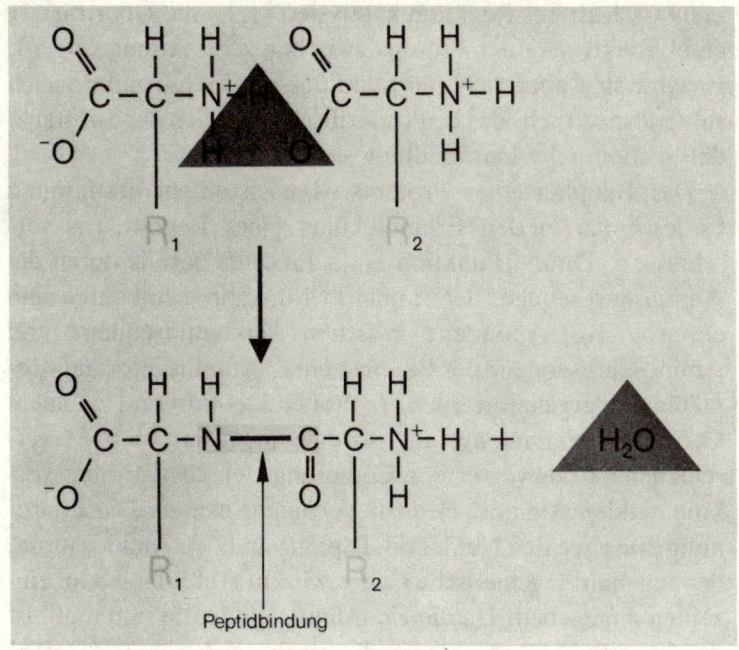

Abb. 7: *Peptidbindung zwischen zwei Aminosäuren.*

lysieren. Proteine mit solchen katalytischen Eigenschaften nennt man auch *Enzyme*. Die funktionell wirksamen Seitenketten bilden das sogenannte *aktive Zentrum* eines Enzyms. Änderungen in der Primärstruktur eines Enzymmoleküls können zugleich die räumliche Anordnung der Aminosäurereste im aktiven Zentrum verändern, was im allgemeinen zum Verlust der katalytischen Fähigkeit führt. Über die bloße Tertiärstruktur hinaus determiniert also die Primärstruktur eines Proteins auch dessen funktionelle Eigenschaften.

Aus dem bisher Gesagten geht bereits hervor, daß die Proteine äußerst spezialisierte Aufgaben haben. Daher sind an einer komplexen biochemischen Reaktion immer mehrere Enzyme beteiligt, von denen jedes einzelne jeweils einen Elementarschritt der Reaktion katalysiert (z. B. die Übertragung eines Elektrons oder Protons zwischen zwei Atomgruppen). Enzyme sind aber nicht nur reaktionsspezifisch, sondern auch substratspezifisch, das heißt spezifisch bezüglich der Substanz, deren chemische Umwandlung sie katalysieren.

Der Bauplan eines Proteins ist nach einem bestimmten Codeschema in den Erbmolekülen eines Lebewesens verschlüsselt. Da die Funktion eines Proteins bereits durch die Aminosäuresequenz determiniert wird, kann schon durch eine einfache Korrespondenz zwischen Nukleotidsequenz und Aminosäuresequenz der Bauplan eines Proteins informationsmäßig niedergelegt werden. Je drei Nukleotide sind zu einem Codewort zusammengefaßt, so daß insgesamt $4^3 = 64$ verschiedene Codewörter zur Codierung der 20 natürlich vorkommenden Aminosäuren zur Verfügung stehen. Die Zuordnung zwischen den Nukleotid-Tripletts und den Aminosäuren, der sogenannte genetische Code, wird in Abbildung 8 im einzelnen angegeben. Da die Zuordnung eindeutig sein muß, ist der genetische Code notwendigerweise redundant. In manchen Fällen codieren bis zu sechs verschiedene Nukleotid-Tripletts für ein und denselben Proteinbaustein.

Die Translation, das heißt die Übersetzung einer Nukleotidsequenz in die entsprechende Aminosäuresequenz, läuft in der lebenden Zelle nicht spontan ab. Dazu bedarf es vielmehr der katalytischen Hilfe zahlreicher Proteine. Die wesentlichen Schritte der Proteinbiosynthese sind in Abbildung 8 stark vereinfacht dargestellt.

In der lebenden Zelle existiert zwischen DNS, RNS und Proteinen eine feste Aufgabenverteilung. Die DNS repräsentiert die Informationszentrale. In dieser Eigenschaft besitzt sie eine Doppelfunktion. Zum einen dient sie als reproduktiver Informationsspeicher, zum anderen als Matrize für die Transkription, das heißt für die Umschreibung der Information in eine die Proteinsynthese auslösende RNS-Form (sogenannte Boten-RNS oder m-RNS). Das Schema, nach dem die genetische Information in der Zelle mit Hilfe der m-RNS und der Proteine verarbeitet wird, ist genau bekannt. Nach der Umschreibung der Erbinformation von der DNS-Form in die RNS-Form transportiert die m-RNS die genetische Botschaft zu den Ribosomen. Die Ribosomen sind Funktionseinheiten aus Ribonukleinsäuren und Proteinen, an denen die eigentliche Proteinsynthese (Translation) abläuft. Im wesentlichen wird an den Ribosomen die durch die Nukleotidsequenz der m-RNS übertragene Information entschlüsselt und in die entsprechende Aminosäuresequenz übersetzt. Hierzu sind bestimmte Adaptormoleküle notwendig, die sowohl mit einem Anticodon als auch mit der dazugehörenden Aminosäure ausgestattet sind (Aminoacyl-t-RNS). Die Adaptormoleküle lagern sich paarweise nach dem in Abbildung 8 dargestellten Schema mit ihrem Anticodon an die Codewörter der m-RNS an, wobei die wachsende Peptidkette schrittweise auf das jeweils neu hinzukommende, benachbarte Adaptormolekül übertragen wird.

Der gesamte Prozeß der Proteinbiosynthese stellt somit einen hochorganisierten Regelkreis dar, in dem sich Nukleinsäuren und Proteine wechselseitig bedingen. Der Informationsfluß erfolgt jedoch immer vom Genotyp in den Phänotyp (sogenannter genetischer Determinismus) oder in »vektorieller« Schreibweise:

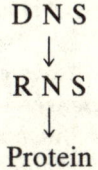

$$D\ N\ S$$
$$\downarrow$$
$$R\ N\ S$$
$$\downarrow$$
$$Protein$$

Man bezeichnet dieses Flußdiagramm auch als das »zentrale Dogma« der Molekularbiologie. Das zentrale Dogma gilt streng genommen nur für den Gesamtprozeß der Informationsverarbeitung. Es wird insbesondere von bestimmten Viren partiell verletzt (vgl. III, 1 und Anm. 95).

Nach allem, was wir bisher wissen, ist die molekulare Organisation des Lebendigen, wie sie im Biosynthesezyklus der Zelle zum Ausdruck kommt, für alle Lebewesen einheitlich. Auch benutzen, von wenigen Ausnahmen einmal abgesehen, offenbar alle Lebewesen denselben genetischen Code. Selbst die Chiralität (Händigkeit bzw. Schraubendrehsinn) der biologischen Makromoleküle ist einheitlich. Die von Charles Darwin aufgestellte These, daß sich alles Leben aus einem gemeinsamen Ursprung heraus entwickelt hat, findet somit in den Ergebnissen der Molekularbiologie eine eindrucksvolle Bestätigung.

Die Molekularbiologen sind heute auch in der Lage, die Baupläne lebender Organismen zu entziffern. Mit Hilfe physikalisch-chemischer Techniken kann man nämlich die genaue Abfolge der Bausteine in den Erbmolekülen bestimmen. Ab-

---

Abb. 8: *Stark vereinfachtes Schema der Nukleinsäurereproduktion und Proteinbiosynthese in der lebenden Zelle. Von ganz wenigen Ausnahmen einmal abgesehen, benutzen alle Lebewesen, ob es sich dabei um Viren, Prokaryonten oder Eukaryonten handelt, den gleichen genetischen Code für die Übersetzung der Erbinformation in Proteine. Der Übersetzungsschlüssel enthält neben der Zuordnung der Aminosäuren zu den Nukleotid-Tripletts auch noch Interpunktionszeichen. So ist das Codon AUG, wenn es am Anfang der genetischen Information steht, das Startsignal für die Synthese des betreffenden Proteins. Darüber hinaus enthält das Codeschema noch drei Terminationssignale. Die Kurzbezeichnungen für die Aminosäuren bedeuten: ala = Alanin, arg = Arginin, asp = Asparaginsäure, cys = Cystein, gln = Glutamin, glu = Glutaminsäure, gly = Glycin, his = Histidin, ile = Isoleucin, leu = Leucin, lys = Lysin, met = Methionin, phe = Phenylalanin, pro = Prolin, ser = Serin, thr = Threonin, trp = Tryptophan, tyr = Tyrosin, val = Valin. Zu jeder Aminosäure gibt es eine Klasse von Adaptormolekülen (t-RNS), die für die betreffende Aminosäure spezifisch ist und über das entsprechende Anticodon verfügt. Das Adaptormolekül bringt die aktivierte Aminosäure in die richtige Position an die m-RNS. Schrittweise wird so am Ribosom das betreffende Protein aufgebaut.*

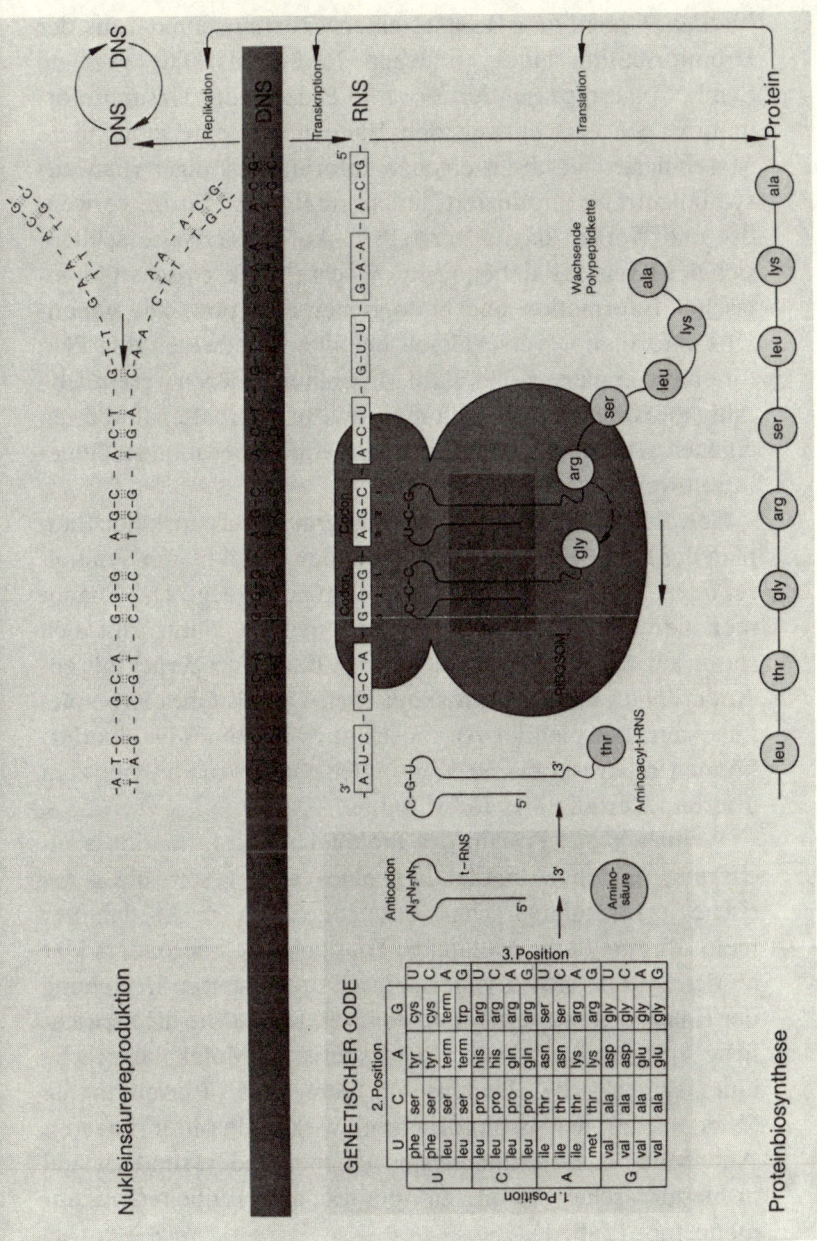

bildung 9 zeigt zum Beispiel einen »Textausschnitt« aus der Erbinformation eines einfachen RNS-Virus. Die gezeigte Symbolfolge repräsentiert etwa 30 Prozent der Gesamtinformation. Sie verschlüsselt den Bauplan für eine molekulare Maschinerie, die ihren eigenen Informationsträger (nahezu) symbolgetreu reproduziert, indem sie ihn als Matrize verwendet und Kopien davon herstellt.[19] Auf diese Weise schließt sich der Kreis des »lebendigen« Wechselspiels zwischen biologischer Information und biologischer Funktion: Die genetische Information verschlüsselt bei allen Lebewesen den Plan für eine komplexe molekulare Maschinerie, deren wesentliche Aufgabe darin besteht, sich reproduktiv zu erhalten und ihren eigenen Bauplan möglichst effizient von Generation zu Generation weiterzugeben.

Sowohl der Bauplan des Wirbeltierauges als auch der Bauplan des Hämoglobinmoleküls ist in den molekularen Symbolsequenzen bestimmter Erbmoleküle niedergelegt. Das Phänomen der Zweckmäßigkeit in der belebten Natur läßt sich somit auf die Existenz molekularer Baupläne zurückführen. Änderungen in den mikroskopischen Details eines Erbmoleküls, zum Beispiel der Austausch auch nur eines Nukleotids, können makroskopische Konsequenzen haben, bis hin zum Tod und Zerfall eines Individuums.

Wenn wir das Prinzip der molekularen Informationsspeicherung in den Erbmolekülen eines Lebewesens als genetische »Molekularsprache« bezeichnen, so steckt dahinter mehr als eine bloße Metapher. Dies zeigt sich besonders klar an der Syntax, also der hierarchisch organisierten Beziehung der Einzelsymbole untereinander (vgl. II, 1). Wie die menschliche Sprache besitzt auch die genetische Molekularsprache eine syntaktische Dimension; denn die Einzelsymbole (Nukleotide) der Erbinformation wirken in ihrer linearen Anordnung nicht beziehungslos nebeneinander, sondern sind in hierarchischer Stufung zu operationalen Einheiten zusammengefaßt (Tab. 1).

2144
→ ......UGCACGUUCUCCAACGGUGCUCCUAUGGGGC
UUGAAGAACAUUCCGCGACGUAGGACGUUGAACA
CGCUGAACAAGCAACCGUUACCCCCGCGCUCUG
GCCGUGUAACCAGAGCCUGGUUAUCUCGGCGAGA
CUGGGAUCAGACACGCGGUCCGCUAUAACGAGUC
GUGACGCAAGGGAUGUUGCUCGGAUUUAAGUAUA
UUUACAGUUCCCAAGAAUAAUAAAAUAGAUCGGG
UCCAUGUAUAAGUAUAGUCCGAGGAAUGUCCGUC
CCAGAAAGGGGUCGGUGCUUUCAUCAGACGCCGG
UAACUAGUAAGUCCAGAUAUGGUUGCCUAAACUC
CGAUCAACCAGCGUCUGGCUCAGCAGGGCAGCGU
UCUGCUAUUCAGAUAGCAGCGUUCGCUUGGUAGA
GCAUCCGAUUCCAUCUCCGAUCGCCUGGUGUGGA
AGCUCUAUACUUAUAUCGAGUCCACCCUCUUUUG
UCGUAUCCGCUCACACUACGGAAUCGUAGAUGGC
GGUAACACCUUUUAUCAAGGGUAGCAUAGCAGAG
GAAAUGGGUUCACAUUUGAGCUAGAGUCCAUGAU
UACCUAAACCCAGCGAAACUGAUAACGGGUCUUA
UUUGGUAACGCCGGAACCAUAGGCAUCUACGGGG
GCCCCACGUUAGAGUGACCCUGUAUAUUAUAGCA
UGUGCUAGAGGCACUUGCCUACUACGGUUUUAAA
UCUCGGGCCUGUGCUUGCAAAAUGCUUCUAAGCC
UUCGCGAGAGCUGCGGCGCGCACUUUUACCGUGG
UCCAAAGAACUACAUUUUGCCAAACUGUAGCUGU
GUUGACAAUCUCUUCGCCCUGAUGCUGAUAUUAA
UAUGGAGGCUGUUGAGGGGUUGGGGCAUCGGCUA
GUCAGAUCCACGCCUCUAUAAGGUGUGGGUACGG
GUGGCUUCUUGUAGCUUCCGUGGACCCUCCUCUC
GGACGGACCUCGCUGCCGACUACUACGUAGU......→
3113

Abb. 9: *Ausschnitt aus dem genetischen Bauplan eines einfachen RNS-Virus in der »Schreibweise« des Molekularbiologen.*[18] *Angegeben ist auch die Übersetzungsrichtung vom 5'-Ende zum 3'-Ende der RNS.*

51

Genetische Schrifteinheit	Größe der Einheit	Zahl* der verschiedenen Einheiten pro Organismus
Nukleotid	Einzelsymbol	vier
Codon	Nukleotid-Triplett	64
Cistron (Gen)	100-1000 Codons	viele tausend
Scripton (Operon)	bis zu 15 Cistrons (plus Zwischenregionen)	viele tausend
Replicon	bis zu vielen hundert Scriptons (plus Zwischenregionen)	mehrere (bzw. eine)
Segregon (Chromosom)	mehrere Replicons	wenige (bzw. eine)
Genom	wenige Segregons	eine
Genotyp	Genom plus zytoplasmatische Informationsträger	eine

Tab. 1: *Hierarchische Organisation der genetischen Molekularsprache. *Die Zahlen der ersten beiden Zeilen gelten universell für alle Lebewesen, die folgenden Zahlen beziehen sich jeweils auf einen*

Begrenzung** (Interpunktion)	Funktion	Analoge Spracheinheit
Molekülstruktur	primäres Codierungssymbol	Maschinensymbol oder Buchstabe
Nukleotide	Translationseinheit (Symbol für Aminosäure)	Phonem oder Morphem
Codons Initiation: AUG Termination: UAA, UAG,UGA	Codierungseinheit für Protein	Wort oder (einfacher) Satz
Promotor (Operator) Terminator	Transkriptionseinheit (m-RNS)	(zusammen-gesetzter) Satz
Replicator Terminator kohäsive Enden (bei Viren)	Reproduktionseinheit	Absatz
Centromer Telomer	meiotische Einheit	Absatz
Zellkernmembran	mitotische Einheit	Gesamttext
Zellmembran	Gesamtinformation	Gesamttext und Kommentare

*Organismus und hängen im einzelnen von dessen Komplexitätsgrad ab. **Die Information ist bis zum Segregon sequentiell angeordnet, muß aber nicht zusammenhängend abgelesen werden. (Nach Eigen.[20])*

Ausgehend von den Nukleotiden als den »Bausteinen« der genetischen Molekularsprache, bilden auf der untersten Organisationsebene eines Erbmoleküls je drei Nukleotide eine Translationseinheit (Codon) und zugleich das Symbol für eine Aminosäure (siehe oben). Die analoge Spracheinheit ist das Phonem oder Morphem. Etwa hundert bis tausend Codons ergeben ein Cistron (Gen) und fungieren als Codierungseinheit für ein Protein. Die analoge Spracheinheit ist das Wort oder der einfache Satz. Bis zu fünfzehn Cistrons sind wiederum zu einer Ableseeinheit (Scripton) verknüpft. Dem Scripton entspricht der zusammengesetzte Satz. Viele hundert Scriptons bilden eine Reproduktionseinheit (Replicon), die etwa mit einem Absatz in einem Text vergleichbar ist. Den Replicons ist das Segregon als meiotische Einheit überlagert. Das Genom als mitotische Einheit schließlich entspricht dem Gesamttext. In der hierarchisch organisierten Struktur der genetischen Information spiegelt sich die hierarchische Organisation eines lebenden Systems auf der phänotypischen Ebene unmittelbar wider.

Die Analogie zwischen der menschlichen Sprache und der genetischen Molekularsprache ist durchaus stringent. Sie wurde besonders von Vadim Ratner[21] hervorgehoben und analysiert. Die zentralen Probleme der biologischen Informationsentstehung lassen sich demnach adäquat anhand von Beispielen aus dem Bereich der menschlichen Sprache darstellen, ohne daß sie dabei an Tiefenschärfe verlieren.

Der Sprachanalogie sind allerdings auch Grenzen gesetzt. So besitzt die genetische Molekularsprache, wenn man von bestimmten molekularen Regulationsphänomenen einmal absieht (vgl. V, 1), keine interrogativen Merkmale. Und der generative Charakter der menschlichen Sprache findet seine molekulargenetische Entsprechung erst im Rahmen der evolutionären Entwicklung der Lebewesen in ihrer Gesamtheit.[22]

Nachdem wir die molekularen Wurzeln des Lebendigen beschrieben haben, können wir nun eine erste Antwort auf die

Frage nach der Komplexität lebender Systeme geben. Die kleinsten Lebewesen, die noch über einen *autonomen* Stoffwechsel verfügen, sind die Bakterien. Deren genetische Information ist in einem DNS-Molekül mit annähernd vier Millionen Nukleotiden verschlüsselt. Auf die menschliche Sprache übertragen, würde der molekulare Schriftsatz für den Aufbau einer Bakterienzelle etwa den Umfang eines tausend Seiten starken Buches annehmen. Im menschlichen Genom sind über eine Milliarde molekularer Symbole zur Codierung der Erbinformation notwendig. Dies entspricht bereits dem Umfang einer Bibliothek von mehreren tausend Bänden.

Das Phänomen der Zweck- und Planmäßigkeit in der belebten Natur erweist sich somit im Rahmen der Molekulargenetik als eine durch Struktur und Funktion der Biomoleküle objektivierbare Eigenschaft aller lebender Organismen. So ist denn auch nicht die Tatsache der Zweck- und Planmäßigkeit an sich durch Naturwissenschaftler und Philosophen in Zweifel gezogen worden, sondern vielmehr die zahlreichen Deutungen ihrer Herkunft und Entwicklung.

Für die folgende Diskussion wird es von Nutzen sein, wenn wir den Prozeß der Entstehung und Entwicklung des Lebens in drei Phasen unterteilen:

Phase der chemischen Evolution: Lebende Systeme sind offenbar an bestimmte materielle Voraussetzungen gebunden. Es muß daher innerhalb der Erdgeschichte eine Phase der chemischen »Evolution« gegeben haben, in deren Verlauf sich alle Substanzen gebildet haben (sog. »Ursuppe«), die für die Nukleation lebender Systeme notwendig waren. Hierzu gehören insbesondere die beiden wichtigsten Klassen von biologischen Makromolekülen, die Nukleinsäuren und die Proteine. Da unter präbiotischen Reaktionsbedingungen alle Sequenzalternativen eines biologischen Makromoleküls mit nahezu gleicher Wahrscheinlichkeit auftreten, muß die Phase der chemischen Evolution stark divergent gewesen sein und zu einer beliebigen Anfangsverteilung makromolekularer Strukturen geführt haben. (Der Begriff »chemische Evolution« wird zwar in der wissenschaftlichen Literatur häufig gebraucht, ist aber eigentlich irreführend. Die chemische »Evolution« ist nämlich keine Evolution im Sinne Darwins, da sie zu keiner nennenswerten Selektivität und Optimierung unter den Reaktionsprodukten führt.)

Phase der Lebensentstehung: Sobald Nukleinsäuren und Proteine in der »Ursuppe« vorhanden waren, muß es zwischen ihnen aufgrund physikalischer Wechselwirkungen zu einer Vielzahl funktioneller Koppelungen gekommen sein. Dabei werden sich auch solche komplexen Organisationsformen aus Nukleinsäuren und Proteinen gebildet haben, wie wir sie heutzutage in der optimierten Form des selbstreproduktiven Biosynthesezyklus lebender Zellen antreffen. Diese Phase der Evolution muß eine konvergente Phase gewesen sein, in deren Verlauf eine zufällige Anfangsverteilung von makromolekularen Sequenzen auf die biologisch relevanten, also informationstragenden Sequenzen eingeengt wurde; denn die Instruktion für den Aufbau eines lebenden Systems setzt genetische Information voraus, welche ihrerseits an definierte Sequenzmuster der Makromoleküle gebunden ist.

Phase der biologischen Evolution: In der letzten Phase der Evolution schließlich muß die Entwicklung von den primitiven Einzellern zu den hochentwickelten Vielzellern eingesetzt haben. Auf der genotypischen Ebene war dieser Differenzierungsprozeß mit der Optimierung genetischer Baupläne verknüpft. Während dieser wiederum stark divergenten Phase der Evolution ist die gesamte Mannigfaltigkeit der Biosphäre entstanden.

Der eigentliche Übergang vom Unbelebten zum Belebten fand nach diesem dreiphasigen Bild während der zweiten Phase der Evolution statt, in der die unter präbiotischen Reaktionsbedingungen entstandene Vielzahl makromolekularer Strukturen auf die biologisch relevanten eingeengt wurde. Unser Interesse konzentriert sich daher vornehmlich auf die-

56

sen Abschnitt der Evolution. Wir setzen also im folgenden die Existenz jener makromolekularen Substanzen voraus, die als Produkte der chemischen Evolution auftraten und die die materielle Grundlage für den Aufbau lebender Systeme bilden.

Zur Frage, inwieweit die Phase der Lebensentstehung, in der die biologische Urinformation entstanden ist, gesetzmäßig erklärbar ist, gibt es die unterschiedlichsten Vorstellungen. Sie lassen sich in Form von drei Lösungsmodellen zusammenfassen:

(1) Die Zufallshypothese: Die biologische Urinformation entstand rein zufällig bei der spontanen und nicht-instruierten Synthese von biologischen Makromolekülen.

(2) Der teleologische Ansatz: Die biologische Urinformation muß schon auf der Ebene der biologischen Makromoleküle als das Resultat von lebensspezifischen und zielgerichteten Naturgesetzen angesehen werden.

(3) Der molekulardarwinistische Ansatz: Die biologische Urinformation entstand durch selektive Selbstorganisation und Evolution von biologischen Makromolekülen.

Allen drei Lösungsmodellen ist gemeinsam, daß sie in zentraler Weise die Rollenverteilung von Gesetz und Zufall in der Evolution berühren. Beim ersten Lösungsmodell haben wir von einer »Hypothese« und bei den beiden anderen von einem »Ansatz« gesprochen. Mit dieser Sprachregelung soll lediglich zum Ausdruck gebracht werden, daß das erste Lösungsmodell eine gesetzmäßige Erklärung des Phänomens der biologischen Informationsentstehung von vornherein ausschließt, während die beiden anderen Modelle, wenn auch auf unterschiedliche Weise, eine *gesetzmäßige* Erklärung mit Theoriecharakter anstreben. Im folgenden sollen nun die Möglichkeiten und Grenzen, die die gegenwärtige Biologie zur Lösung des Problems von Gesetz und Zufall in der Evolution aufzeigt, aus wissenschaftsphilosophischer Sicht diskutiert werden.

II. Drei Dimensionen des Informationsbegriffes

1. Der syntaktische Aspekt von Information

Wie in Kapitel I, 2 dargelegt wurde, läßt sich die Biosphäre in ihrer Vielfältigkeit von Strukturen und Funktionen auf ein universelles Informationskonzept zurückführen, das bereits auf der molekularen Ebene begründet ist. Den Begriff »Information« haben wir bisher allerdings in einer intuitiven Form verwendet, nämlich lediglich als Synonym für den Begriff »Planmäßigkeit«. Die Existenz einer molekularen Symbolsprache und deren semantische Fixierung durch den genetischen Code legen jedoch den Rückgriff auf den Begriffsapparat der Informationstheorie nahe. Unsere Aufgabe wird nun sein, den Begriff der biologischen Information zu präzisieren und in seinem Bezug auf die bereits bestehende Informationstheorie zu diskutieren.

Nicht unerheblich ist dabei für unsere weitere Diskussion der Umstand, »daß Information, selbst als Gegenstand betrachtet, eine eigentümliche Zwischenstellung zwischen Natur- und Geisteswissenschaften einnimmt«.[23] Dies zeigt sich besonders deutlich am Phänomen der biologischen Information. Das, was an biologischen Strukturen »planmäßig«, das heißt informationsgesteuert ist, besitzt einen »Sinn« und eine »Bedeutung« im Hinblick auf die Aufrechterhaltung jener funktionellen Ordnung, wie wir sie in spezifischer Form bei lebenden Systemen vorfinden. Damit kommt der biologischen Information eine definierte Semantik zu. Wenn wir im folgenden von »biologischer« Information sprechen, so soll damit genau dieser *semantische* Aspekt von Information gemeint sein. Eine Theorie der Entstehung des Lebens muß daher zwangsläufig eine Theorie der Entstehung semantischer Information umfassen. Aber gerade hier liegt die Schwierigkeit; denn die Naturwissenschaften in ihrer traditionellen Form befassen sich nicht mit Phänomenen der Semantik. Besonders drastisch hat diesen Aspekt Michael Polanyi zum Ausdruck gebracht: »All objects conveying information are irreducible to the terms of physics and chemistry.«[24]/* Diese Aussage bildete das Basistheorem, auf dem Polanyi seine These von der Irreduzibilität biologischer Phänomene zu begründen versuchte (vgl. die ausführliche Diskussion in Kapitel III, 2). Die zentrale Frage im Hinblick auf das Problem der Lebensentstehung ist also die, inwieweit sich der Begriff der *semantischen* Information überhaupt objektivieren und damit zum Gegenstand einer mechanistisch orientierten Naturwissenschaft machen läßt.

Was ist Information? »Information ist nur, was verstanden wird«, sagt Carl Friedrich von Weizsäcker.[25] Diese These macht deutlich, daß von Information nur im Zusammenhang mit einem Sender und einem Empfänger gesprochen werden kann. Für die Darstellung und Übertragung von Information, sei es in akustischer, optischer oder anderer materieller Form, sind Zeichen erforderlich. Zeichen, die eine Bedeutung haben, nennen wir im folgenden Symbole; ihr Erkennen setzt eine semantische Übereinkunft zwischen Sender und Empfänger voraus. Dieser Sachverhalt soll im folgenden erläutert werden.

Wir betrachten die Symbole als elementare, nicht weiter zerlegbare Einheiten einer Information. Die Symbole fixieren damit eine semantische Ebene als *Mikrozustand*, während die verschiedenen Kombinationsformen der Symbole jeweils eine semantische Ebene als *Makrozustand* festlegen. Information existiert somit immer nur in bezug auf zwei semantische Ebe-

* Eine Übersetzung der fremdsprachigen Zitate findet man in den entsprechenden Anmerkungen jeweils am Ende.

nen, die sich zueinander wie Mikro- und Makrozustand verhalten (siehe II, 2). »Ein ›absoluter‹ Begriff der Information hat keinen Sinn; Information gibt es stets nur ›unter einem Begriff‹, genauer ›relativ auf zwei semantischen Ebenen‹.«[26] Diese beiden semantischen Ebenen werden für Sender und Empfänger als notwendige *gemeinsame* Verständigungsstrukturen vorausgesetzt, damit ein Informationsaustausch in sinnvoller Weise überhaupt möglich ist.

Der so eingeführte Informationsbegriff besitzt drei Dimensionen:[27]

(a) Die *syntaktische* Dimension umfaßt die Beziehung der Zeichen untereinander;

(b) die *semantische* Dimension umfaßt die Beziehung der Zeichen untereinander und das, wofür sie stehen;

(c) die *pragmatische* Dimension umfaßt die Beziehung der Zeichen untereinander, das, wofür sie stehen, und das, was dies für den beteiligten Sender und Empfänger als Handlungsforderung darstellt.

Entsprechend dieser Definition enthält der pragmatische Aspekt der Information einen semantischen und dieser wiederum einen syntaktischen Anteil. Andererseits ist syntaktische Information nicht möglich, ohne daß der Empfänger bereits über semantische Information verfügt. Die Identifizierung eines Zeichens als *Symbol* setzt, wie bereits erwähnt, ein Vorwissen voraus, also Vereinbarungen zwischen Sender und Empfänger. Des weiteren ist semantische Information ohne pragmatische Information nicht denkbar, da das Erkennen der Semantik als *Semantik* irgendeine Wirkung beim Empfänger hervorrufen muß. Die Auflösung des Informationsbegriffs in eine syntaktische, semantische und pragmatische Dimension ist somit nur unter dem Gesichtspunkt der vereinfachten Darstellung gerechtfertigt.

Wir betrachten im folgenden die drei Dimensionen getrennt in der Reihenfolge zunehmender Komplexität. Wir wenden uns also zunächst dem syntaktischen Aspekt von

Information zu, danach dem semantischen (II, 2) und dem pragmatischen (II, 3) Aspekt.

Der syntaktische Aspekt von Information umfaßt gemäß der vorausgegangenen Definition die Beziehung von Zeichen untereinander. Er ist der zentrale Gegenstand der »klassischen« Informationstheorie, wie sie von Claude Shannon und Warren Weaver erstmals in geschlossener Form dargestellt wurde.[28] Wir bezeichnen diese Theorie im folgenden auch als *Shannonsche Informationstheorie.*

Die Shannonsche Informationstheorie ist im wesentlichen eine Kommunikationstheorie; sie behandelt gewisse nachrichtentechnische Probleme, die in Zusammenhang mit der Speicherung, Umwandlung und Übertragung von Zeichen und Zeichenfolgen auftreten. Der semantische Aspekt der Information, wie er sich in Sinn und Bedeutung einer Nachricht äußert, bleibt im Rahmen der Shannonschen Informationstheorie vollkommen unberücksichtigt. Diesen Sachverhalt hat Weaver einmal treffend wie folgt formuliert: ». . . two messages, one heavily loaded with meaning and the other pure nonsense, can be equivalent as regards information.«[29] In dieser Form ist die Shannonsche Informationstheorie eine Strukturwissenschaft, das heißt, »sie studiert Strukturen *in abstracto*, unabhängig davon, welche Dinge diese Strukturen haben, ja ob es überhaupt solche Dinge gibt«.[30]

Im Vordergrund der Betrachtung steht mithin bei der Shannonschen Informationstheorie das bloße nachrichtentechnische Problem, eine vorgegebene Zeichenanordnung – innerhalb gewisser Schwankungsgrenzen – strukturgetreu vom Sender auf den Empfänger zu übertragen. Da diese Zeichen in der Regel eine Nachricht verschlüsseln, können wir im folgenden auch von Symbolen sprechen.

Wir wollen einige Grundbegriffe der Shannonschen Informationstheorie zusammenstellen, die immer wieder in der Biologie Verwendung finden. Damit ein informationsverarbeitender Prozeß einer mathematischen Analyse zugänglich wird, benötigt man ein quantitatives Maß für die Menge an »Information«, die in einer Symbolfolge enthalten ist. Die Shannonsche Theorie zeigt, daß es sinnvoll ist, die Informationsmenge einer Nachricht durch die Zahl der Symbole zu messen, die zu ihrer gedrängtesten Formulierung nötig sind. (Statt von »Nachricht« können wir auch allgemein von »Ereignis« sprechen.) Jedes System von Symbolen kann zur Codierung verwendet werden. Insbesondere bei der technischen Realisierung informationsverarbeitender Systeme hat es sich als außerordentlich praktisch erwiesen, eine Nachricht unter Verwendung des Binärsystems zu codieren (Binärcode). Jede Nachricht besteht hiernach aus einer Folge von Nullen und Einsen. Die Einheit der Information »bit« (binary digit) ist dann die Informationsmenge einer Binärentscheidung, durch welche festgelegt wird, ob ein Symbol den Wert »0« oder »1« annimmt.

Besteht eine Nachrichtenmenge aus N verschiedenen Nachrichten, die alle gleich wahrscheinlich sind, so benötigt man

(1) $H = ld(N)$ (ld = Logarithmus zur Basis 2)

Binärentscheidungen, um eine bestimmte Nachricht auszuwählen (Abb. 10a). Man nennt die Größe H auch den Entscheidungsgehalt einer Nachrichtenmenge.[31]

Vorausgesetzt war bisher, daß alle Nachrichten die gleiche A-priori-Wahrscheinlichkeit ihres Eintreffens haben. Ist dies nicht der Fall, so ist auf der Menge der Nachrichten $\{x_1, \ldots, x_N\}$ eine solche beliebige Wahrscheinlichkeitsverteilung $P = \{p(x_1), \ldots, p(x_N)\}$ gegeben. Erfüllt diese Verteilung auch noch die Nebenbedingung $\Sigma\, p(x_i) = 1$, so zeigen ähnliche Überlegungen wie im Zusammenhang von Gleichung (1), daß zur Auswahl einer bestimmten Nachricht x_k mit der A-priori-Wahrscheinlichkeit $p_k = p(x_k)$ nunmehr

(2) $I_k = - ld(p_k)$

Binärschritte nötig sind (Abb. 10b). Die Größe I_k definierten Shannon und Weaver sowie unabhängig von ihnen Norbert

Wiener als den Informationsgehalt einer Nachricht x_k mit der A-priori-Wahrscheinlichkeit p_k.[32, 33]

Die Quantifizierung von Information, wie sie zum Beispiel durch Gleichung (2) vorgenommen wird, enthält als wesentliche Eingangsgröße das Vorwissen des Empfängers, das durch die Wahrscheinlichkeitsverteilung P charakterisiert wird. Das Vorwissen ist natürlich eine subjektive Eigenschaft des Empfängers, und die in Gleichung (2) eingehenden Wahrscheinlichkeiten sind subjektive, auf den Empfänger bezogene Wahrscheinlichkeiten. Im Kontext der Shannonschen Theorie gibt es folglich keine Information im *absoluten* Sinn.

Daß die obige Definition für den Informationsgehalt einer Nachricht sinnvoll ist, zeigen die Eigenschaften der Funktion I_k. Eine Nachricht x_k, die dem Empfänger mit Gewißheit, also der Wahrscheinlichkeit $p_k = 1$ präsentiert wird, sagt nichts Neues, sie hat nach Shannons Formel den Informationsgehalt

(3) $I_k = - \text{ld}(1) = 0$.

Abb. 10: *Entscheidungskaskade für die Auswahl einer Nachricht aus einer Menge von acht Nachrichten.*

(a) Alle Nachrichten sind gleich wahrscheinlich. Jede einzelne Nachricht läßt sich durch drei aufeinanderfolgende Alternativentscheidungen auswählen.

(b) Die Nachrichten A bis H sind verschieden wahrscheinlich, und zwar mit der relativen Häufigkeit p(A)=p(B)=1/4, p(C)=p(D)= 1/8, p(E)=p(F)=p(G)=p(H)=1/16. Die Menge der Nachrichten ist in Gruppen mit gleicher Wahrscheinlichkeit unterteilt. Um die Nachricht A auszuwählen, bedarf es nur zweier Binärentscheidungen, dasselbe gilt für die Nachricht B. Für die Nachrichten C und D benötigt man je drei und für die restlichen Nachrichten je vier Binärentscheidungen.

Einem Alternativschritt nach oben wird das Binärzeichen »1«, einem solchen nach unten das Binärzeichen »0« zugeordnet. Der hieraus resultierende Code hat die Eigenschaft, daß die häufigsten Nachrichten die wenigsten Binärzeichen (bits) zur Codierung benötigen. Von diesem Prinzip macht auch die Sprache Gebrauch. Häufig verwendete Wörter sind im Durchschnitt kürzer als seltene Wörter.

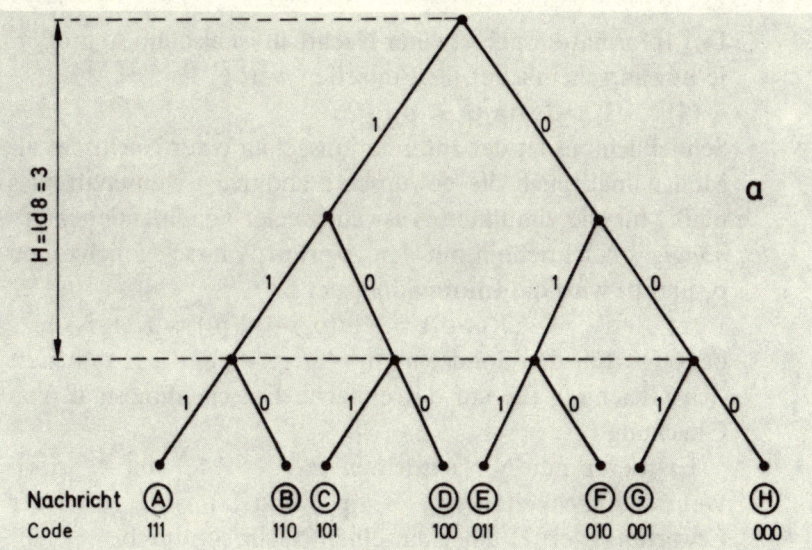

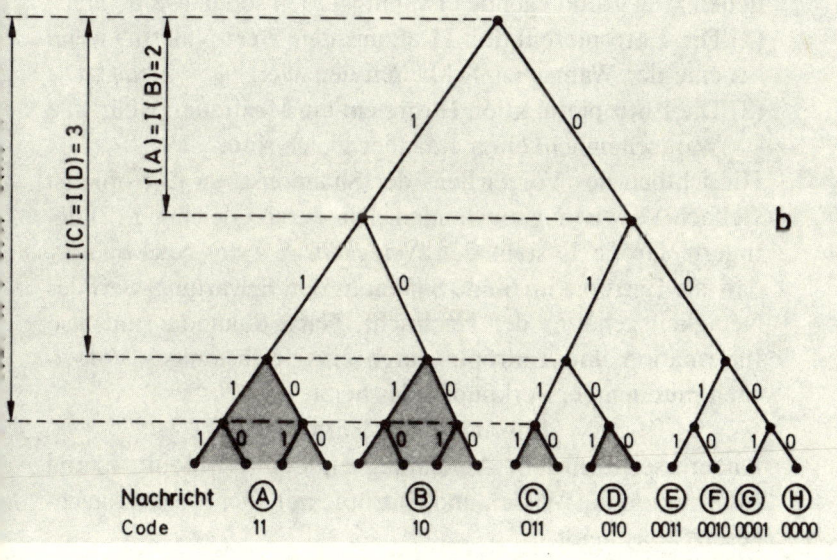

Der Informationsgehalt einer Nachricht ist also um so größer, je unwahrscheinlicher ihr Eintreffen war;

(4) $I_1 > I_2$ für $p_1 < p_2$.

Schließlich besitzt der Informationsgehalt einer Nachricht als Mengenmaß auch die gewünschte additive Eigenschaft, das heißt, für die simultane Auswahl zweier voneinander *unabhängiger* Nachrichten mit den A-priori-Wahrscheinlichkeiten p_1 und p_2 wird die Informationsmenge

(5) $I_{12} = - \operatorname{ld}(p_1 \cdot p_2) = - \operatorname{ld}(p_1) - \operatorname{ld}(p_2) = I_1 + I_2$

benötigt. Für den Sonderfall $p_1 = \ldots = p_N = 1/N$ reduziert sich Gleichung (2) auf das einfache Entscheidungsmaß von Gleichung (1).

Existieren nun N Nachrichten $\{x_1, \ldots, x_N\}$ mit A-priori-Wahrscheinlichkeiten $\{p_1, \ldots, p_N\}$ und $\Sigma\, p_i = 1$, so ist der Erwartungswert H einer einzelnen Nachricht durch

(6) $H = \sum_k p_k I_k = - \sum_k p_k \operatorname{ld}(p_k)$

gegeben. Diese Größe bezeichnete Shannon in Analogie zu Boltzmanns H-Funktion als Entropie. Die Entropiefunktion H weist eine Reihe interessanter Eigenschaften auf, von denen zwei grundlegende erwähnt werden sollen (Abb. 11):[34]

(1) Die Entropiefunktion H nimmt den Wert Null an, wenn eine der Wahrscheinlichkeiten den Wert $p_k = 1$ besitzt.

(2) Die Entropiefunktion H erreicht ein Maximum, wenn alle Wahrscheinlichkeiten einander gleich sind.

Hinsichtlich des Vorzeichens der Shannonschen Entropie ist vielfach Verwirrung entstanden. Die durch Gleichung (2) definierte Größe I_k stellt den *Neuigkeitswert* der Nachricht x_k dar, die Entropie im Sinne Shannons den Erwartungswert des Neuigkeitsgehaltes der Nachricht. Nach Shannon sind also Information und Entropie durch ein gleichsinniges Vorzeichen miteinander verknüpft, das heißt,

Information = Entropie.

Andererseits wird in Anlehnung an Léon Brillouin häufig Information mit Wissen und Entropie mit Nichtwissen gleichgesetzt, das heißt,

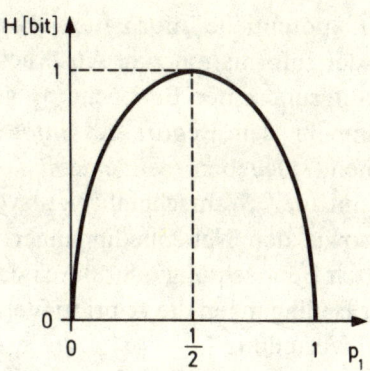

Abb. 11: *Entropie einer Nachrichtenquelle. Die Nachrichtenmenge bestehe aus zwei voneinander unabhängigen Nachrichten x_1 und x_2 mit den A-priori-Wahrscheinlichkeiten p_1 beziehungsweise $p_2 = 1 - p_1$. Der Erwartungswert des Informationsgehaltes einer Nachricht ist dann entsprechend Gleichung (6): $H = -p_1 \, ld(p_1) - (1 - p_1)ld(1 - p_1)$. Im Fall der Gleichverteilung $p_1 = p_2 = \tfrac{1}{2}$ erreicht die Entropie H ihr Maximum, das heißt, die Unsicherheit in der Auswahl einer Nachricht ist am größten. Für $p_1 = 0$ und $p_2 = 1$ wird H jedoch gleich Null, da ein Zustand mit der Wahrscheinlichkeit $p_2 = 1$ keine Alternative besitzt und somit für eine Zuordnung auch keinerlei Information benötigt wird. Dies gilt ebenso für die Koordinaten $p_1 = 1$ und $p_2 = 0$.*

Information = Negentropie,

so daß sich hieraus ein vermeintlicher Widerspruch ergibt.[35] Weizsäcker hat aber zu Recht darauf hingewiesen, daß es sich hierbei nur um eine verbale oder begriffliche Unklarheit handelt, die sich beseitigen läßt, wenn man zwischen *aktueller* und *potentieller* Information unterscheidet, also zwischen Information, die man hat, und Information, die man erst gewinnen wird, wenn man das nächste Signal beobachtet hat.[36] Die Shannonsche Entropie als Erwartungswert für den Neuigkeitsgehalt einer Nachricht ist demnach als potentielle Information zu interpretieren und somit tatsächlich auch dem Vorzeichen nach gleich der Boltzmannschen Entropie.

In dem Begriff »potentielle Information« kommt bereits ein Zukunftsbezug der Information zum Ausdruck: die Information, die man aufgrund einer Beobachtung gewinnen kann. Wir wollen nunmehr den Begriff des *Informationsgewinns* näher bestimmen. Gegeben sei eine Nachrichtenmenge $\{x_1, \ldots, x_N\}$ mit der Wahrscheinlichkeitsverteilung $P = \{p_1, \ldots, p_N\}$ sowie den Nebenbedingungen $\Sigma\, p_i = 1$ und $p_i > 0$. Wird durch Beobachtung oder durch das Bekanntwerden zusätzlicher Bedingungen die A-priori-Verteilung P durch die A-posteriori-Verteilung $Q = \{q_1, \ldots, q_N\}$ mit $\Sigma\, q_i = 1$ und $q_i \geq 0$ ersetzt, so ist die reine Entropieänderung

$$(7) \qquad H(P) - H(Q) = \sum_k p_k I_k - \sum_k q_k I_k$$

noch kein adäquates Maß für den Informationsgewinn, da die Differenz $H(P)-H(Q)$ sowohl positiv als auch negativ sein kann. Darüber hinaus sagt diese Größe als Differenz zweier Mittelwerte vergleichsweise wenig über den Informationsgewinn – bezogen auf das Einzelergebnis – aus.

Der Begriff des Informationsgewinns läßt sich aber verschärfen, indem man nicht wie in Gleichung (7) die Differenz zweier Mittelwerte betrachtet, sondern zunächst die Änderung des Informationsgehaltes für jede Einzelnachricht feststellt und anschließend den Mittelwert bildet. Als Mittelwert von Differenzen gibt diese Größe nunmehr auf das Einzelereignis bezogenen Informationsgewinn viel besser wieder als die durch Gleichung (7) definierte Differenz zweier Mittelwerte. Diese Überlegung veranlaßte Alfréd Rényi, den Informationsgewinn folgendermaßen einzuführen:[37]

$$(8) \qquad H(Q|P) = \sum_k q_k [I(p_k) - I(q_k)] = \sum_k q_k \,\mathrm{ld}(q_k/p_k).$$

Diese Größe erfüllt unter anderem – im Gegensatz zur Shannonschen Entropie – die wichtige Ungleichung

$$(9) \qquad H(Q|P) \geq 0,$$

wobei das Gleichheitszeichen genau dann gilt, wenn die Verteilungen Q und P identisch sind, das heißt die Beobachtung die Verteilung nicht modifiziert, sondern nur bestätigt hat (vgl. auch II, 3).

Der soeben eingeführte Informationsbegriff läßt sich mit Hilfe des mathematischen Konzepts der Halbordnung und der darauf aufbauenden Theorie des Mischungscharakters wesentlich verallgemeinern, so daß die Ansätze von Shannon und Rényi lediglich als Spezialfälle einer allgemeinen Theorie erscheinen.[38]

Es ist ein charakteristisches Merkmal der Shannonschen Informationstheorie, daß sie sich immer auf ein *Ensemble* von möglichen Ereignissen bezieht und die Unbestimmtheiten analysiert, mit denen das Eintreffen dieser Ereignisse behaftet ist. Als Alternative dazu wurde in den letzten Jahren die sogenannte *algorithmische Informationstheorie* entwickelt, welche ein Maß für den Informationsgehalt einzelner Symbolsequenzen definiert, ohne diese in ein Ensemble aller möglichen Signale der betreffenden Art einbetten und darauf eine Wahrscheinlichkeitsverteilung postulieren zu müssen.[39] Die algorithmische Informationstheorie zeigt weitreichende Implikationen bezüglich des Induktionsproblems, des Zufallsbegriffs sowie des Problems der evolutionären Informationsentstehung.[40, 41, 42] Wir werden die Grundprinzipien dieser Theorie in Kapitel IV, 1 darstellen.

2. Der semantische Aspekt von Information

Um den semantischen Aspekt von Information einzugrenzen, werden wir das in Kapitel II, 1 eingeführte Begriffspaar »Makro- und Mikrozustand« als semantische Bezugsebenen der Information zunächst am Beispiel der menschlichen Sprache erläutern und anschließend auf die genetische Molekularsprache übertragen.

Wir definieren als »Makrozustand (M)« der Schriftsprache eine aus λ Buchstaben bestehende lineare Sequenz (Wort) der Länge n und bezeichnen jede der λ^n möglichen Buchstabenanordnungen als »Mikrozustand (m)«. Die Informationsmenge (nicht der Sinn!) eines Wortes ist dann im Kontext der Shannonschen Theorie durch die Zahl der Binärentscheidungen gegeben, die notwendig sind, um aus der Menge aller möglichen Mikrozustände einen bestimmten Mikrozustand auszuwählen. Die Shannonsche Information repräsentiert demnach die in einem Makrozustand enthaltene potentielle Information (siehe II, 1), also das maximal mögliche Wissen, das sich aus der vollen Kenntnis des Mikrozustandes ergibt. Da die Buchstaben per definitionem die kleinsten konstitutiven Untereinheiten eines Wortes darstellen, ist nach Gleichung (2) – bei gegebener Wahrscheinlichkeitsverteilung für das Auftreten der einzelnen Buchstaben – die Informationsmenge I_{Mm} auch eindeutig festgelegt.

Wie sehr jedoch das Shannonsche Informationsmaß von der vorherigen Vereinbarung zweier semantischer Ebenen abhängt, zeigt sich, wenn man zur Ebene der Buchstaben und Wörter die Ebene (S) der Satzkonstruktionen und die Ebene

(Z) der Zeichen (– , I) hinzufügt (Abb. 12). Ein Makrozustand auf der Ebene (S) hat nunmehr Mikrozustände auf den Ebenen (W), (B) und (Z). Andererseits existieren, bezogen auf die Ebene (Z), jeweils Makrozustände auf den Ebenen (B), (W) und (S).

Wenn wir nun fragen, wieviel Shannonsche Information auf der Ebene (W) beispielsweise die Symbolfolge

EVOLUTIONSTHEORIE

enthält, so hängt die Antwort ganz wesentlich davon ab, auf welche der zwei möglichen Ebenen (B oder Z) sich die Frage nach dem Mikrozustand bezieht; denn dadurch wird entschieden, welchen numerischen Wert jeweils die Eingangswahrscheinlichkeiten p_k in Gleichung (2) und Gleichung (6) besitzen. Bezieht sich die Frage auf die Ebene (B), so ist die Wahrscheinlichkeit für das Auftreten eines bestimmten Buchstabens gleich der Wahrscheinlichkeit, mit der dieser im (lateinischen) Alphabet vorkommt.[43] Bezieht sich die Frage nach dem Informationsgehalt jedoch auf die Ebene (Z), so ist das Vorwissen des Empfängers wesentlich geringer, da der Empfänger die Symbole E , □ , V und so fort nun nicht mehr als Buchstaben identifiziert, sondern lediglich als geometrische Formen, in deren Kategorie unter anderem die Formen △ , ⊥ ,] fallen. Der Informationsgehalt ist jetzt (aufgrund des geringeren Vorwissens des Empfängers) wesentlich größer, da das Auftreten eines »Buchstabens« in eine wahrscheinlichkeitstheoretische Relation zu allen (nach den Konstruktionsregeln möglichen) geometrischen Figuren gesetzt werden muß, was eine Zahl ergibt, die sehr viel kleiner ist als die Wahrscheinlichkeit für das Auftreten eines Buchstabens im (lateinischen) Alphabet. Allerdings repräsentieren die Konstruktionsregeln für die geometrischen Figuren ihrerseits ein Vorwissen des Empfängers, wodurch die Wahrscheinlichkeitsverteilung für das Auftreten bestimmter Zeichen bereits eingeschränkt wird.

Dieses Beispiel expliziert die These von Weizsäcker, nach der ein *absoluter* Begriff der Information keinen Sinn hat,

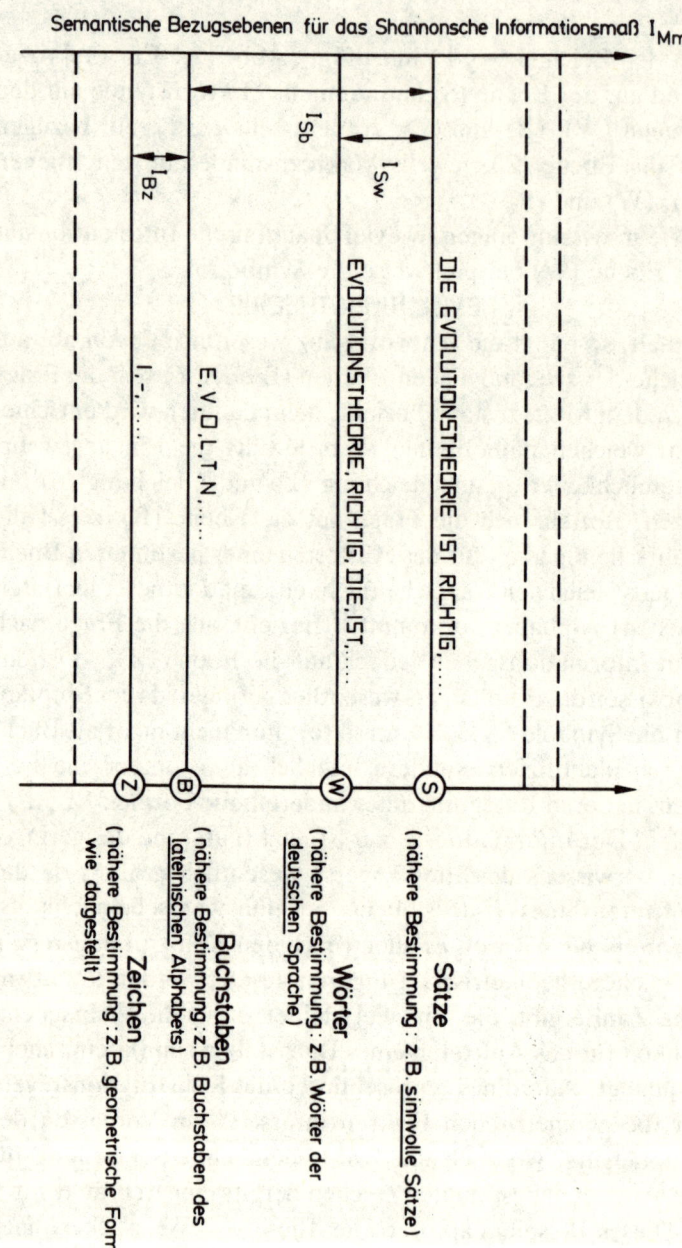

Semantische Bezugsebenen für das Shannonsche Informationsmaß I_{Mm}

I_{Sb}

I_{Sw}

I_{Bz}

$I_{...}$

E.V.O.L.T.N.....

EVOLUTIONSTHEORIE, RICHTIG, DIE, IST.....

DIE EVOLUTIONSTHEORIE IST RICHTIG.....

Ⓩ Ⓑ Ⓦ Ⓢ

Zeichen
(nähere Bestimmung : z.B. geometrische Formen wie dargestellt)

Buchstaben
(nähere Bestimmung : z.B. Buchstaben des <u>lateinischen</u> Alphabets)

Wörter
(nähere Bestimmung : z.B. Wörter der <u>deutschen</u> Sprache)

Sätze
(nähere Bestimmung : z.B. <u>sinnvolle</u> Sätze)

sondern Information stets nur *unter einem Begriff* existiert
(vgl. II, 1, Zitat 26). Die begriffliche Feinstruktur, unter der
die Information abgefragt wird, spiegelt sich quantitativ in
dem von Shannon eingeführten Informationsmaß wider. So
hängt beispielsweise die Informationsmenge I_{Wb} davon ab,
inwieweit die semantische Bezugsebene (B) noch näher
bestimmt ist, etwa durch die Einschränkung »Buchstabe des
lateinischen Alphabets« oder »Buchstabe des griechischen
Alphabets«. Ähnliches gilt für alle anderen semantischen
Bezugsebenen (siehe Abb. 12).

Das Shannonsche Informationsmaß ist also durch die Genauigkeit bedingt, mit der jeweils Mikro- und Makrozustand
definiert sind. Wir wollen dies an einem weiteren Beispiel
erläutern. Betrachten wir als Makrozustand eine aus einem
binären Alphabet (X, Y) aufgebaute Buchstabenfolge der
Länge n, so gibt es (wenn wir die Buchstaben als semantische
Bezugsebene nehmen) genau 2^n Mikrozustände, das heißt
kombinatorisch mögliche Buchstabenfolgen. Wir nehmen nun
an, daß wir über das System ein erweitertes Vorwissen besitzen und den Makrozustand durch die Angabe »Buchstabenfolge mit der Bruttozusammensetzung p-mal X und q-mal Y«
eingrenzen können. Für die beiden Extremfälle p = n und
q = 0 sowie p = 0 und q = n haben wir es mit einer reinen X-
Folge und einer reinen Y-Folge zu tun. In beiden Fällen enthält der Makrozustand nur einen Mikrozustand; die Entropie
ist Null. Da Makro- und Mikrozustand zusammenfallen, ist

Abb. 12: *Schematische Darstellung des* relativen *Charakters des*
Shannonschen Informationsmaßes am Beispiel der menschlichen
Sprache. In der Shannonschen Informationstheorie kann die Infor-
mationsmenge I_{Mm} einer Zeichenfolge nur relativ in bezug auf zwei
semantische Ebenen definiert werden, die sich zueinander wie Makro-
zustand (M) und Mikrozustand (m) verhalten. Weitere Einzelheiten
siehe Text.

die *aktuelle* Information so groß wie möglich und die noch hinzugewinnbare, die *potentielle* Information ist Null. Allgemein berechnet sich die Zahl der in einem Makrozustand enthaltenen Mikrozustände nach der in Kapitel V, 1 angegebenen Gleichung (22). Hiernach besitzt der Makrozustand mit $p = q = n/2$ (Gleichverteilung) die größtmögliche Zahl von Mikrozuständen und damit unter allen Makrozuständen die größtmögliche potentielle Information. Man muß also die Begriffe »Mikrozustand« und »Makrozustand« für den konkreten Fall jeweils neu definieren. So ist beispielsweise in der klassischen statistischen Mechanik der Makrozustand durch die Angabe der thermodynamischen Zustandsgrößen eines Systems (Temperatur, Druck usw.) definiert, der Mikrozustand durch die Angabe der Orts- und Impulskoordinaten im Phasenraum für jedes einzelne Atom.

Wir halten fest, daß ein und dieselbe Symbolfolge je nach der semantischen Ebene, unter der sie abgefragt wird, verschiedene Mengen an Shannonscher Information enthält. Dies ist verständlich, da in Gleichung (2) als entscheidende Größe die Wahrscheinlichkeit eingeht, mit der das Eintreffen einer Nachricht oder eines Ereignisses erwartet wird. Die Wahrscheinlichkeit hängt aber davon ab, inwieweit der Bedingungskomplex für das Eintreten des Ereignisses dem Empfänger bekannt ist (man vergleiche hierzu auch die Diskussion in Kapitel V, 3 über sichere und zufällige Ereignisse).[44] Durch die Größe p_k wird also in Gleichung (2) das semantische Vorwissen des Empfängers zum Ausdruck gebracht: Der Informationsgehalt eines Ereignisses ist um so größer, je unwahrscheinlicher sein Eintreffen war (Gleichung [4]).

So erscheint die durch Gleichung (2) definierte Information als etwas Subjektives. Andererseits ist für alle Empfänger, die über dieselben Methoden und Möglichkeiten des Wissenserwerbs verfügen, die Eingangsgröße p_k intersubjektiv gegeben. Man kann daher in Anlehnung an Weizsäcker die Information als in objektiver Weise subjektbezogen bezeichnen.[45] Genau hier liegt der Schlüssel zum Problem der Objektivierung des semantischen Aspekts von Information.

Die Subjektbezogenheit des Shannonschen Informationsbegriffes, wie sie durch die Größe der Eingangswahrscheinlichkeit p_k in Gleichung (2) zum Ausdruck kommt, bereitet hinsichtlich seiner Verwendung in der Biologie zunächst eine Schwierigkeit. Mit »biologischer« Information ist ja in diesem Fall nicht jenes Wissen gemeint, das der Biologe über die belebte Natur erwerben kann, sondern vor allem die »genetische« Information, die sich unter anderem in der Struktur und Funktion der biologischen Makromoleküle manifestiert. Wie steht es hier aber mit der Subjektbezogenheit der Information? Inwieweit existiert die genetische Information unabhängig von dem beobachtenden Biologen? Diese Fragen sind für unsere weitere Diskussion von so großer Bedeutung, daß wir sie eingehend analysieren müssen.

Wir hatten gesagt, daß es Information nur unter einem bestimmten Begriff, nur in bezug auf zwei semantische Ebenen gibt. Die obigen Fragen lassen sich daher auch folgendermaßen umformulieren: Unter welchem »Begriff« wird die biologische Information innerhalb lebender Systeme »abgefragt«? Oder technisch ausgedrückt: Auf welcher semantischen Ebene wird die genetische Information operational?

Um diese wichtige Frage zu beantworten, greifen wir noch einmal das Bild vom Makro- und Mikrozustand auf (Abb. 12) und übertragen es auf die genetische Molekularsprache (Abb. 13). Wir betrachten zunächst den Sender der biologischen Information. Diese Funktion üben die Erbmoleküle, also die DNS- beziehungsweise RNS-Moleküle aus. Empfänger der genetischen Botschaft ist die Zelle mit ihrer molekularen Übersetzungs- und Replikationsmaschinerie (siehe I, 2). Betrachtet man also das Erbmolekül als den Makrozustand der genetischen Information, so würde, jeweils von der traditionellen Betrachtungsebene seiner Disziplin ausgehend, der Biologe das Arrangement der Gene, der Biochemiker die

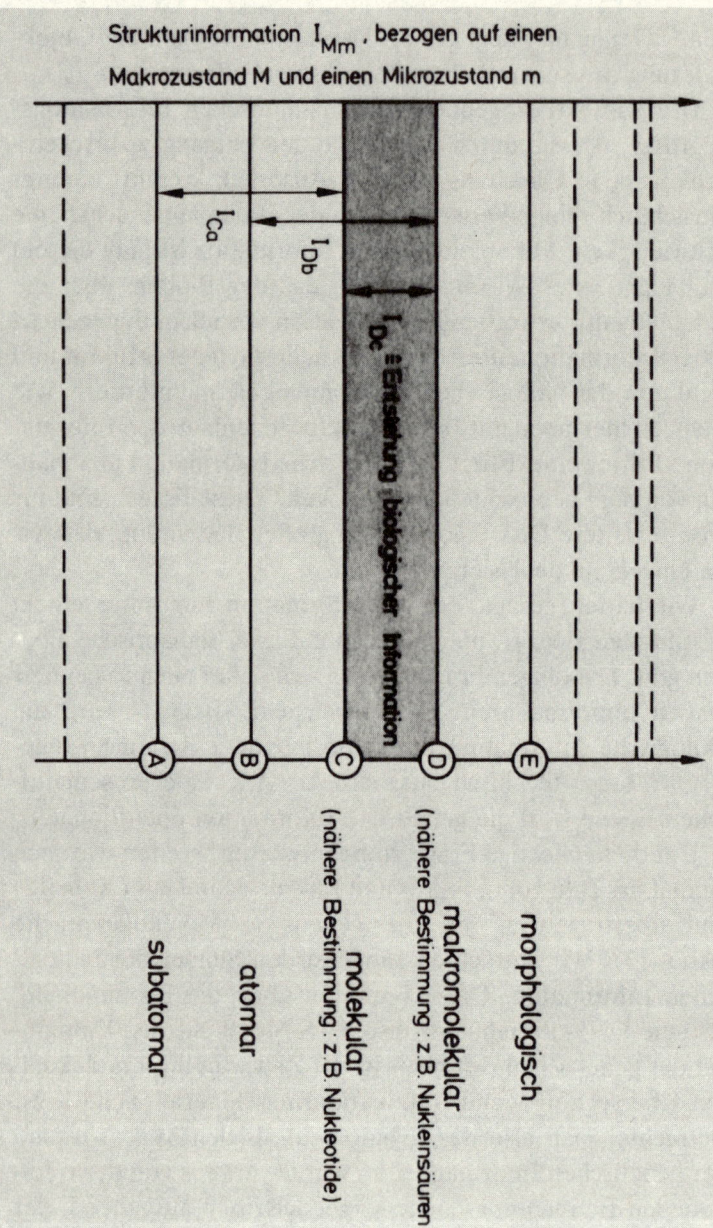

Strukturinformation I_{Mm}, bezogen auf einen Makrozustand M und einen Mikrozustand m

I_{Ca}

I_{Db}

I_{Dc} = Entstehung biologischer Information

A B C D E

subatomar

atomar

molekular
(nähere Bestimmung : z.B. Nukleotide)

makromolekular
(nähere Bestimmung : z.B. Nukleinsäuren)

morphologisch

Anordnung der Nukleotide und der Physiker die Anordnung aller Atome als korrespondierenden Mikrozustand ansehen. Die hieraus resultierende Shannonsche Information einer Nukleinsäure ist (in Übereinstimmung mit den obigen Ausführungen) keine absolute Größe, sondern nur relativ in bezug auf zwei semantische Ebenen festgelegt, darüber hinaus in der Weise subjektbezogen, als sie von der vom betreffenden Wissenschaftler intendierten Untersuchungsebene abhängt. Mit anderen Worten: Die Festlegung der semantischen Ebene erfolgt dadurch, daß der zunächst indifferente Begriff »genetische Information« unter einen definierten Begriff gebracht wird, indem er zum Beispiel durch die Begriffe »Cistron« (siehe unten), »Nukleotid-Kette« oder »Kette aus Atomen« ersetzt wird. Die auf den verschiedenen Betrachtungsebenen ermittelte Shannonsche Information entspricht dann der *Strukturinformation*, die zum Begriff »Cistron«, »Nukleotid-Kette« beziehungsweise »Kette aus Atomen« gehört.[46] Es ist in der Tat sinnvoll, hier von Strukturinformation zu sprechen, da den vorhergehenden Begriffen jeweils eine definierte physikalische Struktur entspricht, deren informationstheoretische Festlegung die durch das Shannonsche Informationsmaß gegebene Anzahl von Binärentscheidungen erfordert.

Die Strukturinformation eines DNS- beziehungsweise RNS-Moleküls ist unter dem Begriff »Kette aus Atomen« größer als unter dem Begriff »Nukleotid-Kette«; denn durch letzteren

---

Abb. 13: *Schematische Darstellung der hierarchisch geordneten Strukturinformation I_{Mm} lebender Systeme (zum Begriff der »Strukturinformation« siehe Text). Das Shannonsche Informationsmaß gibt immer nur die Strukturinformation bezogen auf zwei definierte Betrachtungsebenen an. Für den Ursprung genetischer Information ist insbesondere die Frage relevant, unter welchen Bedingungen die Strukturinformation I_{Dc} operational wird, indem sie den Aufbau und die Aufrechterhaltung der durch lebende Systeme repräsentierten funktionalen Ordnung gewährleistet.*

wird eine Vielzahl denkbarer Atomkombinationen ausgeschlossen. Ähnlich verhält es sich mit dem Begriff »Nukleotid-Kette« im Vergleich zum übergeordneten Begriff »Cistron«.

Wir wissen nun aufgrund empirischer Untersuchungen, daß die für biologische Phänomene relevante Strukturinformation eines Nukleinsäuremoleküls diejenige ist, die unter den Begriff »Nukleotid-Kette« fällt, denn die Struktur und Funktion eines lebenden Systems wird durch die detaillierte Folge der DNS- beziehungsweise RNS-Bausteine determiniert (siehe I, 2). Änderungen auf der Ebene der Nukleotide, zum Beispiel infolge von Punktmutationen, können den Sinn der genetischen Information abwandeln oder sogar zerstören. Die Tatsache, daß in der Nukleotid-Kette eines Erbmoleküls wiederum bestimmte Abschnitte zu Funktionseinheiten (sogenannten Cistrons, Scriptons und ähnlichem) zusammengefaßt sind, spiegelt unmittelbar das Phänomen der hierarchischen Organisation lebender Systeme wider (vgl. Tab. 1). Auch oberhalb der Nukleotid-Ebene kann daher in einem Nukleinsäuremolekül biologisch relevante Strukturinformation vorkommen. Wegen des linearen Aufbaus der genetischen Sprache ist die Strukturinformation, die zum Begriff »Cistron« gehört, jedoch vollständig in der Strukturinformation enthalten, die zum Begriff »Nukleotid-Kette« gehört. Das Verhältnis ist hier dasselbe wie das der Buchstabenebene (B) zur Wortebene (W) (vgl. Abb. 12). Die sich aus dem Phänomen der hierarchischen Organisation lebender Systeme ergebenden Probleme hinsichtlich der Frage des genetischen Determinismus werden wir in Kapitel V, 1 diskutieren.

Betrachten wir also die Ebene (D) der biologischen Makromoleküle sowie die Nukleotid-Ebene (C), das heißt die Ebene der monomeren Bausteine (Abb. 13). Die Strukturinformation I_{Dc}, die auf diese beiden Ebenen bezogen in einer Nukleinsäure enthalten ist, läßt sich leicht nach Gleichung (2) angeben. Tritt jedes molekulare Symbol, das heißt jedes der vier Nukleotide ($\lambda = 4$), mit der gleichen A-priori-Wahrscheinlichkeit auf, so enthält jedes Nukleotid 2 bits Information (man benötigt zwei Ja-Nein-Entscheidungen, um einen der vier »Buchstaben« des Nukleinsäurealphabets festzulegen). Eine aus n Symbolen bestehende Nukleotid-Kette besitzt demnach

$$(10) \qquad I_{Dc} = 2n \text{ bits}$$

Strukturinformation.[47] Das Genom des Bakteriums *E.coli* hat beispielsweise eine Kettenlänge von etwa $n = 4 \cdot 10^6$, so daß die Strukturinformation $I_{Dc} = 8 \cdot 10^6$ bits beträgt.[48] Die gleiche Informationsmenge enthält aber auch jede der

$$(11) \qquad \lambda^n = 4^{4 \text{ Millionen}} \approx 10^{2,4 \text{ Millionen}}$$

Sequenzalternativen, von denen aber nur wenige Sequenzen biologisch »sinnvolle« Information tragen, nämlich eine solche, die die Aufrechterhaltung der funktionellen Ordnung einer Bakterienzelle gewährleistet. Wir sehen bereits, daß die durch das Shannonsche Informationsmaß gegebene Strukturinformation einer Nukleotid-Kette für das Phänomen der biologischen Komplexität und Ordnung kaum aussagekräftig ist.[49] Tatsächlich interessieren wir uns nicht so sehr für die durch die räumliche Ordnung eines Makromoleküls repräsentierte Strukturinformation als vielmehr für die hierdurch induzierte *funktionale* Ordnung.

Bevor wir auf den semantischen Aspekt der genetischen Information näher eingehen, wollen wir die geringe Aussagekraft des Shannonschen Informationsmaßes im Hinblick auf biologische Systeme noch an einem weiteren, uns bereits bekannten Beispiel verdeutlichen: Eine Nukleotidsequenz der Kettenlänge n = 978, die nur aus dem Nukleotid U aufgebaut ist, enthält nach Gleichung (2) ebensoviel Strukturinformation wie die Nukleotidsequenz aus Abb. 9, die den aus 978 Nukleotiden bestehenden Bauplan für die Replikationsmaschinerie eines einfachen Virus verschlüsselt. Im ersten Fall enthält die Nukleotidsequenz (sofern überhaupt die Bedingungen ihrer Translation gegeben sind, also die Information von einer Proteinsynthese-Maschinerie verstanden wird) die

Anweisung für den Aufbau der Polyaminosäure poly-phenyl-alanin, von der man aufgrund ihrer chemischen Struktur kaum eine katalytische Aktivität erwarten kann. Im zweiten Fall hingegen verschlüsselt die Nukleotidsequenz die Information für den Aufbau eines komplexen und hocheffizienten biologischen Funktionsträgers.[50] Bei gleicher Strukturinformation können sich zwei Nukleinsäuremoleküle mithin in ihrer biologischen Bedeutung völlig unterscheiden. Wir kommen hier auf die Eingangsfrage dieses Abschnitts zurück: Durch welche Kriterien läßt sich der semantische Aspekt von Information eingrenzen?

Um diese Frage zu beantworten, berücksichtigen wir nunmehr die Tatsache, daß die verschiedenen Dimensionen des Informationsbegriffs in Wirklichkeit nicht voneinander zu trennen sind, und stellen die Behauptung auf, daß der semantische Aspekt von Information genau dort zum Tragen kommt, wo die Information *pragmatisch* verbindlich wird.[51] Wir verwenden diesen Ansatz im folgenden für die Objektivierung der biologischen Semantik.[52]

Weizsäcker hat den pragmatischen Bezug der semantischen Komponente der Information durch zwei einander ergänzende Thesen zum Ausdruck gebracht:[53]

(a) Information ist nur, was verstanden wird,
(b) Information ist nur, was Information erzeugt.

Die These (a) ist selbstredend. Wir hatten sie bereits in Kapitel II, 1 erläutert. Sie besagt, daß die zwischen Sender und Empfänger ausgetauschten Strukturen an sich noch keine Information darstellen, sondern nur dann, wenn eine gemeinsame Verständigungsstruktur, das heißt eine gemeinsame semantische Ebene existiert.

Die These (b) hingegen ermöglicht die Objektivierung von Semantik auf der Basis eines dynamischen Wertkriteriums, der Fähigkeit zur Informationserzeugung. Die Semantik wird hier objektiviert durch die »meßbare« Wirkung, Information zu erzeugen. Darin kommt die pragmatische Komponente der

Information deutlich zum Ausdruck, also jener Aspekt, der für Sender und Empfänger die handlungstheoretischen Inhalte umfaßt.

Wenn wir den semantischen Informationsgehalt einer Nukleinsäure bestimmen wollen, so müssen wir zunächst der Frage nachgehen, wie denn die in der Nukleotid-Kette eines DNS-Moleküls enthaltene Strukturinformation operational wird. Hieran schließt sich unmittelbar unsere Hauptfrage an, wie überhaupt genetische Information entstehen kann, das heißt, wie die Auswahl einer spezifischen Nukleotidsequenz aus einer unübersehbaren Fülle von physikalisch gleichwertigen Strukturen zu erklären ist. Doch dies wird bereits die Eingangsfrage für das Kapitel III. Bleiben wir daher zunächst bei der Frage, wie die genetische Information operational wird. Die Molekularbiologie liefert zwei Antworten:

(1) Die Information eines DNS-Moleküls wird operational in der *Morphogenese*. Hierbei wird die Strukturinformation um ein Vielfaches multipliziert. Zunächst erzeugt ein bestimmter Abschnitt auf der Nukleotid-Kette viele gleichartige Proteinmoleküle.[54] Die Proteine bauen zusammen eine Zelle auf, deren Stoffwechsel wiederum viele bits Strukturinformation erzeugt. Bei den Vielzellern schließlich multipliziert sich die durchschnittliche Strukturinformation einer Zelle mit der Anzahl ihrer Zellen.[55]

(2) Die Information eines DNS-Moleküls wird operational bei der *Vererbung*. Hierbei wird die Strukturinformation des Erbmoleküls einmal »kopiert« und der Tochterzelle weitergegeben. Die Strukturinformation der Nukleotid-Kette eines Erbmoleküls ist somit eine notwendige und hinreichende Bedingung für die Definition der betreffenden Spezies, sie ist vollständig äquivalent zur Formmenge des Organismus und bleibt bei der Vererbung (nahezu) konstant.

Sowohl beim Prozeß der Morphogenese als auch bei dem der Vererbung wird Information im Sinne der obengenannten

Weizsäckerschen Thesen erzeugt. Beide Prozesse unterscheiden sich allerdings ganz wesentlich im quantitativen Ausmaß der Informationserzeugung. Bei der Morphogenese wird die Strukturinformation des Erbmoleküls um ein Vielfaches multipliziert, während sie bei der Vererbung gerade einmal verdoppelt wird (vgl. V, 1). Dies ist, was den semantischen Aspekt betrifft, jedoch nur eine scheinbare Divergenz. »Wer das naturgesetzliche Funktionieren des Organismus völlig durchschaute, der müßte aus der bloßen Kenntnis der DNS-Kette des Kerns einer beliebigen Zelle dieses Organismus die Gestalt und Funktionsweise des ganzen Organismus herleiten können. Er wüßte also, daß die in der ersten Antwort behauptete Informationsfülle redundant und auf 2n bits reduzierbar ist. In diesem Sinne bringt nur die zweite Antwort den Organismus unter den ihm zukommenden Begriff eines lebenden Wesens, die erste aber brachte ihn nur unter den Begriff eines physikalischen Gegenstandes. Die überschüssige Information der ersten Antwort ist eben die im Begriff des Lebewesens enthaltene.«[56] Wir können diesen Sachverhalt in der Terminologie des Biologen auch folgendermaßen formulieren: Die erste Antwort bezieht sich auf den Phänotyp, das heißt auf das materielle Erscheinungsbild eines Organismus, die zweite Antwort dagegen auf den Genotyp, also auf das zeitlich (nahezu) invariante Programm.

Wir können aus diesen Überlegungen die Schlußfolgerung ziehen, daß die Ursemantik genetischer Information durch die Fähigkeit eines lebenden Systems bestimmt ist, sich reproduktiv zu erhalten. Dies stellt die biologische »Umsetzung« der obigen These dar, nach der nur das Information ist, was Information erzeugt. Auf die Präzisierung dieses Gedankens werden wir insbesondere in Kapitel V, 2 unser Hauptaugenmerk legen. Eins wird allerdings schon jetzt deutlich: Eine Objektivierung des semantischen Aspekts von Information ist nur dann möglich, wenn wir die pragmatische Komponente der Information mit einbeziehen.

3. Der pragmatische Aspekt von Information

Der pragmatische Aspekt von Information zeigt sich dort, wo eine Nachricht oder ein Ereignis den Empfänger im weitesten Sinn verändert. Unter »Veränderung« soll hier sowohl jede strukturelle Änderung des Empfängers als auch jede beim Empfänger hervorgerufene Bereitschaft für eine zielgerichtete Handlung verstanden werden.[57]

Christine und Ernst von Weizsäcker haben den Versuch unternommen, zwei essentielle Komponenten des pragmatischen Aspekts von Information herauszuarbeiten: Erstmaligkeit und Bestätigung.[58] Die beiden Begriffe bilden ein Gegensatzpaar und sollen konstitutiv sein für *jede* Information. Wir können schon jetzt vorwegnehmen, daß Erstmaligkeit und Bestätigung eine bedeutende Rolle bei der Entstehung genetischer Information spielen (siehe unten).

Betrachten wir zunächst den Begriff der *Erstmaligkeit*. Er ist dort angebracht, wo ein Ereignis zum erstenmal in das »Gesichtsfeld« des Empfängers tritt. Der damit verbundene Überraschungswert, der Neuigkeitswert des betreffenden Ereignisses, wird in sinnvoller Weise durch das Shannonsche Informationsmaß nach Gleichung (2) quantifiziert. Erstmaligkeit und Shannonsche Information sind offenbar zwei äquivalente Aspekte einer Nachricht.[59]

Andererseits muß eine Nachricht auch immer etwas Nicht-Erstmaliges in Form von *Bestätigung* enthalten, insofern es von dem betreffenden Empfänger überhaupt registriert, das heißt als informationelles Ereignis erkannt wird. »Sinnvolle Nachrichten (die über atmosphärische Störungen hinausgehen) bestätigen überdies die Existenz von zugehörigen Verständnisstrukturen im Empfänger, oder sie bestätigen durch Wiederholung und Redundanz sogar semantische Einzelheiten im Empfänger.«[60] Der Begriff der *Bestätigung* hängt unter anderem mit dem nachrichtentechnischen Begriff der *Redundanz* zusammen, wenngleich er über diesen hinausgeht.

Die Redundanz ist ein Instrument der Informationssicherung, das immer dort eingesetzt wird, wo aufgrund von Störungen (Rauschen im Übertragungskanal zwischen Sender und Empfänger) die symbolgetreue Übertragung einer Nachricht vom Sender auf den Empfänger gefährdet ist. Wir können nen drei Aspekte der Informationssicherung unterscheiden:

(a) Stabilisierung der Information durch Wiederholung beziehungsweise Neuzusammenstellung von Teilen der Nachricht.

(b) Stabilisierung der Information durch gewichtete Codierung der Symbole entsprechend der Häufigkeit ihres Auftretens (vgl. Abb. 10 b).

(c) Stabilisierung der Information durch Interpolation von Symbolen aufgrund des semantischen Vorwissens des Empfängers.

In der Shannonschen Informationstheorie, bei der Sinn und Bedeutung einer Nachricht unberücksichtigt bleiben, werden zur Informationssicherung nur die Redundanz der Nachricht sowie die Redundanz des Codes herangezogen. Und zwar definiert man im Rahmen der Shannonschen Informationstheorie als Redundanz einer Nachricht x_k die Größe

$$(12) \qquad r = \frac{I_{max} - I}{I_{max}},$$

wobei I_{max} die durch Gleichung (6) definierte *maximale* Information und I die tatsächlich übertragene Information ist. Die Redundanz ist also ein Maß für die Abweichung von einer Gleichverteilung der A-priori-Wahrscheinlichkeiten einer Nachrichtenmenge.[61] Für unsere nachfolgenden Betrachtun-

gen ist der Aspekt (c) der Informationsstabilisierung von grö-
ßerem Interesse.

Eine Nachricht enthält für den Empfänger nicht in jeder
Hinsicht eine Neuigkeit. Dies hängt, wie wir in Kapitel II, 1
bereits ausgeführt haben, damit zusammen, daß ein Informationsaustausch zwischen Sender und Empfänger grundsätzlich
nur unter der Voraussetzung möglich ist, daß Empfänger und
Sender bereits über eine gemeinsame semantische Basis verfügen. Nur mit solchem Vorwissen kann der Empfänger eine
vom Sender übertragene Symbolfolge überhaupt als Nachricht identifizieren. Wie weit sich eine fehlerhafte Nachricht
über die bloßen syntaktischen Regeln hinaus rekonstruieren
läßt, hängt vom Erwartungshorizont des Empfängers ab, der
von der gemeinsamen semantischen Vereinbarung zwischen
Sender und Empfänger getragen wird. Der Begriff »Vereinbarung« ist hier im Sinne einer expliziten und impliziten Vereinbarung zu verstehen. Der Leser, der beispielsweise weiß, daß
die verrauschte Symbolfolge

ILFORNATIONSTHELRIE

im Kontext der vorausgegangenen Diskussion einen Sinn
ergibt, wird die falschen Buchstaben aufgrund seines semantischen Vorwissens ohne große Schwierigkeiten zur Symbolfolge

INFORMATIONSTHEORIE

korrigieren können. Bei der in gleichem Maße verrauschten
Nachricht

QERATIVITUTSTHELRIE

muß man schon einen Bezug zum Begriff

RELATIVITÄTSTHEORIE

haben, um die Stammnachricht rekonstruieren zu können.
Die Informationsdichotomie

HAND ⟷ HUND

läßt sich schließlich nur auf der Grundlage eines *erweiterten*
semantischen Referenzrahmens auflösen.[62]

Obgleich im Rahmen der Shannonschen Informationstheorie lediglich die durch Gleichung (12) definierte Redundanz der Nachricht und die Redundanz des Codes Verwendung finden, so zeigen doch die obigen Beispiele, daß auch die Redundanz aufgrund des semantischen Vorwissens des Empfängers einen wichtigen Beitrag zur Rauschverminderung liefert und alle drei Aspekte bezüglich der Informationssicherung eine funktionale Einheit bilden. Der gegenüber dem nachrichtentechnischen Redundanzbegriff erweiterte Begriff der Bestätigung, in den auch die Redundanz der Semantik einbezogen wird, trägt diesem Sachverhalt Rechnung.

Erstmaligkeit und Bestätigung sind demnach konstitutive Bestandteile jeglicher Form von Information, unabhängig davon, ob man nun den syntaktischen, semantischen oder pragmatischen Aspekt der Information betrachtet. (So ist zum Beispiel auch unsere einleitende Bemerkung zu Kapitel II, 1 zu verstehen, daß bereits der syntaktische Aspekt von Information Semantik in Form von Verständnisstrukturen des Empfängers, das heißt Bestätigungskriterien voraussetzt.) Hieran schließt sich unmittelbar die Frage an, ob Erstmaligkeit und Bestätigung *isoliert* betrachtet bereits Information erzeugen können oder ob sie nur *gemeinsam* für die Information konstitutiv sind. Um diese Frage zu beantworten, wollen wir das Konzept von Erstmaligkeit und Bestätigung zunächst im Kontext der Shannonschen Informationstheorie interpretieren.

Durch das Shannonsche Informationsmaß (Gleichung [2]) wird offensichtlich der Neuigkeitswert der Information gemessen. Der Informationsgehalt einer Nachricht ist danach um so größer, je unwahrscheinlicher ihr Eintreffen war (Gleichung [4]). Erstmaligkeit birgt daher im Shannonschen Sinn sehr viel Information. Der pragmatische Anteil der Information ist jedoch gleich Null, da kein Empfänger existiert, der die Information wahrnehmen kann. Wo andererseits nur Bestätigung erfolgt, ist im Shannonschen Sinn gar keine Information vorhanden. Sehr wenig Erstmaligkeit und sehr wenig

Bestätigung liefern mithin auch nur wenig »Shannonsche Information«. Die Tatsache, daß in das Shannonsche Informationsmaß (Gleichung [2]) über die Erwartungswahrscheinlichkeit p_k für eine Nachricht x_k das Vorwissen des Empfängers eingeht, macht deutlich, daß Information nur unter dem Aspekt der Bestätigung möglich ist; denn hierdurch wird der Empfänger überhaupt erst in die Lage versetzt, seine Wahrscheinlichkeitshypothese zu formulieren.

Ernst von Weizsäcker hat seine Vorstellungen über die Beziehung von Erstmaligkeit und Bestätigung zum pragmatischen Aspekt von Information anhand eines Diagramms veranschaulicht (Abb. 14).[63] Es muß jedoch betont werden, daß der in Abbildung 14 gezeigte Kurvenverlauf für die pragmatische Komponente der Information nicht auf einer definierten mathematischen Relation für I beruht, sondern lediglich aus einer Plausibilitätsbetrachtung resultiert und so gesehen nur einen heuristischen Wert besitzt. Wenn die Shannonsche Information in Übereinstimmung mit den obigen Überlegungen von den beiden Schnittpunkten der Kurve in Abbildung 14 mit der Abszisse zur Mitte hin zunimmt, so muß sie mindestens ein Maximum besitzen. In diesem Sinn ist die in Abbil-

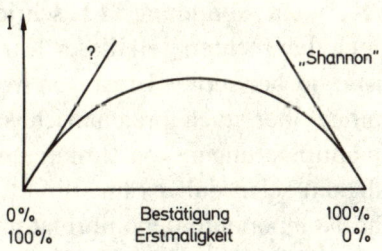

Abb. 14: *Erstmaligkeit und Bestätigung als Komponenten des pragmatischen Aspekts von Information. Graphische Darstellung der einfachsten Hypothese über den Kurvenverlauf. (Nach Ernst von Weizsäcker.[64])*

dung 14 gezeigte Kurve die *einfachste* Hypothese über den tatsächlichen Kurvenverlauf.

Welche Bedeutung hat nun dieser Ansatz für das Problem der Objektivierung und Quantifizierung des pragmatischen Aspekts von Information? Zunächst ist zu bemerken, daß der über das Erstmaligkeit-Bestätigungs-Konzept durchgeführte Versuch einer Präzisierung des pragmatischen Aspekts von Information nach wie vor eng mit dem Shannonschen Informationsbegriff verknüpft ist; denn die Begriffe Erstmaligkeit und Bestätigung werden im Rahmen dieses Konzepts im wesentlichen über die extremen Erwartungswahrscheinlichkeiten einer Nachricht ($p = 0$ bzw. $p = 1$) quantifiziert, die wiederum als Eingangsgrößen in Gleichung (2) eingehen. In beiden Extremsituationen, das heißt nur Erstmaligkeit oder nur Bestätigung, nimmt die pragmatische Komponente der Information in Annäherung an die »Shannonsche Information« den Wert Null an.

Wir können uns durchaus der Aussage dieses Konzepts anschließen, daß ohne Bestätigungsinformation auch keinerlei Verstehen möglich ist. Andererseits enthält ein Ereignis nur dann Information, wenn es vom Empfänger verstanden wird, indem es irgendeine Wirkung hervorruft (»Information ist nur, was verstanden wird.«[65]). Diese Situation wird durch den linken Teil der Kurve in Abbildung 14 beschrieben. Betrachten wir nun jedoch den rechten Teil dieser Kurve. »Wo keine Erstmaligkeit ist«, so behauptet Ernst von Weizsäcker, »da ist, nach Shannon, aber auch pragmatisch keine Information.«[66] Alle Quantifizierungen von Bestätigung ohne Bezug auf die Erstmaligkeit seien daher ohne direkte Relevanz für die pragmatische Komponente der Information.[67] Sofern der pragmatische Informationsbegriff in der Weise an das Erstmaligkeit-Bestätigungs-Konzept angebunden wird, wie es in Abbildung 14 durch die Annahme über den hypothetischen Verlauf der Kurve für die pragmatische Komponente der Information geschieht, ist die Behauptung richtig. Die Kritik, die hier vorgetragen werden soll, bezieht sich vielmehr auf die Art und Weise, wie der pragmatische Aspekt von Information quantifiziert wird. Offenkundig kann eine Information auch dann eine Wirkung beim Empfänger hervorrufen, wenn sie mit hundertprozentiger Bestätigung, also mit der Erwartungswahrscheinlichkeit p = 1, registriert wird. So kann durch eine solche Nachricht eine Handlungserwartung des Empfängers bestätigt oder eine bereits durchgeführte Handlung wiederholt werden. Insbesondere können wir uns einen hierarchisch strukturierten Bestätigungsprozeß vorstellen, in welchem die Bestätigung einer Nachricht selbst Gegenstand von Information ist, über die der Empfänger eine Wahrscheinlichkeitshypothese besitzt. Dies würde eine höhere semantische Ebene definieren, auf der die Bestätigungsinformation gemessen wird.[68] Ob die hundertprozentige Bestätigung einer Nachricht auf den Empfänger eine Wirkung hat und ihn in dem eingangs genannten Sinn verändert, hängt eben davon ab, unter welcher semantischen Fragestellung der Empfänger arbeitet. Diese Aussage ist eine konsequente Anwendung des in Kapitel II, 2 entwickelten Bildes, nach der die Information einer Nachricht eben keinen absoluten Wert hat, sondern nur einen relativen in bezug auf einen semantischen Referenzrahmen. Die pragmatische Komponente der Information in der Form an die Erstmaligkeit-Bestätigungs-Relation zu koppeln, wie es in Abbildung 14 geschieht, impliziert aber (im rechten Schnittpunkt der Kurve) den Absolutwert I = 0, auf den sich unser Einwand bezieht. Die Kritik an dem obigen Quantifizierungsansatz für die pragmatische Komponente der Information wird auch durch ein biologisches Beispiel unterstützt. So basiert der Prozeß der Vererbung und die pragmatische Umsetzung der Erbinformation im Prozeß der Morphogenese gerade auf der »bestätigenden« Funktion der Erbinformation: Das augenscheinlichste Merkmal des Lebendigen ist die Erzeugung des Gleichartigen durch das Gleichartige.[69]

Das Konzept von der aus Erstmaligkeit und Bestätigung

zusammengesetzten Information erlangt seine volle Bedeutung erst für den Fall der *Entstehung* von Information. Semantische Information kann in der Tat nur entstehen, sofern neben bestätigender Information auch erstmalige Information hinzukommt, die dann auf der funktionellen, das heißt pragmatischen Ebene selektiv bewertet wird. Das Optimum der Informationserzeugung liegt vermutlich dort, wo soviel Erstmaligkeit wie möglich und soviel Bestätigung wie nötig vorhanden ist.

Bezogen auf den Prozeß der biologischen Informationserzeugung ist das Verhältnis von Erstmaligkeit und Bestätigung durch die Fehlerrate (Mutationsrate) bestimmt, mit der die genetische Information von Generation zu Generation übertragen wird. Bei einer niedrigen Fehlerrate wird die vorhandene Information nahezu invariant reproduziert, das heißt bestätigt. Eine hohe Fehlerrate hingegen führt, wenn man den evolutiven Prozeß betrachtet, verstärkt zu mikroskopischen Innovationen und damit zu erstmaliger Information. Hieraus ergeben sich für die Dynamik der genetischen Informationserzeugung folgende Konsequenzen: (a) Eine zu geringe Mutationsrate führt zu einer geringen Evolutionsgeschwindigkeit, (b) eine zu hohe Mutationsrate zum Zerfließen der Information. Der letztgenannte Fall tritt genau dann ein, wenn eine bestimmte, durch die Symbolmenge festgelegte Fehlerschwelle überschritten wird. Manfred Eigen hat an einem spieltheoretischen Evolutionsmodell nachgewiesen, daß die günstigsten Evolutionsbedingungen sich tatsächlich direkt unterhalb dieser Schwelle befinden.[70]

III. Die Frage nach dem Ursprung biologischer Information

1. Die Zufallshypothese

Nachdem wir im vorhergehenden Kapitel den Informationsbegriff präzisiert haben, wollen wir nun die in Kapitel I, 2
gestellte Frage nach dem Ursprung biologischer Information
wieder aufgreifen: Wie ist die Planmäßigkeit der Lebewesen,
wie die biologische Urinformation entstanden? Wir hatten auf
diese Fragen bereits drei mögliche Antworten formuliert:
(1) die Zufallshypothese, (2) den teleologischen Ansatz und
(3) den molekulardarwinistischen Ansatz. Wir wollen nunmehr die drei Lösungsmodelle eingehend diskutieren.

Betrachten wir zunächst die Zufallshypothese. Sie wurde
am nachhaltigsten von Jacques Monod vertreten.[71] Nach dessen Vorstellungen ist die spezifische Sequenz der Nukleotide
im Erbmolekül des ersten Lebewesens durch einen reinen
Zufallsprozeß in der Frühgeschichte der Erde zustande
gekommen. Die Tragweite dieser Hypothese läßt sich anhand
eines einfachen Zahlenbeispiels prüfen.

Wenn man einmal von der (realistischen) Annahme ausgeht, daß alle Sequenzalternativen eines Nukleinsäuremoleküls *physikalisch* äquivalent sind, so verhält sich die Erwartungswahrscheinlichkeit für die zufällige, das heißt nichtinstruierte Entstehung einer *definierten* Sequenz, etwa der des
»Urgens«, umgekehrt proportional zur Zahl aller kombinatorisch möglichen Sequenzen.[72] Wäre übrigens die gegenteilige
Annahme richtig, das heißt, wäre die Primärstruktur eines
Nukleinsäuremoleküls durch die chemischen Bindungskräfte
vorherbestimmt und wären alternative Strukturen aus Stabili-
tätsgründen ausgeschlossen, so besäße ein Nukleinsäuremole-

kül auch nicht mehr die allgemeinen Eigenschaften eines evolutionsfähigen Informationsspeichers, wie sie für lebende Systeme charakteristisch sind. Auf diesen Sachverhalt hat insbesondere Michael Polanyi hingewiesen.[73]

Beim menschlichen Genom (bestehend aus circa 10^9 Nukleotiden) erreicht die Zahl der *kombinatorisch* möglichen Sequenzalternativen die unvorstellbare Größe von

$$4^{1 \text{ Milliarde}} \approx 10^{600 \text{ Millionen}}.$$

Aber selbst im einfachen Fall eines Bakteriums besteht das Genom noch aus etwa $4 \cdot 10^6$ Nukleotiden, und die Zahl der *kombinatorisch* möglichen Sequenzen beträgt

$$4^{4 \text{ Millionen}} \approx 10^{2,4 \text{ Millionen}}.$$

Die Erwartungswahrscheinlichkeit für die Nukleotidsequenz eines Bakterienbauplans ist demnach so gering, daß noch nicht einmal die Größe unseres Universums ausgereicht hätte, um eine Zufallssynthese des Bakterienbauplans wahrscheinlich werden zu lassen. So beträgt beispielsweise die Gesamtmasse des Universums, ausgedrückt in Masseeinheiten des Wasserstoffatoms, etwa 10^{80} Einheiten.[74] Selbst wenn die gesamte Materie des Weltalls aus DNS-Molekülen von der strukturellen Komplexität eines Bakterienbauplans bestünde, so befände sich, wenn die DNS-Moleküle ausschließlich Zufallsprodukte wären, mit an Sicherheit grenzender Wahrscheinlichkeit darunter nicht der Bauplan eines Bakteriums oder eines nahen Verwandten desselben.

Nun ließe sich natürlich einwenden, daß wir bei unseren statistischen Überlegungen bereits von der Komplexität eines Bakterienbauplans ausgegangen sind, daß aber der historische Prozeß der Lebensentstehung möglicherweise über einfachere Lebensformen verlaufen ist. Eine entsprechende wahrscheinlichkeitstheoretische Analyse des Problems zeigt jedoch, daß noch nicht einmal ein optimiertes Enzymmolekül in Form einer Zufallssynthese entstehen kann. Selbst die kleinsten katalytisch wirksamen Proteinmoleküle der lebenden Zelle bestehen aus wenigstens einhundert Aminosäureresten und besitzen damit bereits über 10^{130} Sequenzalternativen (siehe I, 2).

Aus diesen eindrucksvollen Zahlenbeispielen läßt sich nun in Übereinstimmung mit Monod der Schluß ziehen, daß der Bauplan eines primitiven Lebewesens a priori ebensowenig durch reinen Zufall in Form eines molekularen Rouletts entstanden sein kann, wie durch ein bloßes Zusammenschütteln von Buchstaben ein umfangreiches Lehrbuch der Biologie zustande käme.[75] Da nun aber einmal Lebewesen auf der Erde existieren, hat Monod in der Entstehung des Lebens a posteriori ein singuläres Zufallsereignis gesehen, das ähnlich einem Lotteriegewinn ein zunächst beliebig unwahrscheinliches und deshalb für den Gewinner (in diesem Fall die erste lebende Zelle) ein absolut einmaliges Ereignis darstellt. »If we accept this theory, we must conclude that the emergence of life on the earth was probably unpredictable before it happened. We must conclude that the existence of any particular species is a singular event, an event that occurred only once in the whole of the universe and therefore one that is also basically and completely unpredictable, including that one species we are, namely man.«[76]

Hier soll noch einmal verdeutlicht werden, daß es bei der Frage der biologischen Informationsentstehung nicht um die Entstehung makromolekularer Strukturen an sich geht, sondern um die Auswahl einer *bestimmten* Struktur aus einer großen Menge physikalisch äquivalenter Alternativen. Der chemische Ursprung makromolekularer Strukturen ist vielmehr ein Problem der präbiotischen Chemie und im wesentlichen mit der Frage verbunden, inwieweit unter den präbiotischen Reaktionsbedingungen der Urerde, das heißt unter den Bedingungen einer reduzierenden Atmosphäre und unter dem Einfluß verschiedener Energiequellen, überhaupt potentielle Informationsträger in Form einer nicht-instruierten Synthese entstehen konnten (siehe I, 2). Obschon auf dem Gebiet der präbiotischen Chemie noch eine Reihe von Problemen experimentell ungelöst sind (etwa die abiotische Kondensation von Nukleotiden zu Nukleinsäuren), so liefert die Fülle der bisher vorliegenden Ergebnisse keinerlei Hinweis darauf, daß sich Proteine und Nukleinsäuren nicht spontan und unabhängig voneinander unter präbiotischen Bedingungen bilden konnten. Im Gegenteil, die abiotische Synthese von Aminosäuren und Nukleotiden sowie die abiotische Kondensation von Aminosäuren zu Proteinen gehört heute zu den Standardexperimenten im Rahmen der präbiotischen Chemie.[77]

Bei der Entstehung biologischer Information geht es hingegen um die Prinzipien und Mechanismen eines Informationsgewinns unter den biologischen Makromolekülen im Sinne von Gleichung (8), also um die Einschränkung einer Gleichverteilung der A-priori-Wahrscheinlichkeiten. Monod war diesbezüglich der Überzeugung, daß die biologische Urinformation das Ergebnis einer singulären Fluktuation sei.

Wäre die auf den »blinden« Zufall ausgerichtete Interpretation der Lebensentstehung richtig, so müßten hieraus wohl in der Tat im Sinne Monods weitreichende philosophische Konsequenzen gezogen werden. Nicht zuletzt auf seiner Zufallshypothese hatte Monod versucht, eine molekularbiologisch fundierte Existenzphilosophie aufzubauen.

So vehement Monod sich auf der einen Seite für die Zufallshypothese einsetzte, so entschieden trat er auf der anderen Seite für die Darwinsche Evolutionslehre ein. Diese in sich zunächst widersprüchlich erscheinende Position wird verständlich, wenn man berücksichtigt, daß Monod seine Zufallshypothese nur auf die Entstehung des *ersten* lebenden Systems bezog, über die ja die Darwinsche Evolutionslehre in ihrer ursprünglichen Form keinerlei Aussagen macht. Auch für Darwin setzte die gesetzmäßig wirkende Selektion erst auf der Ebene bereits belebter Systeme ein.

An der Monodschen Zufallshypothese ist von verschiedenen Seiten heftige Kritik geübt worden. Es würde den Rahmen der vorliegenden Untersuchung sprengen, wollten wir auf alle, insbesondere auch von marxistisch orientierten Autoren vorgebrachten Einwände eingehen.[78] Wir wollen uns hier vielmehr auf die Kritik beschränken, die sich auf den wahrscheinlichkeitstheoretischen Aspekt der Monodschen Argumentation bezieht. In besonders vehementer Form wurde dieser Aspekt von Wolfgang Stegmüller kritisiert.[79]

Um den Einwand Stegmüllers zu verstehen, müssen wir unsere statistischen Überlegungen (siehe oben) noch einmal kritisch überdenken. Wir hatten bei unseren wahrscheinlichkeitstheoretischen Abschätzungen in Anlehnung an Monod stillschweigend angenommen, daß jeweils nur *eine* der etwa $10^{2,4 \text{ Millionen}}$ kombinatorisch möglichen Sequenzalternativen die Information für den Bauplan eines einfachen Lebewesens, etwa eines Bakteriums, verschlüsselt und daß deshalb die A-priori-Wahrscheinlichkeit für eine Zufallssynthese nahe bei Null liegt. Analoge Betrachtungen über den Erwartungswert für die Zufallssynthese primitiver *Biokatalysatoren* führen ebenfalls zu außerordentlich geringen Wahrscheinlichkeiten. So hatten wir beispielsweise für die Spontansynthese der Aminosäuresequenz des elektronentransportierenden Enzyms Cytochrom c eine A-priori-Wahrscheinlichkeit von 10^{-130} ermittelt (siehe I, 2). Alle Wahrscheinlichkeitsaussagen gelten jedoch strenggenommen nur für den Erwartungswert der *optimal* funktionierenden Struktur, von der man annehmen muß, daß sie nur durch *eine* Sequenz realisierbar ist. Andererseits weiß man aufgrund von vergleichenden Sequenzanalysen an homologen Proteinen aus verschiedenen Organismen, daß ein und dieselbe Funktion auch von einer größeren Zahl von »Proteinmutanten« ausgeübt werden kann (Abb. 15). Ein signifikanter Funktionsverlust dürfte wohl nur dann auftreten, wenn durch Mutationen in der Aminosäuresequenz eines Enzymmoleküls die Struktur des aktiven Zentrums in irgendeiner Weise gestört wird (siehe I, 2). Gerade das Cytochrom c ist ein vielzitiertes Beispiel für die Variationsbreite

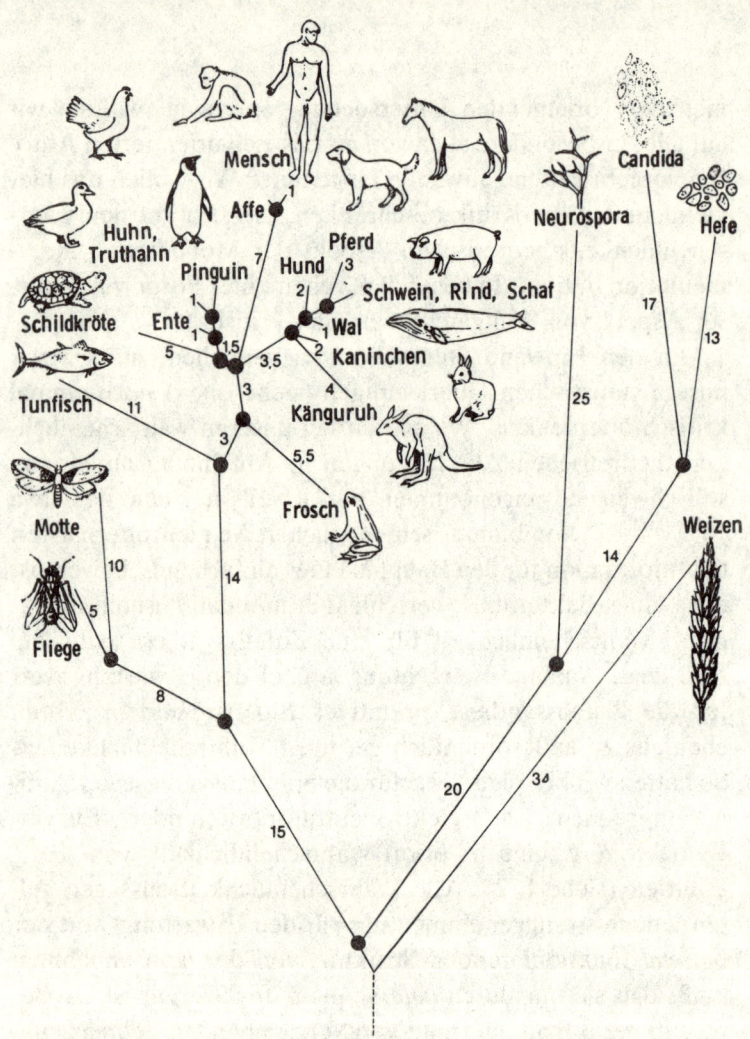

Abb. 15: *Rekonstruktion des phylogenetischen Stammbaums des Cytochroms c auf der Basis vergleichender Sequenzanalysen.[80,81] An den einzelnen Ästen ist jeweils die minimale Zahl von Nukleotidsubstitutionen in der DNS der Gene angegeben, mit der sich die empirisch ermittelten Unterschiede in der Aminosäuresequenz des Cytochroms c erklären lassen. Der hieraus resultierende Evolutionsbaum des Cytochroms c stimmt bis auf geringfügige Abweichungen mit dem Evolutionsbaum überein, wie er aufgrund paläontologischer Befunde rekonstruiert wird. (Nach Rolf Knippers.[82])*

der Primärstruktur eines biologisch aktiven Proteinmoleküls bei *invarianter* Funktion. Genau hierauf basiert ganz wesentlich der evolutionäre Optimierungsprozeß, den wir in den Kapiteln III, 3 und V, 2 als Alternative zur Monodschen Zufallshypothese noch eingehend diskutieren werden.

Auf der Basis der bisher vorliegenden empirischen Daten hat Hubert Yockey abgeschätzt, daß die A-priori-Wahrscheinlichkeit für die De-novo-Synthese einer Proteinstruktur, die zur Familie der Cytochrom-c-Proteine gehört, in der Größenordnung von 10^{-65} liegt.[83] Dieser Wert ist zwar beträchtlich größer als der Erwartungswert für eine definierte Einzelsequenz (ca. 10^{-130}), aber immer noch so niedrig, daß die Spontansynthese praktisch ausgeschlossen ist.

Wie groß die erlaubte Variationsbreite in der Primärstruktur eines katalytisch aktiven Proteins tatsächlich ist, wird man wohl nie erfahren. Hierzu müßte man im Prinzip alle kombinatorisch möglichen Strukturen auf ihre Funktionsfähigkeit hin testen, was schon bei den kleinsten Enzymmolekülen aufgrund der immensen Zahl von Sequenzalternativen unmöglich ist.

Die Situation, die hier vorliegt, läßt sich durch ein einfaches dreidimensionales Optimierungsmodell veranschaulichen: Angenommen, die Funktion aller katalytisch aktiven Varianten eines Enzymmoleküls könne durch ein quantitatives Maß beschrieben werden, etwa durch die Angabe der jeweiligen Umsatzzahl (Anzahl von Substratmolekülen, die pro Zeiteinheit von einem einzelnen Enzymmolekül umgesetzt wird). Ordnet man nun allen kombinatorisch möglichen Sequenzalternativen des betreffenden Enzymmoleküls einen Punkt in einer Ebene zu und trägt man über jeden Punkt den Wert für die Umsatzzahl auf, so nimmt das durch die Umsatzzahlen definierte Funktionsprofil die Form einer zweidimensionalen Fläche im dreidimensionalen Raum an (vgl. auch III, 3; Abb. 16). Um die Frage nach der Erwartungswahrscheinlichkeit für eine katalytisch hinreichend aktive Molekülvariante zu beantworten, müßten wir die gesamte Struktur des Funktionsprofils kennen. Tatsächlich kennen wir aber nur einen winzigen Ausschnitt, der sich auf die Umgebung weniger, dicht beieinander liegender Punkte beschränkt (vorausgesetzt, daß die Topologie so normiert ist, daß miteinander nah verwandte Sequenzen auch im Sequenzraum in räumlicher Nachbarschaft liegen). Wir wissen beispielsweise nicht, ob das Funktionsprofil ein zusammenhängendes Gebirge ist oder ob hier größere Unstetigkeiten auftreten. Da die katalytisch aktiven Molekülvarianten, die wir kennen, einer gemeinsamen Entwicklungslinie entstammen (vgl. etwa Abb. 15), lassen sich allenfalls *lokale* Aussagen über die Struktur des Funktionsraumes machen.

Das dreidimensionale Modell liefert zudem nur ein sehr stark vereinfachtes Bild der wahren, n-dimensionalen Verhältnisse. Insbesondere gibt es die höher-dimensionalen Nachbarschaftsverhältnisse eines Punktes im »Funktionsgebirge« nicht richtig wieder. Dies zeigt bereits der Vergleich einer eindimensionalen Gebirgslandschaft mit einer dreidimensionalen Gebirgslandschaft. Im eindimensionalen Fall führt die Optimierungsroute zwischen zwei Berggipfeln immer durch ein Tal, da überhaupt nur ein Weg möglich ist, den nächsthöheren Berggipfel zu erreichen. Im dreidimensionalen Fall gibt es jedoch in der Regel zahlreiche Möglichkeiten, den aus evolutionärer Sicht verbotenen »Abstieg« in ein Tal zu vermeiden. So lassen sich hier zum Beispiel günstige Höhenlinien, Sattelpunkte und ähnliches benutzen. Allgemein muß man annehmen, daß die Optimierung im n-dimensionalen Fall grundsätzlich effektiver verläuft als in dem hier aus Anschauungsgründen gewählten dreidimensionalen Beispiel. Dies mag auch ein Grund dafür gewesen sein, daß es eine Entwicklung zu langkettigen Informationsträgern gegeben hat, obwohl diese, chemisch gesehen, weniger stabil sind als ihre kurzkettigen Konkurrenten.

Letzte Klarheit über diese topologischen Fragen kann wohl nur das Experiment erbringen. Eine der wichtigsten Aufgaben in der experimentellen Analyse molekularer Evolutionsprozesse dürfte daher die über die vergleichenden Sequenzanalysen hinausgehende »Ausmessung« des Funktionsraumes sein, wie sie in der Arbeitsgruppe von Manfred Eigen derzeit in Angriff genommen werden.[84] Dennoch können wir auch von diesen Experimenten nur weitere Aufschlüsse über die Effektivität der Optimierungsprozesse erwarten, keinesfalls aber eine vollständige Kenntnis des Funktionsprofils.

Wegen der prinzipiellen Beschränkung unserer Kenntnis des Funktionsraumes, so müssen wir in Übereinstimmung mit Stegmüller folgern, kann man nicht von vornherein ausschließen, daß im *historischen* Verlauf der Evolution biologisch sinnvolle Funktionsträger durch reine Zufallsprozesse entstanden sind.[85] »Monod hätte korrekt nur schließen dürfen, daß *dieser spezielle Verlauf,* den die Entwicklung des Lebens auf der Erde genommen hat, sich höchstwahrscheinlich nicht nochmals irgendwo im Weltall wiederholte.«[86] Und weiter schreibt Stegmüller: »Seine theologischen Gegner hätte Monod übrigens mit dem korrekten Schluß nicht weniger, sondern vielleicht sogar noch stärker beunruhigt als mit seinem falschen. Denn das Ergebnis hätte ja gelautet: Es gibt im Kosmos vielleicht Billionen von Planeten, die mit Lebewesen bewohnt sind, aber darunter sicherlich *keine Menschen* – außer auf unserer Erde.«[87]

Stegmüller begründet seine Kritik an der Monodschen Zufallshypothese im wesentlichen mit dem Argument, daß Monod anstelle eines Likelihood-Vergleiches eine absolute Likelihood-Beurteilung durchgeführt habe.[88] Nach der statistischen Testtheorie ist ein *reiner* Likelihood-Test ein Verfahren, bei dem eine Hypothese H dann verworfen wird, wenn das, was sich ereignet, unter der Annahme der Wahrheit der Hypothese sich sehr selten ereignet.[89] Bei einem *relativen* Likelihood-Test hingegen wird eine Hypothese H_1, welche zusammen mit einer Hypothese H_2 zur Diskussion steht, verworfen, wenn das, was sich ereignet, unter der Annahme der Wahrheit von H_1 sehr unwahrscheinlich ist, nicht jedoch unter der Annahme der Wahrheit von H_2.

So vorbehaltlos wir uns Stegmüllers erstem Argument, das sich auf die historische Einzigartigkeit der Evolutionsprodukte bezieht, anschließen können, so vorsichtig müssen wir mit seiner nachfolgenden Äußerung sein, die sich auf die Entstehung des Lebens schlechthin bezieht. Unsere wahrscheinlichkeitstheoretische Überlegung lehrt uns ja, daß wir die Frage nach der Häufigkeit des Auftretens belebter Systeme im Universum prinzipiell nicht werden beantworten können. Eine fundierte Antwort wäre nämlich nur möglich, wenn wir über die funktionalen Eigenschaften aller Sequenzalternativen eines biologischen Informationsträgers hinreichende Kenntnisse besäßen. Diese sind aber wegen der extrem großen Anzahl von Sequenzalternativen selbst für die untersten Stufen makromolekularer Komplexität weder auf empirischem noch theoretischem Weg zu erhalten. Die Vielfalt der Informationsträger, wie sie aufgrund der Vielfalt der Lebewesen gegeben ist, entstammt ja einem einzigen Evolutionsprozeß und sagt daher lediglich etwas über die »Nachbarschaftsverhältnisse« aus, aber nichts darüber, welche funktionalen Eigenschaften die übrigen, unkorrelierten Sequenzalternativen besitzen. Hier wird nun die Kritik Stegmüllers mit Monods Singularitätsargument selbst konfrontiert. Denn die historische Einzigartigkeit irdischen Lebens wirft die Frage auf, wie ein »Lebewesen« überhaupt unabhängig von dieser Form des irdischen Lebens definiert werden kann (vgl. V, 2). Auch wenn Stegmüller mit dem Begriff »Lebewesen« offensichtlich nur lebewesenähnliche Strukturen bezeichnet, so enthält sein Argument, da diese Ähnlichkeit ja wieder nur anhand des historisch entstandenen Lebens festgestellt werden kann, selbst zirkelhafte Züge.

Das Problem einer umfassenden Definition des Phänomens »Leben« ist auch dadurch nicht zu lösen, daß man, wie René Thom vorschlug, zwischen Leben als »formaler« und Leben als »materialer« Struktur unterscheidet.[90] Sofern Leben nur eine formale Struktur darstellt, so lautet die Vermutung von Thom, müßten im Prinzip Systeme denkbar sein, die auf einer gänzlich verschiedenen stofflichen Basis beruhen und nicht, wie das irdische Leben, auf der materiellen Basis von Nukleinsäuren und Proteinen. Es sei hier jedoch angemerkt, daß man sich mit einer solchen Position sehr der organismischen Metaphysik Alfred North Whiteheads nähern würde, ohne damit im Hinblick auf das Problem der Lebensentstehung irgendeinen erkenntnistheoretischen Fortschritt zu erreichen.[91] Tatsächlich geben wir in Kapitel V, 2 eine operationale Definition des Begriffs »Leben«, unter die formal auch Systeme als »belebt« subsumiert werden können, die nicht auf einer Nukleinsäure- und Proteinchemie aufbauen. Andererseits wird sich im Verlauf dieser Untersuchung zeigen, daß Systeme vom Komplexitätsgrad der Lebewesen schon auf der molekularen Ebene nur über informationsspeichernde und informationserzeugende Mechanismen entstehen und sich reproduktiv erhalten können. Dies erfordert bestimmte Materieeigenschaften, die nach unserem derzeitigen Wissensstand eben nur von den Nukleinsäuren in geeigneter Weise erfüllt werden.

Die Quintessenz der vorausgegangenen Überlegungen besteht in der Erkenntnis, daß sich aufgrund statistischer Argumente nicht von vornherein ausschließen läßt, daß im *historischen* Verlauf der Evolution biologisch sinnvolle Informations- beziehungsweise Funktionsträger durch reine Zufallsprozesse, das heißt in nicht-instruierter Form, entstanden sind. Das eigentliche Argument gegen die Zufallshypothese besteht vielmehr darin, daß sie *erkenntnistheoretisch* unbefriedigend ist. Zum einen wird sich zeigen, daß sie prinzipiell unbeweisbar ist (vgl. IV, 2), zum anderen ist offenkundig, daß sie von ihrer Grundstruktur her den Ansprüchen einer naturwissenschaftlichen Erklärung nicht genügt. So zeichnet sich die Theoriebildung in den Naturwissenschaften ja gerade dadurch aus, daß sie in der Erklärung natürlicher Phänomene die Rolle des Zufalls soweit wie möglich durch die Formulierung von Gesetzmäßigkeiten einzuschränken versucht (vgl. IV, 2). Wie groß das Unbehagen ist, wenn sich ein Rest von Zufall als nicht eliminierbar erweist, haben die heftigen Diskussionen um die philosophische Deutung der Quantentheorie gezeigt. Wir werden auf die Zufallshypothese noch einmal zurückkommen und dann insbesondere zum Problem ihrer Beweisbarkeit im Rahmen eines logischen Schlußverfahrens Stellung nehmen.

An dieser Stelle soll aber noch ein weiteres Wahrscheinlichkeitsargument aufgenommen und kurz diskutiert werden; es stammt von Karl Popper, der es unter den Begriff der *Situationsabhängigkeit der Wahrscheinlichkeit* oder der *Propensität* eines Ereignisses gestellt hat.[92] Im Gegensatz zu Monod, der von extrem niedrigen Wahrscheinlichkeiten für die Entstehung des Lebens ausgeht, macht Popper geltend, daß die Wahrscheinlichkeit eines Ereignisses keine *invariante* Größe ist, sondern vielmehr von der jeweiligen Situation abhängt, unter der das Ereignis stattfindet und daher, wie etwa im Fall der Lebensentstehung, gegebenenfalls größer sein kann. Und zwar soll die Situationsabhängigkeit der Wahrscheinlichkeit eines Ereignisses in einem *objektiven* Sinn gegeben sein, also nicht im subjektiven Sinn ihrer Abhängigkeit von der Kenntnis des Bedingungskomplexes für das Eintreten des Ereignisses durch den Beobachter (siehe auch V, 3).

Seine objektivistische Deutung der Wahrscheinlichkeit erläutert Popper am Phänomen des radioaktiven Zerfalls.[93] Danach gibt es eine durch die Halbwertszeit objektivierbare Tendenz (Propensität) eines radioaktiven Atomkerns, »spontan« zu zerfallen. Die Propensität eines *bestimmten* instabilen Kerns zu zerfallen, kann aber in gewissen Situationen, zum Beispiel beim Eintreffen eines langsamen Neutrons in seiner unmittelbaren Nähe, erheblich beeinflußt werden, so also im Fall der Absorption des Neutrons zunehmen.

106

Die »Propensitätsinterpretation« der Wahrscheinlichkeit wendet Popper nun auf das Problem der Lebensentstehung an, mit dem Schluß, daß – obgleich die A-priori-Wahrscheinlichkeit für eine Urzeugung unter »Normalbedingungen« (wie sie zum Beispiel oben diskutiert wurden) extrem gering ist – die Propensität des Eintretens dieses Ereignisses in bestimmten Situationen eventuell größer gewesen sein kann.

Wie sich Popper eine solche Situation vorstellt, versucht er anhand neuerer experimenteller Befunde über die zellfreie Synthese von Nukleinsäuren zu erläutern.[94] Die Experimente, von denen hier die Rede ist und die Popper für ein mögliches »Modell einer Urzeugung« ansieht, beziehen sich auf die De-novo-Synthese von RNS-Molekülen mit Hilfe eines virusspezifischen Enzymkomplexes, der sogenannten Q_β-Replikase.[95] (Eine ausführliche Beschreibung des Q_β-Replikase-Systems findet man in Anm. 95.)

Die Interpretation der Experimente durch Popper ist allerdings nicht überzeugend. Der entscheidende Fehlschluß Poppers liegt in der Annahme, unter den RNS-Produkten einer De-novo-Reaktion könnte auch einmal eine »sehr lange Sequenz sein, z. B. jene Sequenz, die Spiegelmans Komplex entspricht«.[96] Diese Interpretation widerspricht nicht nur der experimentellen Erfahrung, sondern auch dem von Popper selbst vertretenen Argument, daß die A-priori-Wahrscheinlichkeit für die Spontansynthese eines biologischen Funktionsträgers verschwindend klein ist.[97]

Die bisherigen Experimente zur De-novo-Synthese führten ausnahmslos zu relativ *kurzen* RNS-Produkten (mit Kettenlängen zwischen 100 und 250 Nukleotiden). Darüber hinaus gibt es ganz offensichtlich keine »bit-für-bit«-Instruktion der RNS-Produkte durch die Replikase, wie es umgekehrt bei der genetischen Translation der Fall ist. Vielmehr scheinen die De-novo-Produkte verhältnismäßig regellose Sequenzmuster zu besitzen (wie Popper vermutet und die Sequenzanalysen auch zu bestätigen scheinen).

Die RNS-Sequenz, die für die virusspezifische Untereinheit des Replikase-Komplexes codiert, umfaßt annähernd tausend Nukleotide (siehe Abb. 9), so daß hierzu bereits

$$\lambda^n = 4^{1000} \approx 10^{600}$$

Sequenzalternativen existieren (vgl. I, 2; Anm. 16). Die spontane Synthese einer dem Replikase-Gen entsprechenden Genstruktur durch das Q_β-Replikase-System ist daher extrem unwahrscheinlich. Im Widerspruch zu Poppers Behauptung »suggeriert« das Q_β-Replikase-System *kein* mögliches Modell für eine Urzeugung.

Aber auch die Propensitätstheorie an sich, der Popper so große Bedeutung beimißt, bringt uns hinsichtlich des wahrscheinlichkeitstheoretischen Aspekts der Lebensentstehung keinen Schritt weiter; denn die Wahrscheinlichkeit für das Eintreten eines Ereignisses erhöht sich im Kontext der Situationsabhängigkeit nur dadurch, daß ein Teil des Wahrscheinlichkeitsproblems auf die Realisierung des Bedingungskomplexes für das betreffende Ereignis verlagert wird. Es muß dann im Rahmen der Propensitätsinterpretation die Frage geklärt werden, wie denn die Situation möglich wurde, die das Eintreten des Ereignisses wahrscheinlicher gemacht hat. Oder um bei Poppers Beispiel vom radioaktiven Zerfall zu bleiben: Die Propensität eines bestimmten radioaktiven Atomkerns zu zerfallen wird größer, wenn sich in seiner Nähe ein langsames Neutron befindet, das von dem betreffenden Atomkern eingefangen werden kann. Diese Erklärung induziert aber unmittelbar die Frage, wie wahrscheinlich denn das situationsbedingte Eintreffen des Neutrons war.

Tatsächlich könnte also der Fall eintreten, daß die Wahrscheinlichkeit für die Entstehung eines lebenden Systems größer wird, weil in das präbiotische Wahrscheinlichkeitsszenarium biologische Makromoleküle (z. B. Replikasen) mit einbezogen werden, die als Zufallsgeneratoren die Synthese potentieller Informationsträger (z. B. RNS-Moleküle) katalysieren. Die Existenz einer solchen molekularen Synthesemaschinerie muß dann aber in das Erklärungsmodell als »Unbekannte« mit einbezogen werden. In keinem Fall kann man jedoch, wie Popper vorführt, so tautologisch argumentieren, daß man etwa die Existenz eines hochspezifischen Biokatalysators, wie den Spiegelmanschen Enzymkomplex, voraussetzt, um dessen Entstehung zu erklären.[98] Im übrigen machen Poppers Einlassungen zu diesem Thema deutlich, daß er nicht sauber genug zwischen der Entstehung syntaktischer Information einerseits und der Entstehung semantischer Information andererseits unterscheidet. Der Spiegelmansche Enzymkomplex liefert eben zunächst nur (dies allerdings in sehr effizienter Form) *syntaktische* Information, deren Entstehung aber ohnehin im Rahmen der präbiotischen Chemie als prinzipiell gelöst gilt.[99] Daß bei den Experimenten mit dem Q_β-Replikase-System bis zu einem gewissen Grad auch *semantische* Information entsteht, ist ausschließlich eine Konsequenz des systeminhärenten Selektionsmechanismus (siehe III, 3) und *nicht* etwa eine spezifische Eigenschaft des Enzymkomplexes.

In einem gewissen Sinn mag die Propensitätsinterpretation dort fruchtbar sein, wo es um die wechselseitige Rückkopplung zwischen einem Ereignis und seinem Bedingungskomplex, das heißt seinen Randbedingungen geht (siehe V, 3). In einem solchen Selbstorganisationsprozeß wird die Wahrscheinlichkeit für das Eintreten eines Ereignisses dadurch erhöht, daß das betreffende Ereignis als Resultat einer endlichen Zahl von Teilereignissen auftritt, von denen jedes für sich mit hinreichend großer Wahrscheinlichkeit realisiert werden kann. Solche Selbstorganisationsprozesse basieren übrigens auf einem Optimierungsverfahren im Sinne Darwins (siehe III, 3). Diese Variante der Propensitätsinterpretation scheint Popper aber nicht zu meinen, denn sonst hätte er wohl nicht die Überzeugung vertreten, daß der Darwinismus die Entstehung des Lebens nicht erklären könne.[100]

2. Der teleologische Ansatz

Die statistischen Probleme, die im vorhergehenden Kapitel diskutiert wurden, könnten darauf hindeuten, daß Lebewesen *irreduzible* Strukturen sind, die sich im Rahmen der Physik und Chemie nicht vollständig erklären lassen. In diesem Sinn etwa hat sich Michael Polanyi in einer Reihe von Abhandlungen zum Reduktionsproblem in der Biologie geäußert.[101] Die Gedanken Polanyis zu diesem Problemkreis sind insofern bemerkenswert, als sie in geradezu paradigmatischer Weise die erkenntnistheoretischen Schwierigkeiten widerspiegeln, die bei der physikalisch-chemischen Interpretation der Lebensentstehung auftreten und die auch Gegenstand der vorliegenden Untersuchung sind. Es wird daher für unsere weiteren Betrachtungen von Vorteil sein, wenn wir auf die naturphilosophische Position Polanyis etwas näher eingehen.[102]

Eine besondere Rolle spielt in den Überlegungen Polanyis das Prinzip der »Kontrolle« von Naturgesetzen durch die jeweiligen Randbedingungen eines Materiesystems. Was hiermit gemeint ist, läßt sich am ehesten anhand der Analogie »Maschine-Lebewesen« verdeutlichen. Nach Polanyi gibt es für jede Maschine zwei Beschreibungsebenen, nämlich (1) die materielle Ebene der Einzelteile einer Maschine, die vollständig durch die Gesetze der Physik und Chemie erklärbar ist, und (2) die übergeordnete Ebene der Randbedingungen (z. B. Grenzbedingungen zwischen den Einzelteilen), durch die die Konstruktion einer Maschine bestimmt wird. »So the machine as a whole works under the control of two distinct principles.

The higher one is the principle of the machine's design, and this harnesses the lower one, which consists in the physical-chemical processes on which the machine relies. We commonly form such a two-leveled structure in conducting an experiment; but there is a difference between constructing a machine and rigging up an experiment. The experimenter imposes restrictions on nature in order to observe its behavior under these restrictions, while the constructor of a machine restricts nature in order to harness its working. But we may borrow a term from physics and describe both these useful restrictions of nature as the imposing of *boundary conditions* on the laws of physics and chemistry.«[103] Das Konstruktionsprinzip, mithin die Arbeitsweise einer Maschine, genügt also bestimmten, vom Konstrukteur der Maschine festgesetzten technologischen Kriterien, die ihrerseits jedoch irreduzibel, also durch die Prinzipien der Physik und Chemie nicht begründbar sind. Mit den Mitteln der Physik und Chemie allein kann man das Wesen einer Maschine weder erklären noch beschreiben. Man kann in diesem Fall noch nicht einmal eine Maschine als Maschine identifizieren.

Die am Modell der Maschine gewonnenen Schlußfolgerungen glaubt nun Polanyi auf den lebenden Organismus übertragen zu können, da dieser ja unter anderem auch eine komplexe biochemische Maschine ist (siehe I, 2). Zwar lege, so konzediert Polanyi der Theorie des genetischen Determinismus, die Nukleotidsequenz im Genom eines lebenden Organismus dessen Konstruktionsprinzip fest, doch sei die detaillierte Abfolge der Nukleotide in der Primärsequenz nicht aus physikalisch-chemischen Gesetzen ableitbar. Vielmehr besitze jede der unzählig vielen kombinatorisch möglichen Sequenzalternativen – so folgert Polanyi in Übereinstimmung mit unserem heutigen Wissen über die Nukleinsäurechemie – nach den herrschenden Naturgesetzen dieselbe A-priori-Wahrscheinlichkeit ihres Auftretens. »To prepare chemically a compound that is one out of millions of equally probable

DNA alternatives would produce, along with it, about equal amounts of each of these millions of alternatives.«[104] Polanyi zieht hieraus den Schluß: Mit den Gesetzen der Physik und Chemie allein läßt sich die Auswahl einer ausgezeichneten Sequenz, derjenigen nämlich, die eine biologisch sinnvolle Funktion trägt, nicht erklären. Die spezielle Nukleotidsequenz der biologischen Informationsträger stellt, wie das Konstruktionsprinzip einer Maschine, eine irreduzible, systemspezifische Randbedingung für das Wirken der Gesetze der unbelebten Natur in einem belebten System dar.

Die Hauptargumente, von denen sich Polanyi bei seinen Überlegungen leiten läßt, können wir demnach wie folgt zusammenfassen: Maschinen und Lebewesen ist gemeinsam, daß sie einen hohen Grad an *funktionaler* Ordnung besitzen. Als materielle Systeme unterliegen sie ausnahmslos den bekannten Gesetzen der Physik und Chemie. Darüber hinaus sind Maschinen und Lebewesen jedoch zweckorientierte Strukturen, deren Aufbau und Funktion das Vorhandensein von Information erfordert. Diese Information (auf den Maschinenaspekt bezogen: das Konstruktionsprinzip) stellt eine irreduzible Randbedingung dar, unter der die Gesetze der unbelebten Natur in einem lebenden System (bzw. in einer Maschine) wirksam werden (vgl. II, 1, Zitat und Anm. 24).

Die vermeintliche Irreduzibilität der Randbedingungen führt Polanyi vor allem auf die Tatsache zurück, daß der Ursprung biologischer Information nicht im Rahmen einer Gleichgewichtsphysik erklärbar ist. »Our incapacity to define machines and their functions in terms of physics and chemistry is due to a manifest impossibility, for machines are shaped by man and can never be produced by the spontaneous equilibration of their material.«[105]

Die Schwierigkeiten, mit denen sich Polanyi hinsichtlich des Problems der biologischen Informationsentstehung konfrontiert sieht, resultieren im wesentlichen daraus, daß er das

Problem (siehe Zitat und Anm. 104) ausschließlich im Rahmen der Gleichgewichtsphysik betrachtet. Denselben Einschränkungen unterliegen auch die Modelle von Walter Elsasser und Eugene Wigner (siehe unten). Unsere Analyse wird hingegen zeigen, daß das Problem der Informationsentstehung nur im Rahmen einer *Nichtgleichgewichts*physik lösbar ist, wobei die klassische Physik durch Einführung eines Wertparameters konzeptionell erweitert werden muß (V, 2 und V, 3). Polanyi scheint die Möglichkeit einer konzeptionellen Erweiterung der Physik, die insbesondere evolutive Mechanismen mit einbezieht, ebenfalls nicht ausgeschlossen zu haben. »Finally, a word on the way the boundary conditions controlling physical-chemical processes in an organism may have come into existence from inanimate beginnings. The question is whether or not the logical range of random mutations includes the formation of novel principles not definable in terms of physics and chemistry. It seems very unlikely that it does include it.«[106] Und weiter: »But the problem of evolution lies beyond my subject here. When I say that life transcends physics and chemistry, I mean that biology cannot explain life in our age by the current workings of physical and chemical laws.«[107]

Die These von der Irreduzibilität lebender Systeme bildet auch die Basis für den sogenannten »teleologischen Ansatz«. Dieser geht von der ontologischen Prämisse aus, daß die Lebensphänomene eigenen Naturgesetzen unterworfen sind und die Gesetze der Physik und der Chemie nicht ausreichen, um lebende Systeme und ihren Ursprung vollständig zu erklären. Da sich solche lebensspezifischen Gesetzmäßigkeiten per definitionem nicht mit physikalisch-chemischen Methoden ermitteln lassen, liegt den teleologischen Erklärungsmodellen immer die sehr vage Annahme von der Existenz einer Lebenskraft oder eines allgemeinen teleologischen Prinzips zugrunde.

Bevor wir auf den teleologischen Ansatz im einzelnen eingehen, müssen wir uns Klarheit darüber verschaffen, in welchem Sinn wir den Begriff »Teleologie« verwenden wollen. Allerdings soll hier keine umfassende Begriffsexplikation durchgeführt werden, denn der Teleologie-Begriff weist ein breites Bedeutungsspektrum auf und ist nur schwer zu systematisieren.

Wolfgang Stegmüller beispielsweise macht eine grundlegende Unterscheidung zwischen »formaler« und »materialer« Teleologie.[108] Unter »formaler« Teleologie versteht Stegmüller ausschließlich ihren *zeitstrukturellen* Aspekt, der dadurch charakterisiert ist, daß der Bedingungskomplex für das Eintreten eines »teleologischen« Ereignisses zur Zeit t_0 in der Zukunft liegt, sich also auf einen späteren Zeitpunkt ($t_1 > t_0$) oder mehrere solcher Zeitpunkte ($t_1, t_2, \ldots > t_0$) bezieht.[109] Unter »materialer« Teleologie versteht Stegmüller hingegen den *inhaltlichen* Aspekt der Teleologie, wie er in der kausalen Erklärung eines teleonomischen Phänomens unter Berufung auf die Existenz eines Endzwecks oder einer Endursache hervortritt.

Es mag dahingestellt sein, inwieweit es in der Biologie überhaupt Beispiele für eine *formale* Teleologie gibt. Wir beziehen uns im folgenden nur auf die Fälle *materialer* Teleologie. Hier wird es sich als sinnvoll erweisen, wenn wir, wiederum in Anlehnung an Stegmüller, zusätzlich zwischen »scheinbarer« und »echter« materialer Teleologie unterscheiden.[110] Danach soll die »scheinbar« materiale Teleologie ein zielgerichtetes, aber nicht zielintendiertes Verhalten bezeichnen, die »echte« materiale Teleologie dagegen einen tatsächlich zielintendierten Prozeß. Ein Fall scheinbarer materialer Teleologie ist beispielsweise dort gegeben, wo lediglich eine teleologische Sprechweise vorliegt, ohne daß damit zugleich substantiell auf eine Endursache oder einen Endzweck Bezug genommen wird. Beispiele für eine scheinbare materiale Teleologie findet man sehr häufig im Kontext evolutionstheoretischer Erklärungen, bei denen gewisse Eigenschaften zielgerichteten menschlichen Verhaltens in die Erklärungssprache »hineinprojiziert« werden. So kann man beispielsweise in einem bekannten Lehrbuch der Evolution über »die Nahrungssuche des Spechts« den Satz lesen: »Dazu bedarf es besonderer ›Werkzeuge‹, wie sie zum Beispiel die Spechte in Form eines meißelförmigen Schnabels und ihrer langen Zunge entwickelt haben.«[111] In nicht-teleologischer Formulierung müßte der Satz etwa wie folgt lauten: Die Voraussetzungen zur Nahrungssuche werden durch den meißelförmigen Schnabel und die lange Zunge des Spechts erfüllt. Man sieht allerdings, daß der Satz sich nunmehr auf eine bloße Tatsachenfeststellung reduziert und der evolutionsbezogene Inhalt des ursprünglichen Satzes verlorengegangen ist. Daß sich eine teleologisch gefärbte Sprache in der Evolutionsbiologie durchgesetzt hat, liegt, wie wir in den Kapiteln III, 3 und V, 3 im einzelnen noch sehen werden, an der besonderen Struktur evolutionstheoretischer Erklärungsmodelle.

Von der *scheinbar* materialen Teleologie muß man nun die *echte* materiale Teleologie, welche die teleonomischen Phänomene der Biologie durch die Existenz einer Endursache oder eines Endzwecks erklärt, unterscheiden. Wenn wir im folgenden von teleologischen Erklärungen sprechen, so sollen damit immer die Fälle *echter* materialer Teleologie gemeint sein. Aber auch unter diesen nunmehr eingeschränkten Teleologie-Begriff fallen immer noch eine Vielzahl unterschiedlicher Erklärungsmodelle.

Die bekannteste und wissenschaftsgeschichtlich älteste Form einer echten materialen Teleologie ist der sogenannte Vitalismus.[112] Im Rahmen der vitalistischen Theorienbildung wird das Phänomen »Leben« als Konsequenz einer lebensspezifischen Kraft (vis vitalis) gedeutet, welche die Lebensvorgänge in zweckvoller und systemerhaltender Weise ausrichtet.

Die modernen teleologischen Erklärungsmodelle resultieren vornehmlich aus einer *methodologischen* Kritik am Physikalismus in der Biologie, wobei sehr häufig auf die Quantentheorie als Basistheorie der modernen Physik Bezug genommen wird.

Schon in der Frühzeit der Quantenphysik findet man Ansätze der Kritik an einer reduktionistischen, das heißt ausschließlich an den Methoden der Physik und Chemie orientierten Biologie. So leitete Niels Bohr seine Kritik im wesentlichen aus Überlegungen zur Natur des biophysikalischen Meßprozesses ab.[113] Für Bohr stellen die vitale Dynamik eines lebenden Organismus einerseits und dessen materielle Eigenschaften andererseits komplementäre Aspekte dar, deren *vollständige* Beschreibung sich gegenseitig ausschließt. Die vollständige physikalisch-chemische Beschreibung eines lebenden Organismus sei nämlich mit einer so weitgehenden Analyse seiner Bestandteile verbunden, daß es zwangsläufig zum Tod des betreffenden Organismus kommen müsse. Andererseits blieben bei einer ganzheitlichen Beschreibung der Lebensfunktionen die in der Tiefe der Zelle ablaufenden physikalisch-chemischen Prozesse verborgen. Folglich sei es ebenso unmöglich, das Leben ausschließlich durch physikalisch-chemische Prozesse zu beschreiben, wie es beispielsweise in der Atomphysik unmöglich ist, die Korpuskel ausschließlich durch eine Welle zu beschreiben. Aufgrund einer Verallgemeinerung des quantenmechanischen Komplementaritätsprinzips kommt Bohr schließlich zu dem Ergebnis, daß »die Existenz des Lebens als eine Elementartatsache aufgefaßt werden muß, für die keine nähere Begründung gegeben werden kann und die als Ausgangspunkt für die Biologie genommen werden muß, in ähnlicher Weise, wie das Wirkungsquantum, das vom Standpunkt der klassischen mechanischen Physik aus als ein irrationales Element erscheint, zusammen mit der Existenz der Elementarpartikel die Grundlage der Atomphysik ausmacht.«[114] Und weiter führt Bohr aus: »In dieser Hinsicht erinnert die Rolle der teleologischen Argumente in der Biologie an die in dem Korrespondenzargument formulierten Bestrebungen, das Wirkungsquantum in der Atomphysik auf rationale Weise in Betracht zu ziehen.«[115] Die gedankliche Nähe Bohrs zur teleologischen Theorienbildung wird hier deutlich, obgleich Bohr sich in seiner Kritik an der reduktionistischen Biologie auf den methodologischen Aspekt beschränkt, selbst also keinen teleologischen Ansatz im Sinne einer echten materialen Teleologie vorlegt.

Es sei jedoch angemerkt, daß Bohr sich in späteren Jahren sehr viel vorsichtiger zum Reduktionsproblem in der Biologie geäußert hat. Und zwar schreibt Bohr in einer Neufassung seines Aufsatzes »Licht und Leben« zu seiner ursprünglichen These, wonach die Existenz des Lebens als irreduzible Grundtatsache angenommen werden müsse: »Wenn wir diese Annahme von unserem derzeitigen Standpunkt aus erneut betrachten, müssen wir uns vor Augen halten, daß es nicht die Aufgabe der Biologie sein kann, über das Schicksal jedes der unzähligen, dauernd oder vorübergehend in einem lebenden Organismus vorhandenen Atome Rechenschaft abzulegen. Beim Studium regulatorischer biologischer Mechanismen ist es vielmehr so, daß keine scharfe Unterscheidung gemacht werden kann zwischen der Feinstruktur dieser Mechanismen und den Funktionen, die sie bei der Aufrechterhaltung des Lebens im Organismus erfüllen. Viele in der praktischen Physiologie angewandten Ausdrücke spiegeln eine Untersuchungsmethode wider, bei der man – ausgehend von der Erkenntnis der Funktion der einzelnen Teile des Organismus – eine physikalische und chemische Beschreibung ihres feineren Baues und der Prozesse, an denen sie teilnehmen, anstrebt. Solange man aus praktischen oder erkenntnistheoretischen Gründen von Leben spricht, werden solche teleologischen Begriffe gewiß zur Ergänzung der molekularbiologischen Terminologie gebraucht werden. Dieser Umstand an sich bedeutet jedoch keine Begrenzung der Anwendung der bekannten atomphysikalischen Prinzipien auf die Biologie.«[116]

In den letzten Jahren haben insbesondere Walter Heitler

und Howard Pattee die Komplementaritätsidee wieder aufgenommen und weitergeführt.[117,118] Es muß jedoch betont werden, daß der Komplementaritätsaspekt aufgrund aktueller Forschungsergebnisse überholt ist und nur noch ein wissenschaftshistorisches Interesse beanspruchen kann. Bohr selbst hatte ja auch angesichts der Erfolge der Molekularbiologie seinen ursprünglichen Standpunkt revidiert. Die Komplementaritätsidee soll hier also nicht weiter diskutiert werden. Statt dessen werden wir im folgenden zwei quantenmechanisch bezogene Modelle analysieren, die beispielhaft für eine Erklärung im Sinne einer echten materialen Teleologie sind.

Das erste Modell stammt von Walter Elsasser und geht davon aus, daß die Gesetze der Quantenmechanik für die Lebensphänomene zwar ohne Einschränkung gültig, die Lebensphänomene aber nicht *vollständig* auf die Gesetze der Quantenmechanik reduzierbar sind.[119] Nach Elsasser soll die quantenmechanische Erklärungslücke grundsätzlicher Art sein und nicht durch eine Modifizierung beziehungsweise Erweiterung der Quantenmechanik geschlossen werden können. Er begründet seine These mit einem Theorem von John von Neumann, nach welchem die mathematische Struktur der Quantenmechanik jede mögliche Beschreibung der Natur durch alternative mathematische Konzepte ausschließt, solche Konzepte inbegriffen, die eine Modifizierung oder Ergänzung des augenblicklich existierenden Konzepts darstellen.[120] Es muß jedoch schon hier kritisch angemerkt werden, daß Elsasser an keiner Stelle *explizit* auf die Begründung biologischer Phänomene durch die Quantenmechanik eingeht.

Das zweite Modell geht auf Eugene Wigner zurück und ist in seinem Bezug auf die Quantenmechanik sehr viel konkreter als der Ansatz von Elsasser.[121] Wigner glaubt explizit nachweisen zu können, daß die Existenz lebender Systeme unter quantenmechanischen Gesichtspunkten beliebig unwahrscheinlich ist (siehe unten).

Sowohl Wigner als auch Elsasser ziehen aus ihren Überlegungen Schlußfolgerungen, die eindeutig den Charakter einer echten materialen Teleologie haben, auch wenn beide Autoren sich expressis verbis von teleologischen Argumentationsformen distanzieren. Während Elsasser jedoch die Quantenmechanik, was die Erklärung biologischer Phänomene angeht, für grundsätzlich unvollständig hält, schließt Wigner die Möglichkeit einer Modifizierung beziehungsweise Erweiterung der Quantenmechanik, durch die die vermeintliche Erklärungslücke geschlossen werden könnte, nicht aus.

Wir wollen nun der Frage nachgehen, zu welchen Aussagen die beiden Modelle im Hinblick auf das Problem der biologischen Informationsentstehung kommen. Betrachten wir zunächst das Konzept von Elsasser. Es ist, wie die meisten teleologischen Modelle in der Biologie, vorwiegend an entwicklungsbiologischen Fragestellungen entwickelt worden.

Elsasser formalisiert zunächst den Unterschied zwischen unbelebter und belebter Materie, indem er die Begriffe »homogene« und »heterogene« Klasse einführt. Danach zeichnen sich die Objekte einer *homogenen* Klasse dadurch aus, daß sie im wesentlichen identisch sind. Homogene Klassen bilden zum Beispiel alle Elektronen, alle Protonen, alle Atome und einfachen Moleküle. Sofern sich die Objekte einer homogenen Klasse in demselben Quantenzustand befinden, sind sie sogar ununterscheidbar, und die Klasse ist – um Elsassers Terminologie zu verwenden – *perfekt* homogen. Die Objekte einer *heterogenen* Klasse sollen hingegen alle voneinander verschieden sein. Nach dieser Definition sind lebende Systeme angesichts ihrer strukturellen Komplexität und individuellen Einzigartigkeit genau solche Objekte, die eine heterogene Klasse bilden.

Der Begriff »strukturelle Komplexität« bringt zum Ausdruck, daß für die atomaren und molekularen Bestandteile eines lebenden Systems eine Vielzahl von *physikalisch* denkbaren Anordnungsmöglichkeiten existieren (siehe auch die Präzisierung des Begriffs »strukturelle Komplexität« in V, 2). Der

Begriff »individuelle Einzigartigkeit« zeigt an, daß die biologischen Objekte eine spezifische Auswahl aus der nahezu unbegrenzten Varietät ihrer Atom- und Molekülanordnungen repräsentieren.[122]

Das Ausmaß der strukturellen Komplexität eines lebenden Systems ist enorm und übersteigt bereits auf den untersten Organisationsstufen des Lebendigen um viele Größenordnungen die Komplexität unbelebter Materiesysteme. Als obere Grenze für die dynamische Komplexität des Universums definiert man heute die Zahl 10^{120}. Sie ist das Produkt aus der Anzahl der stabilen elementaren Bausteine (10^{80}) und dem Alter der Welt in Elementarzeiten (10^{40}). Die Zahl 10^{120} ist insofern eine *universelle* Komplexitätsgrenze, als die Zahl aller Prozesse im Universum diesen Grenzwert nicht überschreitet. Die strukturelle Komplexität lebender Systeme liegt also in jedem Fall weit oberhalb dieser kritischen Größe. Das Komplexitätsphänomen, das wir im Zusammenhang mit den biologischen Makromolekülen diskutiert haben (vgl. III, 1), findet hier seine Entsprechung auf der phänotypischen Ebene der strukturellen Organisation eines Organismus.

Mit der Unterscheidung zwischen homogenen und heterogenen Klassen vollzieht Elsasser die ontologische Trennung zwischen biologischen und physikalischen Phänomenen: »This, then, is the point at which we propose to separate biology from physics: Biology will be taken as using a logic of heterogeneous classes while physics employs homogeneous classes.«[123] Hieran anknüpfend wird von Elsasser die These vertreten, daß nur die homogenen Klassen einer durchgehenden mathematischen Behandlung zugänglich sind, während die heterogenen Klassen sich einer mathematischen Behandlung um so mehr entziehen, je heterogener ihre Mitglieder sind. Der Status, der hier dem Begriff der heterogenen Klasse zugeschrieben wird, »is that of a primary and irreducible type of natural order, on the same level as the more conventional ›laws of nature‹ so familiar to everybody«.[124]

Eine kritische Auseinandersetzung mit der wissenschafts-philosophischen Position Elsassers findet man beispielsweise bei Zdzislaw Kochanski.[125] Hier soll nur analysiert werden, wie Elsasser den Prozeß der Informationserzeugung deutet. Und zwar postuliert er »that among all the morphologically admissible potential configurations a certain number are selected, the remainder rejected by a spontaneous natural process«.[126] Den informationserzeugenden Prozeß, der aus einer Vielzahl von Strukturalternativen eine definierte Konfiguration auswählt, bezeichnet Elsasser als »kreative Selektion«. Das Phänomen der kreativen Selektion wird von Elsasser jedoch nicht weiter beschrieben, sondern als neuartiges Regularitätsphänomen der Natur vorgestellt, das nicht in mathematisch einfacher Form ausgedrückt und auch nicht aus den Prinzipien der Physik und Chemie abgeleitet werden kann. Die Selbstreproduktion lebender Systeme, das heißt die reproduktive Erhaltung der biologischen Information innerhalb gewisser Schwankungsgrenzen, betrachtet Elsasser »as a limiting case of a creative process; it is thus dissociated from the more usual (mechanistic) interpretation of reproduction as being purely mechanical duplication, possibly with errors attached to it«.[127] Reproduktion ist nach Elsasser vielmehr »creation under sufficient constraints so as to make the product (progeny) similar to its progenitors within limits set by the heterogeneity of the substratum«.[128]

Die zentrale Aussage der biologischen Theorie Elsassers ist somit die Behauptung, daß in der Natur ein *kreatives* Selektionsprinzip existiert, welches sowohl Ursache für das Phänomen der Informationsentstehung als auch der Informationsstabilisierung ist. Wie Elsasser selbst andeutet, hat er den Begriff »kreative Selektion« in Anlehnung an Bergsons Begriff »l'évolution créatrice« geprägt.[129] In früheren Arbeiten hat Elsasser das teleologische Prinzip einer kreativen Selektion auch als *biotonische* Gesetzmäßigkeit bezeichnet.

Auch Wigner kommt bei seinen Überlegungen zu dem

Schluß, daß lebende Systeme irreduzibel sind und möglicherweise nur durch die Existenz biotonischer Gesetze, wie sie Elsasser postuliert, erklärt werden können. Wir wollen im folgenden den Wignerschen Gedankengang in gekürzter Form wiedergeben und hier vor allem auf die Voraussetzungen seiner Beweisführung näher eingehen.[130]

Angenommen, der Zustand »Leben« sei im quantenmechanischen Sinn vollständig gegeben. Des weiteren existiere wenigstens ein Zustand des Nahrungsreservoirs, der es dem Organismus ermöglicht, sich zu vermehren. Die Reproduktion eines lebenden Systems ist dann (formal gesehen) eine spezifische Wechselwirkung des Organismus mit der Nahrung, die zum Aufbau einer materiellen Kopie führt. Stellen wir das Reproduktionssystem (Organismus + Nahrung) durch einen Zustandsvektor ψ_A im Hilbertraum dar, so wird der Reproduktionsprozeß selbst durch eine Transformation

$$(13) \qquad \psi_E = S \, \psi_A$$

beschrieben, wobei S eine unitäre Transformationsmatrix und ψ_E der Zustandsvektor des Systems nach der Reproduktion ist. Es ist sicherlich gerechtfertigt, den Hilbertraum durch einen endlich-dimensionalen Raum zu ersetzen. Insbesondere soll der Zustandsraum des Organismus N Dimensionen, der der Stoffwechselprodukte R Dimensionen haben, wobei N und R sehr große Zahlen sind. Unter der Annahmme, daß S eine Zufallsmatrix ist, läßt sich nun zeigen, daß die Zahl der Gleichungen, die die Transformation beschreiben, sehr viel größer ist als die Zahl der Komponenten der Zustandsvektoren, die als Unbekannte in die Gleichungen eingehen. Es gibt nämlich N^2R Transformationsgleichungen, aber nur N+R+NR Unbekannte. Da N^2R gegenüber N+R+NR sehr groß ist, ist es beliebig unwahrscheinlich, daß die Transformationsgleichungen durch die Unbekannten erfüllt werden.[131] Nach den Gesetzen der Quantenmechanik, so schließt Wigner folgerichtig, ist die Existenz einer selbstreproduktiven physikalischen Struktur beliebig unwahrscheinlich.[132]

122

Von der Tatsache einmal abgesehen, daß die Anwendung der Quantenmechanik auf makroskopische Prozesse nicht unproblematisch ist, müssen in dem hier diskutierten Fall vor allem die Voraussetzungen des Modells kritisiert werden. Wigners Berechnungen haben nämlich nur Gültigkeit unter der Annahme, daß die Transformationsmatrix S eine Zufallsmatrix ist. Mit anderen Worten: In seinem Modell wird vorausgesetzt, daß der Reproduktionsprozeß durch eine *nichtinstruierte*, das heißt informationslose Assoziation geeigneter Materiebausteine erfolgt. Diese Voraussetzungen treffen auf lebende Systeme jedoch nicht zu. Die Selbstreproduktion der Organismen ist vielmehr eine unmittelbare Konsequenz der physikalisch-chemischen Eigenschaften der Erbmoleküle und · vollständig informationsgesteuert. Der von Wigner angenommene informationslose Anfangszustand war hingegen während der präbiotischen Phase der Evolution erfüllt, als in der »Ursuppe« ein molekulares Chaos ohne jegliche funktionale Ordnung herrschte. Bezieht man die Wignersche These auf die präbiotische Nukleationsphase lebender Systeme, so stellt sie in einem gewissen Sinn das Gegenstück zur Monodschen These dar. Während Monod seine Überlegungen auf die genotypische Ebene der Informationsträger bezieht, führt Wigner seinen quantenmechanischen »Beweis« auf der phänotypischen Ebene der zellulären Maschinerie. Das Ergebnis ist jedoch gleichlautend: Die A-priori-Wahrscheinlichkeit für die De-novo-Synthese der zellulären Maschinerie eines lebenden Systems ist ebenso gering wie die A-priori-Wahrscheinlichkeit für die spontane Entstehung des genetischen Programms.

Wigner und Monod ziehen allerdings aus ihren wahrscheinlichkeitstheoretischen Überlegungen völlig unterschiedliche Schlußfolgerungen. So beruft sich Monod auf das, wie er es nannte, Objektivitätspostulat der Wissenschaft: »Grundpfeiler der wissenschaftlichen Methode ist das Postulat der Objektivität der Natur. Das bedeutet die *systematische* Absage an jede Erwägung, es könne zu einer ›wahren Erkenntnis‹ führen, wenn man die Erscheinungen durch eine Endursache, d. h. durch ein ›Projekt‹ deutet«.[133] Nach Monod kann daher die Entstehung des Lebens nur als das Resultat eines *singulären* Zufallsereignisses interpretiert werden. Wigner hingegen schließt sich dem teleologischen Erklärungsmodell Elsassers an und postuliert die Existenz biotonischer Gesetze, die die Lebensvorgänge in systemerhaltender Weise ausrichten, die aber nicht auf physikalische Gesetze reduzierbar sind.

Bezogen auf das Problem der Erzeugung und Stabilisierung von biologischer Information läßt sich die Kernaussage des teleologischen Ansatzes wie folgt zusammenfassen: Im Gegensatz zu den unbelebten Systemen sind die belebten Systeme extrem komplexe und heterogene Strukturen, die die Fähigkeit besitzen, sich selbst innerhalb gewisser Schwankungsgrenzen strukturgetreu zu reproduzieren. Da die physikalischen Prozesse, die dem Reproduktionsprozeß zugrunde liegen, mit zunehmender Komplexität der Strukturen zu einer Divergenz im Strukturaufbau führen, muß es ein übergeordnetes Regulationsprinzip geben, das den Reproduktionsprozeß in strukturerhaltender Weise steuert. Dieses übergeordnete Regulationsprinzip ist irreduzibel, da es den ungerichteten physikalisch-chemischen Gesetzen, die grundsätzlich zu einer Destabilisierung der Information führen, entgegenwirkt. Das Regulationsprinzip hat, was die Erzeugung biologischer Information betrifft, zugleich *kreative* Eigenschaften, da es die Vielzahl physikalisch äquivalenter Strukturen in selektiver Form auf die biologisch relevanten Strukturen einengt. Selektion wird hier jedoch nicht als *ungerichtete* Kraft im Darwinschen Sinn verstanden, sondern als *gerichtete* Kraft im Sinn einer echten materialen Teleologie. Die biologische Information, das heißt die spezifische Abfolge der Bausteine eines Erbmoleküls, muß als das materielle Kondensat dieses teleologischen Prinzips angesehen werden.

Es fällt auf, daß der teleologische Ansatz keinerlei Kriterien seiner Falsifizierbarkeit im Popperschen Sinn angibt. Wie wir in Kapitel IV, 2 nachweisen werden, ist die Immunität gegenüber allen denkbaren Widerlegungsversuchen ein inhärentes Merkmal teleologischer Erklärungsmodelle.

3. Der molekulardarwinistische Ansatz

Die dritte These über den Ursprung biologischer Information hatten wir als molekulardarwinistischen Ansatz bezeichnet (siehe I, 2). Danach soll die biologische Information durch selektive Selbstorganisation und Evolution von biologischen Makromolekülen entstanden sein. Dieser Ansatz wurde zuerst von Manfred Eigen sowie von Eigen in Zusammenarbeit mit Peter Schuster in quantifizierter Form entwickelt und ist inzwischen zur sogenannten Molekulartheorie der Evolution weiter ausgebaut worden.[134, 135, 136] Wir können uns hier mit einer knappen Einführung begnügen, da wir den molekulardarwinistischen Ansatz in Kapitel V, 2 noch genauer diskutieren werden.

Wir wollen zunächst die Frage untersuchen, wie ein molekulares Optimierungsverfahren im Sinne Darwins aussehen könnte und inwieweit dieses das statistische Problem der Informationsentstehung tatsächlich lösen kann. Dabei sollen die historischen Randbedingungen, die einem solchen Optimierungsprozeß eventuell zugrunde gelegen haben, unberücksichtigt bleiben.

Der Theorie von Eigen folgend, gehen wir von unspezifischen, das heißt homogenen Randbedingungen aus, wie sie sich jederzeit im Experiment reproduzieren lassen (vgl. V, 2; Abb. 26).[137] Die Annahme homogener Randbedingungen bedeutet *keine* Einschränkung der Erklärungskapazität der Theorie. Im Gegenteil, die durch die Eigensche Theorie beschriebenen Selbstorganisationsmodelle bleiben, anders etwa als Poppers Propensitätsinterpretation, situationsunabhängig und sind daher von einer wesentlich allgemeineren Aussagekraft.

Mit der Annahme homogener Randbedingungen sowie extrem niedriger Erwartungswahrscheinlichkeiten für die Zufallssynthese informationstragender Makromoleküle nehmen wir bewußt die *ungünstigste* Ausgangsposition ein. Dennoch wird sich zeigen, daß der molekulardarwinistische Erklärungsansatz in der Lage ist, die statistischen Probleme der biologischen Informationsentstehung zu lösen.

Der von den ungünstigeren Anfangsbedingungen ausgehende Ansatz ist in jedem Fall derjenige mit der größeren Problemlösungskapazität. Damit steht die Eigensche Theorie in einem gewissen Kontrast zu alternativen Erklärungsmodellen. So sieht etwa Hans Kuhn gerade in einer *spezifischen* Umgebungsstruktur (z. B. zeitliche Periodizität und räumliche Heterogenität) die entscheidende Antriebskraft für den molekulardarwinistischen Optimierungsprozeß.[138] Der Ansatz von Kuhn steht und fällt jedoch mit der Gültigkeit seiner Basisannahmen, da diese zu ganz speziellen Modellvorstellungen über die physikalisch-chemischen Rahmenbedingungen der präbiotischen Evolutionsphase führen. Aus diesem Grund muß das Modell von Kuhn eher kritisch bewertet werden; denn es bestehen berechtigte Zweifel, ob das von Kuhn vorausgesetzte spezifische Szenarium mit all seinen reaktionskinetischen Konsequenzen realistisch ist und zu jenen Optimierungsprozessen führt, die Kuhn in das Zentrum seiner Betrachtungen stellt.

Wie Kuhn selbst ausführt, stellt sein Ansatz einen Versuch dar, sich einen Modellweg auszudenken, der aus einzelnen physikalisch-chemischen Schritten besteht und von den einfachen Molekülbausteinen zum primitiven selbstreproduktiven System führt. Aufgrund seiner spezifischen Modellannahmen muß er jedoch als ein detaillierter Rekonstruktionsversuch des frühen *historischen* Evolutionsprozesses angesehen werden, während die Theorie von Eigen versucht, den historischen Prozeß auf seine grundlegenden physikalisch-chemischen Prinzipien und Mechanismen zurückzuführen. Im übrigen ist der Ansatz von Eigen insofern allgemeiner, als sich jederzeit auch *spezifische* Randbedingungen im Sinne von Kuhn in die Theorie integrieren lassen, ohne daß dieser Ansatz in kritischer Weise von der Annahme solcher spezifischen Bedingungen abhängt.[139]

Bevor wir auf den molekulardarwinistischen Ansatz im einzelnen eingehen, sei noch einmal daran erinnert, daß es bei der biologischen Informationsentstehung im wesentlichen um die Frage geht, wie unter präbiotischen Reaktionsbedingungen eine *definierte* molekulare Symbolsequenz, nämlich die Nukleotidsequenz des Urgens, aus einer unübersehbaren Mannigfaltigkeit physikalisch äquivalenter Alternativen ausgewählt wurde. Zwei Lösungsvorschläge hatten wir in den vorausgehenden Abschnitten bereits näher vorgestellt: die Zufallshypothese und den teleologischen Ansatz. Nach der Zufallshypothese soll die Sequenz des Urgens quasi in einem singulären Syntheseakt entstanden sein. Nach dem teleologischen Ansatz herrscht in der Natur ein regulatives Prinzip, das die Bausteine des Urgens in jener spezifischen Reihenfolge angeordnet hat, wie sie für ein lebendes System charakteristisch ist.

Einen dritten Lösungsvorschlag bietet nun der molekulardarwinistische Ansatz mit der These an, daß die biologische Information das Ergebnis eines spontanen Prozesses ist, in dessen Verlauf sich die unbelebte Materie selbsttätig zu belebten Systemen organisiert hat, indem sie aus ihren Umweltbedingungen »gelernt« und sich zu höherer Komplexität und Organisation entwickelt hat. Einen solchen Prozeß bezeichnet man als selektive *Selbstorganisation* (siehe V, 3).

Hier stellt sich natürlich sofort die Frage, ob denn unbelebte Materie überhaupt »lernen« kann und in welcher Form ein solcher Lernprozeß gegebenenfalls vonstatten geht. Lernvorgänge sind vielschichtig. Sie reichen vom zentralnervös gesteuerten Lernen durch Einsicht bis hin zum unreflektierten Lernen nach der Methode des Versuchs und Irrtums. An eine Bedingung sind jedoch alle Lernprozesse gebunden: Es muß ein Gedächtnis existieren, in dem die durch den Lernprozeß erworbene Information gespeichert werden kann. Wie wir eingangs festgestellt haben, erfüllen die Nukleinsäuren als Träger der biologischen Information eben diese Grundvoraussetzung. Sie repräsentieren aufgrund ihrer besonderen chemischen Struktur das genetische »Gedächtnis«. Da es auf der Ebene der Moleküle jedoch noch keine Bewußtseinsäußerung gibt, kann der materielle Lernprozeß offenbar nur in der unreflektierten Methode von Versuch und Irrtum bestehen. Wir werden noch sehen, daß dieser Prozeß den Regeln Darwinscher Evolution genügt.

An dieser Stelle soll zunächst im Gedankenexperiment gezeigt werden, daß ein solcher materieller Lernprozeß das statistische Problem der Informationsentstehung grundsätzlich lösen kann. Zu diesem Zweck gehen wir von einer Zufallssequenz von der Länge des Bakterienbauplans aus und berechnen die Zahl der Einzelschritte, die in einem Mutationsverfahren zur Zielsequenz führen. Wir gehen dabei *selektiv* nach der Methode von Versuch und Irrtum vor, das heißt, wir fixieren immer solche Positionen in unserer Testsequenz, die mit der Zielsequenz übereinstimmen. Die »fixierten« Positionen sind natürlich von weiteren Mutationen ausgeschlossen, während alle anderen Positionen frei variieren können. Im Mittel führen in einer solchen Testsequenz (bei vier Klassen von Bausteinen) ein Viertel aller Punktmutationen zum Erfolg, so daß selbst eine Zielsequenz von der Komplexität eines Bakteriengenoms (ca. vier Millionen genetische Symbole) mit einer für irdische Verhältnisse durchaus realistischen Zahl von etwa sechzehn Millionen Punktmutationen erreicht werden kann. Die selektive Methode, nach der eine definierte Sequenz aus einer Menge von $10^{2.4 \text{ Millionen}}$ kombinatorisch möglichen Alternativsequenzen ausgewählt wird, ist also der reinen Zufallsmethode, die nach einem »Alles-oder-Nichts-Prinzip« vorgeht, bei weitem überlegen. Allerdings setzt das selektive Verfahren die Existenz einer Wertebene (semantischer Referenzrahmen, siehe II, 2) voraus, nach der ein Versuch (d. h. eine Symbolmutation) als »fehlerhaft« verworfen oder als »vorteilhaft« fixiert wird. Nach der molekulardarwinistischen Interpretation der biologischen Informationsentstehung soll sich unter gewissen physikalischen Voraussetzungen eine solche Wertebene in Form eines Selbstorganisationsprozesses der Materie selbsttätig aufbauen und ständig auf ein höheres Niveau heben können. Wir werden dieses Problem eingehend in Kapitel V, 2 diskutieren und dort physikalisch begründen. Hier soll an einem weiteren anschaulichen Beispiel gezeigt werden, daß ein Evolutionsmechanismus im Sinne Darwins das Informationsproblem tatsächlich lösen kann.

Bei dem folgenden Beispiel, das auf eine Idee von Eigen zurückgeht, wird der Prozeß der biologischen Informationsentstehung auf einem Computer simuliert.[140] Zu diesem Zweck nutzen wir die in Kapitel I, 2 (vgl. Tab. 1) hervorgehobene Ähnlichkeit zwischen der menschlichen und der molekulargenetischen Sprache und symbolisieren genetische Informationseinheiten jeweils durch ein Wort der menschlichen Sprache.

Gegeben sei eine Buchstabensequenz, die einen bestimmten Informationsgehalt repräsentiert, zum Beispiel das Wort
EVOLUTIONSTHEORIE.
Diese Sequenz soll aus einer nicht sinnverwandten Anfangssequenz nach einem noch näher zu spezifizierenden Evolutionsmechanismus entstehen. Um die präbiotischen Bedingungen der biologischen Informationsentstehung möglichst realistisch zu simulieren, gehen wir von einer sinnlosen, das heißt von einer statistischen Anfangssequenz aus, zum Beispiel von der Buchstabensequenz
ULOWTRSMIKLABTYZC.

Wir definieren nun eine Zielsequenz, die als Referenz dient und mit der die evolvierende Symbolsequenz verglichen wird. Wenn wir im Kontext unseres Computerexperiments nunmehr von einer »Zielsequenz« sprechen, so ist dies kein Rückfall in teleologische Argumentationsformen, sondern ein Tribut, den wir der Anschaulichkeit unseres Beispiels zollen müssen. Auf der genetischen Ebene liegt eine solche Referenzsequenz natürlich *nicht* fest. Dieser Unterschied ist für den Prozeß der evolutiven Informationsentstehung jedoch unerheblich, da es allein auf das *differentielle* Reproduktionsverhalten innerhalb jeder Verteilung von biologischen Informationsträgern ankommt.

Doch kehren wir zurück zu unserem Computerexperiment. Bei einer binären Codierung benötigen wir wenigstens fünf Symbole, um einen Buchstaben des Alphabets darzustellen. (Mit fünf Binärzeichen lassen sich $2^5 = 32$ »Codewörter« erzeugen, gerade genug, um die 26 Buchstaben unseres Alphabets inklusive verschiedener Interpunktionszeichen zu verschlüsseln.) Die 17 Buchstaben des Wortes EVOLUTIONSTHEORIE repräsentieren dann eine Informationsmenge von 85 bits. Mit 85 Binärzeichen lassen sich bereits $2^{85} \approx 10^{26}$ Sequenzalternativen erzeugen. Die Wahrscheinlichkeit, im Computer mit Hilfe eines reinen Zufallsgenerators die dem Wort EVOLUTIONSTHEORIE entsprechende Folge von Nullen und Einsen zu erzeugen, ist praktisch gleich Null.

Statt dessen wollen wir es mit einem Optimierungsverfahren im Sinne Darwins versuchen. Wir geben zu diesem Zweck die statistische Anfangssequenz in codierter Form einem Computer mit der Maßgabe ein, sie zu reproduzieren, wobei jedes Reproduktionsprodukt selbst wieder kopiert werden kann. Damit haben wir in unser Evolutionsprogramm das biologische Phänomen der *Selbstreproduktivität* eingeführt. Wir programmieren ferner den Computer so, daß die Reproduktion einzelner binärer Symbole nicht immer exakt ist, das heißt, mit einer bestimmten Austauschrate wird eine Null durch eine Eins ersetzt und umgekehrt, so daß in den reproduzierten Informationseinheiten hin und wieder Fehler auftreten. Das Auftreten von Fehlern soll jedoch völlig zufällig und damit rein statistischer Natur sein. Damit simulieren wir das Phänomen der *Mutation.* Da jede Sequenz selbstreproduktive Eigenschaften besitzt, können sich auch die mutierten Sequenzen anreichern. Hierfür definieren wir allerdings einen Selektionswert. Jede Sequenz, die nach binärer Codierung um ein bit besser mit der Referenzsequenz übereinstimmt, soll sich um einen bestimmten Faktor (dem sog. differentiellen Vorteil) schneller reproduzieren als die ursprüngliche Kopie. Bewertet wird hierdurch selektiv der Koinzidenzgrad zwischen der evolvierenden Sequenz und der Referenzsequenz.

Die Sequenzen vermehren sich mit einer für ihre Fehlerzahl charakteristischen Reproduktionsrate, wobei wir die Gesamtpopulation immer wieder auf insgesamt hundert Kopien anwachsen lassen und anschließend nach einem rein zufälligen Verfahren auf zehn Kopien reduzieren. Die Gesamtpopulation bleibt somit im Zeitmittel konstant. Durch diese Art der Wachstumsbegrenzung üben wir auf das System einen fortwährenden Selektionsdruck aus.[141] Jede Verteilung von Informationsträgern repräsentiert dann eine Wertebene, die durch diejenige Buchstabensequenz definiert ist, die der Zielsequenz am nächsten kommt. Alle Sequenzen, deren Selektionswert unterhalb des Mittelwertes einer bestimmten durch die Selektionswerte festgelegten dynamischen Größe liegt, sind vom weiteren Optimierungsverfahren ausgeschlossen. Hierdurch wird der Mittelwert ständig zu höheren Werten verschoben und die Wertebene insgesamt auf ein höheres Niveau gehoben. In ähnlicher Weise ist in der belebten Natur die »Ursemantik« biologischer Information durch ein dynamisches Wertkriterium festgelegt (siehe V, 2, Gleichung [25]).

Das Simulationsexperiment endet mit folgendem Ergebnis:[142]

132

1. Generation
ELWWS J I LAKLAFTYJ : / ELWWS J I LAKLAFTYJ : /
EL YWS J I LAK ?AFTYJ : / ELWO SBCSEKLA J SYK : /
ELWO SBCKEKLKUT I I : / EL OWTBCKYKL I FTYJ : /
ELWO SBCKEKL ! JTYI : / ELWWS J I LAKL ! FTYJ : /
ELWO SBDKEKLA J TYI : / EL OWTBCKZKL I J TYJ :

15. Generation
EVQ L VDGONS ?HEOQU I / EVO K VDGONSLHE . Q I C /
ET O L VDGONS ?HEOQ I E / EVO L VDGONS ? LUOQUC /
EVQ L VDGONC?HEOQ I E / EVO L VD I ONKLHEKQ I C /
EVO L VDGONSLHEOQ I C / EVO L VDGONS ? HEOQ I E /
EVO L VEDONSLHEOQ I C / EVO L VDGONS ? HEOQ I E

30. Generation
EVO LUT I ONSTHEOR I E / *EVO LUT I ONSTHEOR I E* /
EVO LUT I ONSTHEOR I E / *EVO LUT I ONSTHEOR I E* /
EVO LUT I ONSTHEOR I E / EVO L VD I ONSTHEOR I E /
EVO LUT I ONSTHEORJE / EVO PUT I ONSTHEOR I E /
EVO L VT I ONSTHEOR I E / EVO ? UT I ONSKXHEOR I

Der Computerausdruck zeigt drei verschiedene Phasen der
Evolution: die populationsmäßige Zusammensetzung der
ersten, fünfzehnten und dreißigsten Reproduktionsgeneration.
In der dreißigsten Generation hat sich bereits ein Selektionsgleichgewicht eingestellt. Es besteht aus fünf korrekten Kopien
der Zielsequenz und der daraus hervorgehenden stationären
Mutantenverteilung.

Wir haben also mit der Computersimulation das eingangs
gestellte Informationsproblem exemplarisch gelöst. Und zwar
sind wir von einer statistischen Symbolfolge ausgehend zu einer
Buchstabensequenz gelangt, die *eine* von immerhin 10^{26} kombinatorisch möglichen Sequenzalternativen ist und deren A-
priori-Wahrscheinlichkeit praktisch Null ist. Zur Erzeugung
dieser Sequenz haben wir weder ein teleologisches Prinzip noch

ein singuläres Zufallsereignis benötigt, sondern lediglich einen Evolutionsmechanismus im Sinne Darwins. Das Konzept der zufallsbedingten erblichen Veränderungen wurde im Computer durch die statistische Variation einer gegebenen Symbolsequenz simuliert. Die selektive Bewertung der Mutanten erfolgte, wie in der biologischen Evolution auch, über einen Vorteil in der Reproduktionsgeschwindigkeit gegenüber der restlichen Mutantenverteilung.

Das Simulationsexperiment zeigt, daß in der Tat aus einer sinnlosen Anfangssequenz eine sinnvolle Information als Ergebnis zufälliger Variation und Selektion entstehen kann. Da auf der genetischen Ebene das Auftreten von Mutanten indeterminiert ist, legt die natürliche Selektion nur einen Gradienten der Evolution, nicht aber im einzelnen den Weg fest, auf dem jeweils das (lokale) Maximum erreicht wird. Faßt man alle kombinatorisch möglichen Sequenzalternativen eines biologischen Informationsträgers (vgl. auch III, 1) als »Koordinaten« eines »Sequenzraumes« auf, so ist der Prozeß der Informationsentstehung vergleichbar mit der Wanderung in einem multidimensionalen Gebirge, dessen Profil durch die Selektionswerte bestimmt ist (Abb. 16). Hierbei liegt der Weg jedoch nur insoweit fest, als er immer, von gewissen Schwankungen abgesehen, von einem niedrigeren Gebirgszipfel zu einem höheren, das heißt von einem niedrigeren (lokalen) Maximum zu einem höheren (lokalen) Maximum führen muß (siehe V, 2, Relation [31]).

Das Bild vom Sequenzraum deckt aber auch zugleich eine Schwäche unseres Simulationsexperiments auf. Im Gegensatz zur biologischen Information besitzt die menschliche Sprache keine hierarchische Struktur bezüglich ihrer Semantik. Es gibt zum Beispiel keine eigenständigen »halb-sinnvollen« Wörter. Insofern repräsentiert unser Experiment auch nur eine Konstruktion evolutiver Informationsentstehung a posteriori, das heißt, wir gehen von einem bereits sinnvollen Resultat der Evolution aus (in unserem Fall verkörpert durch die Zielsequenz) und zeigen, daß mit Hilfe eines Selektionsmechanismus

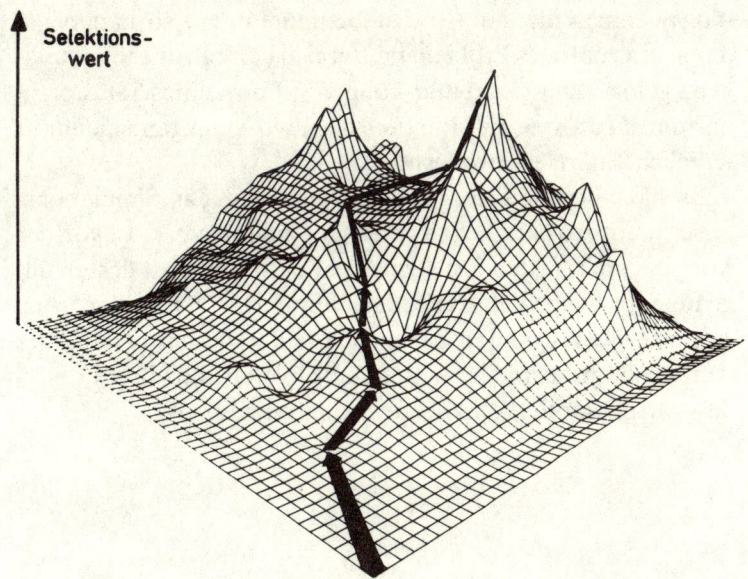

Selektions-
wert

Abb. 16: *Der »Sequenzraum« der biologischen Informationsträger.*
Stellt man alle Sequenzalternativen eines biologischen Informationsträ-
gers als »Koordinaten« eines Sequenzraumes dar und trägt man über
jeder Koordinate den Selektionswert der entsprechenden Spezies auf, so
erhält man ein mehrdimensionales Gebirge, das hier vereinfacht in einem
dreidimensionalen Modell dargestellt ist. Der evolutiven Entstehung von
Information entspricht dann ein Optimierungsprozeß, der von einem
niedrigen (lokalen) Maximum zu einem höher gelegenen (lokalen)
Maximum führt. Das Modell des »Optimierungsgebirges« (»adaptive
surface«) wurde von Sewall Wright in die Populationsbiologie einge-
führt.[143] Die mathematischen Grundlagen des Modells werden in Kapitel
V, 2 erläutert. Man vergleiche auch die Diskussion in Kapitel III, 1. (In
Anlehnung an Manfred Eigen.[144])

das in Kapitel III, 1 formulierte statistische Problem *prinzipiell*
lösbar ist. Eine Konstruktion a priori scheint hingegen unmöglich
zu sein. Könnten wir nämlich den Prozeß der biologischen
Informationserzeugung absolut wirklichkeitsgetreu simulieren,
zum Beispiel ohne Vorgabe der Zielsequenz und eines Bewer-

tungsschemas für die »Buchstabenmutanten«, so hätten wir damit ein zentrales Problem im Bereich der künstlichen Intelligenz gelöst: Der Computer könnte in Form eines Selbstorganisationsprozesses Information de novo erzeugen, indem er lediglich Energie verbraucht.

Es hat verschiedene Versuche gegeben, das Simulationsexperiment realistischer zu gestalten, indem man etwa von der Vorgabe einer festen Zielsequenz absieht und statt dessen allgemeinere Anpassungskriterien definiert.[145] Die oben skizzierten Schwierigkeiten lassen sich dadurch aber nicht beheben, da sie prinzipieller Natur sind. Die Gründe hierfür werden wir in Kapitel V, 2 genauer analysieren.

IV. Algorithmische Informationstheorie

1. Zufallsfolgen

Wenn man sich die Diskussion philosophischer Probleme in der Biologie vergegenwärtigt, dann erscheint hier nichts »zufälliger« als die Verwendung des Zufallsbegriffes im Kontext der Evolution.[146] Dies ist um so schwerwiegender, als gerade die Evolutionstheorie Darwins in essentieller Weise von dem Begriff des »Zufalls« Gebrauch macht. So ist es auch ein erklärtes Ziel der vorliegenden Untersuchung, den Zufallsbegriff zu präzisieren und auf seine evolutionsbiologischen Konsequenzen hin zu analysieren.

Wie die Ausführungen in Kapitel III, 1 gezeigt haben, ist für das Problem der biologischen Informationsentstehung vor allem der Begriff »Zufallsfolge« von großer Bedeutung.[147] Das mathematische Konzept der Zufallsfolgen, das im folgenden beschrieben wird, geht im wesentlichen auf die Arbeiten von Gregory Chaitin, Andrei Kolmogorov und Ray Solomonoff zurück.[148] Es wird in der Literatur häufig auch als *algorithmische Informationstheorie* bezeichnet.

Wohl jeder hat eine intuitive Vorstellung davon, was man eine Zufallsfolge nennt. Betrachten wir die folgenden Binärsequenzen (mit Blick auf die biologischen Informationsträger nur endliche Folgen):

Sequenz S_A:

10101010101010101010101010101010101010101010101010

Sequenz S_B:

10100011111001011001011100010110001010000001000111

Beiden Sequenzen ist gemeinsam, daß sie eine Länge von 50 Zeichen besitzen und jeweils nur aus den beiden Zeichen »0«

und »1« aufgebaut sind. Für die Sequenz S_A gibt es jedoch eine einfache Regel, nach der man die Zeichenfolge beliebig fortsetzen kann, und zwar treten die Zeichen »0« und »1« immer streng alternierend auf. Das hieraus resultierende Sequenzmuster repräsentiert offensichtlich eine *geordnete* Folge. Für die Sequenz S_B hingegen scheint es keine Regel zu geben, die eine folgerichtige Fortsetzung des Sequenzmusters ermöglicht. Es liegt daher nahe, die Sequenz S_B als *Zufallsfolge* zu bezeichnen.

Die klassische Methode, eine Zufallsfolge zu erzeugen, ist das Werfen einer Münze (mit den Seiten »0« und »1«). Man könnte hieraus den Schluß ziehen, daß allein der Ursprung beziehungsweise die Entstehungsgeschichte einer Zeichenfolge festlegt, wann diese den Charakter einer Zufallssequenz hat und wann nicht. Diese Vermutung beruht aber offenkundig auf einem Fehlschluß. Wirft man zum Beispiel eine Münze fünfzigmal in Folge und notiert jedesmal das Ergebnis (»0« oder »1«), so kann sich am Ende jede der 2^{50} (kombinatorisch) möglichen Sequenzen ergeben, denn jede der 2^{50} möglichen Zeichenfolgen besitzt dieselbe A-priori-Wahrscheinlichkeit. Dies trifft insbesondere auch auf die beiden Binärsequenzen zu, die wir soeben als Beispiele für eine geordnete und eine ungeordnete, also zufällige Zeichenfolge angeführt haben.

Wir benötigen ganz offensichtlich eine Definition des Begriffes »Zufallsfolge«, die von der Entstehungsgeschichte der betreffenden Zeichenfolge unabhängig ist, aber dennoch mit unserer intuitiven Vorstellung von geordneten und ungeordneten Sequenzen im Einklang steht. Die algorithmische Definition von »Zufälligkeit«, die wir im folgenden diskutieren wollen, berücksichtigt nicht den Ursprung einer Zeichenfolge, sondern bezieht sich einzig und allein auf die Charakteristik des Sequenzmusters. Um die Definition zu erläutern, werden wir uns wieder der Sprache der Informationstheorie bedienen.

140

Wir betrachten noch einmal die Binärsequenzen S_A und S_B. Die Festlegung eines einzelnen Binärzeichens erfordert genau eine Ja-Nein-Entscheidung, das heißt 1 bit Information. Bei gleicher A-priori-Wahrscheinlichkeit für die Einzelzeichen enthält nach Gleichung (2) jede Sequenz 50 bits Information (oder n bits Information im allgemeinen Fall einer n-stelligen Binärfolge).

Wir behandeln nun das folgende informationstheoretische Problem: Einem Empfänger, der über dasselbe Kommunikationssystem wie der Sender verfügt, soll auf möglichst »ökonomische« Weise die in den Binärfolgen S_A und S_B codierte Information übermittelt werden. Mit dem Begriff »Information« ist hier ausschließlich die in den Binärfolgen S_A und S_B enthaltene *syntaktische* Information gemeint, also die Strukturinformation der Sequenzen im Sinne von Gleichung (2).

Im Fall der Binärfolge S_A würde der Sender (wiederum in binärer Codierung) auf den Empfänger die Nachricht übertragen:

$$(n/2) \text{ MAL »10«}.$$

In dem vorliegenden Fall ist n = 50. Wie man jedoch sieht, wird der Umfang des Übertragungsprogramms mit wachsendem n nur unwesentlich größer, selbst bei hohem Zahlenwert von n. Die Zahl der Informationseinheiten für das Übertragungsprogramm bleibt annähernd konstant, wie groß auch immer die in der Binärfolge S_A enthaltene Zahl von Zeichen ist. (Hierbei wurde natürlich vorausgesetzt, daß die Binärfolge S_A auch für n > 50 alternierend ist.)

Anders liegt der Sachverhalt bei der Binärfolge S_B. Hier muß der Sender, da in der Sequenz S_B offensichtlich keine sich wiederholenden Sequenzmuster erkennbar sind, jedesmal die gesamte Sequenz übertragen:
»10100011111001011001011100010110001010000001000111«.
Im Fall der Binärfolge S_B verhält sich die Informationsmenge für das Übertragungsprogramm proportional zu der in der Binärfolge selbst enthaltenen Informationsmenge.

Die Sequenz S_B unterscheidet sich von der Sequenz S_A offenbar gerade dadurch, daß die in ihr enthaltene Informationsmenge nicht mehr komprimierbar ist. Mit anderen Worten: Im Gegensatz zur Sequenz S_A scheint es für die Erzeugung beziehungsweise Fortsetzung der Sequenz S_B keine Regel (Algorithmus) zu geben, deren Binärdarstellung wesentlich kürzer ist als die Sequenz selbst.

Der Grad der Inkompressibilität einer Zeichenfolge ist in der Tat ein charakteristisches Merkmal für den Grad ihrer Zufälligkeit. Genau dieser Sachverhalt läßt sich für die Definition des Begriffes »Zufallsfolge« ausnutzen: Eine Zeichenfolge heiße »Zufallsfolge«, wenn der kleinste Algorithmus, der notwendig ist, um das Sequenzmuster dieser Folge zu erzeugen, etwa dieselbe Zahl von Informationseinheiten besitzt wie die Folge selbst.[149]

Die algorithmische Definition des Begriffes »Zufallsfolge« ist für unsere weitere Diskussion von grundlegender Bedeutung. Ihr Gehalt soll daher am Beispiel des Digitalrechners noch einmal erläutert werden. Zu diesem Zweck führen wir das abstrakte Schema der »Turingmaschine« ein, mit dessen Hilfe sich der Begriff des Algorithmus präzisieren läßt (Abb. 17).

Abb. 17: *Schema einer sogenannten Turingmaschine. Ein einfaches mathematisches Modell der Berechenbarkeit, die Turingmaschine, besteht aus einem unendlichen Streifen von binären Zeichen (»0« und »1«), der von einem endlichen Monitor ▲ abgetastet wird. Der Monitor kann pro Bewegungseinheit jeweils ein Zeichen einlesen oder ausdrucken und sich dabei auf dem Streifen um genau eine Einheit nach links oder rechts bewegen. Außerdem besitzt der Monitor in dem hier gezeigten Fall zwei verschiedene innere Zustände (»α« und »β«), die das »Bewegungsprogramm« bestimmen. Zu diesem Zweck gibt es einen festen Satz von Übergangsregeln, der für jede der vier möglichen Kombinationen aus Monitorzustand und augenblicklicher Monitorposition festlegt, in welche Richtung (»R« oder »L«) sich der Monitor*

START

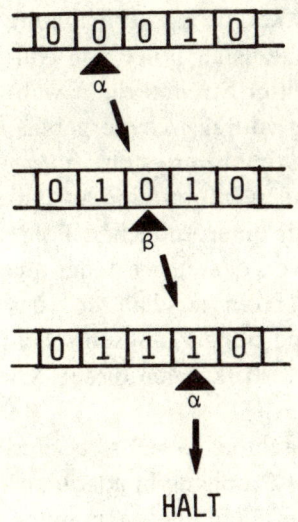

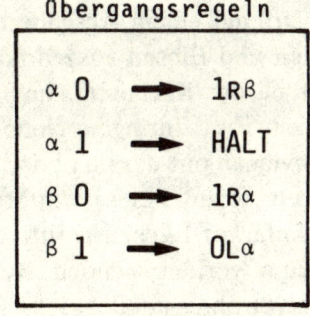

Übergangsregeln

α 0	➞	1Rβ
α 1	➞	HALT
β 0	➞	1Rα
β 1	➞	0Lα

HALT

bewegen soll, welches Zeichen (»0« oder »1«) er ausdrucken und welchen inneren Zustand (»α« oder »β«) er annehmen soll. Die Abbildung zeigt eine kurze Berechnung, in deren Verlauf die Eingabe »00010« in die Ausgabe »01110« umgewandelt wurde und bei der das Programm nach insgesamt zwei Rechenschritten anhält. Da der Monitor nur zwei Zustände besitzt, kann die hier dargestellte Turing-maschine nur triviale Berechnungen ausführen. Etwas komplizierte-re Turingmaschinen, bei denen der Monitor mehr als zwei Zustände annehmen kann und die dementsprechend über ein größeres Spek-trum von Übergangsregeln verfügen, sind in dem Sinn universell, als sie jeden Computer simulieren können, insbesondere auch solche, die viel größer und komplizierter sind als sie selbst. Auf dem Eingabe-streifen wird in diesem Fall in codierter Form der vollständige logische Zustand der größeren Maschine gespeichert und jeder Rechenschritt der größeren Maschine in so kleine Schritte aufgespalten, daß er von der kleineren Maschine simuliert werden kann. (In Anlehnung an Charles Bennett.[150])

143

Die Turingmaschine ist ein idealisierter Computer C, dessen Programm p auf einem Eingabestreifen in Form von Nullen und Einsen vorliegt. Das Ergebnis der Computerrechnung wird auf einem Ausgabestreifen ebenfalls als Folge von Nullen und Einsen ausgedruckt. Ein dritter Streifen dient während der Rechnung zur Speicherung von Zwischenergebnissen. Eine Turingmaschine kann die kompliziertesten Umformungen mit der numerisch vorliegenden Information ausführen, solange diese Umformungen aus einer endlichen Folge einfacher Rechenschritte bestehen, von denen sich jeder aus dem vorhergehenden Rechenschritt rein mechanisch, das heißt ohne intellektuelle Einsicht und ohne Zufallsentscheidungen, ergibt. Ein Programm, das Instruktionen dieser Art umfaßt, nennt man einen *Algorithmus*.

Mit dem Konzept der Turingmaschine lassen sich eine Reihe grundlegender mathematischer Probleme in adäquater Weise behandeln. Hierzu gehören vor allem die sogenannten *Entscheidungsprobleme,* die durch die Frage gekennzeichnet sind, inwiefern für eine gegebene Zeichenfolge nach endlich vielen Rechenschritten festgestellt werden kann, ob sie aus einer anderen vorgegebenen Zeichenfolge durch Anwendung eines bestimmten Algorithmus erzeugt werden kann.

Die obige Definition bezeichnet nun eine Zeichenfolge S als Zufallsfolge, wenn sie nur mit einem Programm berechnet werden kann, das auf dem Eingabestreifen einer Turingmaschine etwa ebenso viele Binärzeichen enthält wie die Binärdarstellung von S selbst (Abb. 18).

Den kleinstmöglichen, das heißt nicht weiter reduzierbaren Algorithmus, mit dem sich eine bestimmte Zeichenfolge erzeugen läßt, bezeichnet man als Minimalalgorithmus beziehungsweise Minimalprogramm. Die Algorithmen sind, wenn sie in codierter Form einer Turingmaschine eingegeben werden, selbst wieder Binärsequenzen. Für eine gegebene Zeichenfolge kann es ein oder mehrere Minimalprogramme geben. In jedem Fall ist das Minimalprogramm eine Zufalls-

144

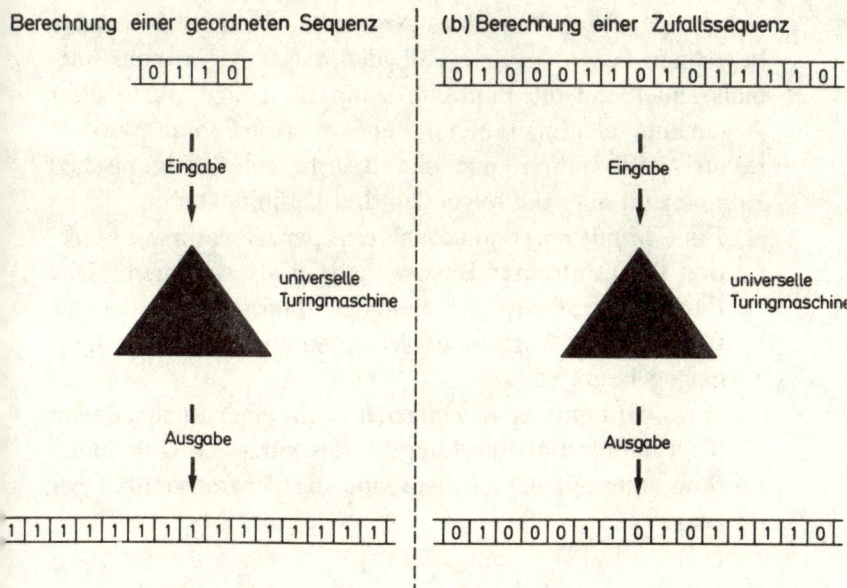

Berechnung einer geordneten Sequenz | (b) Berechnung einer Zufallssequenz

Abb. 18: *Berechnung einer (a) geordneten Sequenz und (b) einer Zufallssequenz mittels einer universellen Turingmaschine (Erläuterungen siehe Text).*

folge, und zwar unabhängig davon, ob die erzeugte Zeichenfolge eine Zufallsfolge ist oder nicht. Diese wichtige Feststellung folgt unmittelbar aus der Definition des Minimalprogramms.

Der Begriff des Minimalprogramms führt auf einen weiteren wichtigen Begriff der algorithmischen Informationstheorie, auf den der *algorithmischen Komplexität*. Dieser Begriff spielt für die weiteren Überlegungen eine wichtige Rolle, so daß es sinnvoll erscheint, die Diskussion auf eine mathematisch präzisere Ebene zu heben. Hierfür eignet sich insbesondere das Konzept der »rekursiven« Funktionen.

Eine Funktion heißt »rekursiv«, wenn es (z. B. für eine Turingmaschine) einen Algorithmus gibt, mit dessen Hilfe

145

sich für gegebene Werte des Arguments die Funktionswerte berechnen lassen. In dem Fall, daß dieser Algorithmus niemals endet und die Funktion somit für einige Werte ihrer Argumente undefiniert bleibt, nennt man die Funktion *partiell rekursiv*. Wir führen nun den Begriff der algorithmischen Komplexität über die folgenden drei Definitionen ein:[151]

(1) Ein *Computer* sei definiert als eine partiell rekursive Funktion $C(p)$ mit einer Binärsequenz p als Argument. Der Funktionswert $C(p)$ ist diejenige Binärsequenz, die der Computer als Ausgabe liefert, wenn ihm das Programm p eingegeben wird.

(2) Die *algorithmische Komplexität* $K_C(S)$ einer Binärsequenz S sei definiert als die Länge L des kürzesten Computerprogramms p, das als Ausgabe die Binärsequenz S erzeugt.

$$(14) \qquad K_C(S) = \min_{C(p)=S} L(p)$$

(3) Ein Computer U heiße *universell*, wenn für jeden Computer C und jede Binärsequenz S die Beziehung

$$(15) \qquad K_U(S) \le K_C(S) + c$$

gilt, wobei c eine Konstante ist, die nur von $C(p)$ abhängt.

Kolmogorov konnte nun zeigen, daß es tatsächlich universelle Computer U gibt, für die ein optimaler Algorithmus im Sinne von Gleichung (15) existiert.[152] Wir wählen nun irgendeine universelle Maschine U als Standardmaschine und können im folgenden ohne Einschränkung der Allgemeinheit $K_U(S) = K(S)$ setzen. Weitere Theoreme über die Eigenschaften von $K(S)$ findet man in der entsprechenden Fachliteratur.[153]

Am Beispiel der Binärfolge S_A haben wir gesehen, daß jede n-stellige Sequenz, die über die Repetition eines endlichen Algorithmus berechenbar ist, eine algorithmische Komplexität $K(S)$ besitzt, die nahe bei ld(n) liegt, sofern n sehr groß ist.[154] Entsprechend der Definition der algorithmischen Komplexität können n-stellige Sequenzen mit *maximaler* Komplexität von keinem Programm berechnet werden, dessen Länge

146

(in bits) wesentlich kürzer ist als die Länge (in bits) der Sequenz selbst. Mit anderen Worten: In einer Sequenz mit maximaler Komplexität ist die syntaktische Information irreduzibel verschlüsselt, und die einfachste Form, die Sequenz zu übertragen, ist, sie symbolgetreu zu kopieren. Offensichtlich ist die Zeichenabfolge in Sequenzen mit maximaler Komplexität so irregulär und damit so wenig voraussagbar, daß es in diesem Zusammenhang sinnvoll erscheint, von einer »Zufallsfolge« zu sprechen.

Wir definieren nun den Begriff »Zufallsfolge« mit Hilfe des Komplexitätsbegriffes um: Eine n-stellige Zeichenfolge S heiße Zufallsfolge, wenn deren algorithmische Komplexität K(S) ungefähr dieselbe Zahl von Informationseinheiten umfaßt wie die Zeichenfolge selbst.

Der einschränkende Terminus »ungefähr« deutet bereits an, daß der Übergang zwischen Zufallssequenzen und geordneten Sequenzen fließend ist. Dieser Sachverhalt ist in unserer Definition bereits impliziert. Wir können nun auch den Zufallsgrad einer Zeichenfolge quantitativ bestimmen. Ist nämlich eine Sequenz S aus n Binärsymbolen gegeben, so können wir – zumindest im Gedankenexperiment – alle 2^n kombinatorisch möglichen Sequenzalternativen nach ihrem Komplexitätsgrad klassifizieren. Hierdurch entsteht eine hierarchische Ordnung der Zeichenfolgen, wobei mehr oder weniger willkürlich festgelegt wird, von welchem Komplexitätsgrad an eine bestimmte Sequenz nicht länger als Zufallsfolge bezeichnet werden soll. Den algorithmischen Komplexitätsbegriff werden wir in Kapitel V, 2 noch einmal verwenden, um den für die Biologie wichtigen Begriff der »strukturellen Komplexität« zu präzisieren.

Es ist im Prinzip immer möglich, zu zeigen, daß eine gegebene Sequenz *keine* Zufallsfolge ist. Zu diesem Zweck muß man für die Erzeugung der betreffenden Sequenz lediglich einen Algorithmus angeben, dessen Codierung wesentlich kürzer ist als die der Sequenz selbst.[155] Will man jedoch das

Gegenteil nachweisen, nämlich daß eine gegebene Sequenz eine Zufallsfolge ist, so muß man nachweisen, daß es einen solchen kompakten Algorithmus nicht gibt.

Es läßt sich leicht zeigen, daß die meisten Binärfolgen zufällig sind. So besitzt nur etwa jede tausendste Sequenz aller n-stelligen Binärsequenzen eine Komplexität $K(S) < n - 10$ und kann mit einem Algorithmus berechnet werden, der um 10 bits kompakter ist als die Sequenz selbst.[156] Wirft man also eine Münze n-mal, so ist die Wahrscheinlichkeit, eine Zufallsfolge vom Grad $K(S) \geq n - 10$ zu erzielen, größer als 0,999. Dennoch hat Chaitin zeigen können, daß ein Beweis für die Zufälligkeit einer Zeichenfolge nur in ganz seltenen Fällen angegeben werden kann (sog. Zufallstheorem).[157] Die tiefere Ursache für das Zufallstheorem liegt in dem von Kurt Gödel entdeckten Unvollständigkeitstheorem.

Chaitin ging bei dem Beweis des Zufallstheorems von einer Variante des sogenannten Berry-Paradoxons aus:[158] Man betrachte die Zahl

SIEBENMILLIONENSIEBENHUNDERTSIEBEN-
UNDSIEBZIGTAUSENDSIEBENHUNDERTUND-
SIEBENUNDSIEBZIG.

Diese Zahl ist insofern ungewöhnlich, als auf sie folgendes zutrifft:

DIE KLEINSTE ZAHL, DIE NICHT MIT WENIGER ALS ACHTZIG BUCHSTABEN BENANNT WERDEN KANN.

Dieser Satz hat aber nur siebzig Buchstaben (wenn man die Zwischenräume nicht mitzählt) und ist daher ein Widerspruch in sich.

Um das Zufallstheorem zu beweisen, transformierte Chaitin das Berry-Paradoxon in ein Entscheidungsproblem für eine universelle Turingmaschine, wobei das Paradoxon selbst als Halte-Problem formuliert wurde.[159] Zu diesem Zweck ersetzte Chaitin den mehrdeutigen Begriff der Nennbarkeit einer Folge durch den mathematisch präziseren Komplexitätsbegriff, wie wir ihn oben eingeführt haben. Das Paradoxon von Berry läßt sich dann durch folgendes Programm für eine Turingmaschine verschlüsseln:

SUCHE EINE FOLGE VON BINÄREN ZIFFERN, VON DER SICH BEWEISEN LÄSST, DASS DEREN KOMPLEXITÄT GRÖSSER IST ALS DIE BIT-ZAHL IN DIESEM PROGRAMM.

Das Programm testet im Rahmen des vorgegebenen formalen Systems alle möglichen Beweise auf ihre Komplexität hin, bis es den ersten Beweis findet, der zeigt, daß eine spezifische Folge von binären Ziffern eine größere Komplexität besitzt als die Anzahl der bits in dem betreffenden Testprogramm. Es druckt dann die Zahlenfolge aus, und die Turingmaschine bleibt stehen.

Offensichtlich liegt hier aber ein Widerspruch vor; denn das Programm berechnet eine Zahlenfolge, die per definitionem kein Programm dieser Größe berechnen kann. Mit anderen Worten: Das Programm findet die erste Zahlenfolge, von der sich beweisen läßt, daß sie von dem Programm nicht hätte gefunden werden dürfen.

Die oben gestellte Aufgabe kann das Turingprogramm mithin prinzipiell nicht erfüllen. Dies ist eine unmittelbare Konsequenz des Berry-Paradoxons, das bei der Transformation in ein Entscheidungsproblem ja nicht eliminiert wurde. In einem formalen System läßt sich somit nicht beweisen, daß eine spezifische Zahlenfolge eine größere Komplexität besitzt als das Programm, das erforderlich ist, um die Zahlenfolge zu erzeugen.

Wir wollen dieses für unsere weitere Diskussion so wichtige Ergebnis präziser formulieren. Zu diesem Zweck analysieren wir den Aufbau und die Funktion des Turingprogramms etwas genauer. Und zwar nehmen wir an, daß das Turingprogramm ein festes Unterprogramm von c bits Länge enthält, mit dessen Hilfe aus einem vorgegebenen Axiomensystem nebst Schlußregeln systematisch alle Beweise erzeugt werden, die in diesem Axiomensystem möglich sind. Wir nehmen an, daß die Informationsmenge, die in dem Axiomensystem und den Schlußregeln steckt, K(S) bits, die Gesamtlänge des Turing-programms damit K(S) + c bits beträgt. (Der tatsächliche Wert von c ist unabhängig von K(S) und hängt nur von der verwendeten Maschinensprache ab.)

Um die oben gestellte Aufgabe zu erfüllen, müßte eine Turingmaschine schrittweise vorgehen. Sie würde erst alle Beweise erzeugen, die einen Rechenschritt erfordern, dann alle Beweise, die zwei Rechenschritte lang sind, und so weiter. Bei jedem Beweis testet das Unterprogramm, ob es sich um einen Beweis für die Zufälligkeit einer Binärfolge handelt, die wesentlich länger als K(S) + c bits ist. Fände die Maschine einen solchen Beweis, würde sie die Binärfolge ausdrucken und dann stehenbleiben.

Dieses Ergebnis wäre aber ein Widerspruch in sich. Das Turingprogramm hat selbst nur eine Gesamtlänge von K(S) + c bits. Das Programm würde aber nach dem obigen Schema eine Binärfolge erzeugen, die wesentlich mehr bits enthielte als das Programm selbst. Diese Binärfolge hätte aber nach der von uns gegebenen Definition der Zufälligkeit gar nicht von dem Programm erzeugt werden dürfen. Wir können also folgendes Theorem formulieren: In einem formalen System der Komplexität K ist es unmöglich zu beweisen, daß eine bestimmte Binärfolge eine Komplexität besitzt, die größer als K(S) + c ist.[160]

Die Zufälligkeit einer n-stelligen Binärfolge S läßt sich somit nur innerhalb eines formalen Systems beweisen, dessen Komplexität größer ist als die von S. Es ist augenscheinlich, daß ein Zufälligkeitsbeweis für S *faktisch* unmöglich ist, denn um zu entscheiden, ob ein formales System F_1 die (beweisfä-hige) Komplexität $K_1 > n$ besitzt, muß man ein formales System F_2 mit der Komplexität $K_2 > K_1$ konstruieren. Die Komplexität von F_2 läßt sich wiederum nur in einem überge-ordneten System F_2 mit der Komplexität $K_3 > K_2$ beweisen,

150

eine Schlußweise, die sich ad infinitum fortsetzt. Wir werden dieses Ergebnis im folgenden Kapitel wieder aufgreifen und dort hinsichtlich unserer übergeordneten Fragestellung diskutieren.

2. Grenzen objektiver Erkenntnis in der Biologie

Wir wollen nunmehr das Instrument der algorithmischen Informationstheorie auf die in Kapitel III angesprochenen erkenntnistheoretischen Probleme anwenden. Im Vordergrund der Betrachtung sollen zunächst die Zufallshypothese und der teleologische Ansatz stehen. Auf den moleculardarwinistischen Ansatz werden wir dagegen erst in den Kapiteln V, 2 und V, 3 näher eingehen.

Betrachten wir noch einmal den Bauplan eines einfachen Virus, wie er in Abbildung 9 auszugsweise dargestellt ist. Die in einer solchen Symbolfolge enthaltene Erbinformation läßt sich ohne weiteres in die geläufige Sprache der Informationstheorie übertragen. Da sich die Nukleinsäuren aus vier Klassen von Grundbausteinen aufbauen, benötigt man in einem binären Codesystem jeweils zwei Zeichen, um einen Buchstaben des »Nukleinsäurealphabets« zu verschlüsseln. Abbildung 19 ist beispielsweise die Binärdarstellung von Abbildung 9 in folgender Codierung:

$$A = 00$$
$$U = 11$$
$$G = 01$$
$$C = 10$$

Abb. 19: *Ausschnitt aus dem genetischen Bauplan des Virus MS2. Information für den Bauplan des Replikase-Gens (β-Untereinheit) in binärer Codierung (siehe auch Abb. 9 u. Anm. 95).*

153

Da sich die Baupläne der biologischen Makromoleküle grundsätzlich in Form von Binärfolgen darstellen lassen, können wir nunmehr auf die in den Kapiteln III, 1 und III, 2 aufgeworfenen erkenntnistheoretischen Probleme die Theoreme der algorithmischen Informationstheorie direkt anwenden.

Befassen wir uns zunächst mit der Zufallshypothese. Jacques Monod war der Überzeugung, daß sich aus den in der belebten Natur vorkommenden makromolekularen Strukturen und ihrem systematischen Vergleich mit Hilfe moderner Untersuchungs- und Rechenmethoden ein allgemeines Gesetz ableiten ließe, nämlich – wie er es nannte – das »Gesetz des Zufalls«. »Diese Strukturen«, so Monod, »sind in dem Sinne ›zufällig‹, als es unmöglich ist, irgendeine theoretische oder empirische Regel zu formulieren, mit der sich aus einer genauen Kenntnis von 199 eines aus 200 Bausteinen bestehenden Proteins die Beschaffenheit des restlichen, noch nicht durch die Analyse festgestellten Bausteins vorhersagen ließe.«[161]

Da es zwischen der Sequenz der Proteinbausteine und der Sequenz der Nukleinsäurebausteine eine durch den genetischen Code eindeutig festgelegte Beziehung gibt, kann die Aussage Monods direkt auf die genetischen Symbolsequenzen übertragen werden. Monod nahm also an, daß die offenkundige Regellosigkeit der genetischen Symbolsequenzen den Zufallscharakter ihrer Entstehung direkt widerspiegeln würde.

Mit Hilfe des in Kapitel IV, 1 entwickelten Zufallstheorems läßt sich nun der erkenntnistheoretische Gehalt der Monodschen Zufallshypothese überprüfen. Das Zufallstheorem der algorithmischen Informationstheorie sagt aus, daß sich die Zufälligkeit einer n-stelligen Folge S nur in einem formalen System F_1 der Komplexität K_1 für den Fall beweisen läßt, daß $K_1 > n$ ist. Die *systematische* Erzeugung eines Beweises für die Zufälligkeit einer n-stelligen Folge setzt demnach die systematische Konstruktion eines formalen

Systems F_1 mit $K_1 > n$ voraus. Daß ein System F_1 die Komplexität K_1 besitzt, kann aber nur in einem übergeordneten System F_2 bewiesen werden mit $K_2 > K_1$, eine Schlußfolgerung, die sich beliebig fortsetzen läßt. Die *zufällige* Konstruktion eines »beweisfähigen« Systems F_1 ist aber bei den hier in Rede stehenden Komplexitätsgraden ebenso unwahrscheinlich wie die zufällige Entstehung genetischer Symbolsequenzen mit einer definierten Semantik.

Entsprechend diesen Ausführungen erweist sich die Behauptung Monods, der genetische Bauplan lebender Organismen sei wegen nicht auffindbarer Sequenzmuster das Produkt einer Zufallssynthese, als nicht beweisbar. Wohlgemerkt, hierbei handelt es sich ausschließlich um ein erkenntnistheoretisches Problem. Das Zufallstheorem schließt nicht die Existenz von Zufallsfolgen aus, sondern schränkt lediglich die Möglichkeit des Beweises ihrer Zufälligkeit im Rahmen eines logischen Schlußverfahrens in grundsätzlicher Weise ein. Tatsächlich ist es so, daß, von (wenigen) Ausnahmen abgesehen, bei den genetischen Symbolsequenzen bislang keinerlei Periodizität in der Gesamtsequenz beobachtet wurde.[162] Die genetischen Informationsträger scheinen vielmehr dem von Erwin Schrödinger entworfenen Bild des *aperiodischen* Kristalls zu entsprechen.[163]

Des weiteren zeigen die Überlegungen von Kapitel III, 1 zur Sequenzvariabilität homologer Proteine, daß nicht ausgeschlossen werden kann, daß im *historischen* Verlauf der Evolution der Bauplan eines Lebewesens in Form eines singulären Zufallsprozesses entstanden ist. Die Einwände sind vielmehr erkenntnistheoretischer Art und beziehen sich auf den wissenschaftsmethodologischen Charakter der Zufallshypothese. Auf keinen Fall läßt sich die Zufallshypothese – wie es beispielsweise Monod versucht hat – anhand der strukturellen Analyse genetischer Baupläne *beweisen*. Hier sind unseren Erkenntnismöglichkeiten prinzipielle Grenzen gesetzt.

Nun ließe sich dagegen wiederum einwenden, daß die

Unbeweisbarkeit der Zufallshypothese ein Charakteristikum ist, das auch auf alle physikalischen Hypothesen zutrifft, denn nach den vom kritischen Rationalismus angegebenen Abgrenzungskriterien lassen sich auch im Rahmen der traditionellen empirischen Wissenschaften Hypothesen niemals beweisen, sondern allenfalls falsche Alternativen auf dem Wege der Falsifikation ausschließen. Dennoch nimmt die Zufallshypothese hier eine Sonderstellung ein. Durch die essentielle Rolle, die Monod der Wirkung des Zufalls in der Evolution zuschreibt, wird nämlich das Phänomen des Zufälligen in den Rang eines antiteleologischen Gesetzes gehoben, das seiner Struktur nach eine Negation der modernen Fassung des Kausalitätsprinzips darstellt. So gesehen ist es auch keine contradictio in adiecto, wenn Monod in diesem Zusammenhang vom »Gesetz des Zufalls« spricht.

Im Kontext der Monodschen Hypothese nimmt also der Zufallsbegriff »eine nicht mehr bloß operationale, sondern eine wesensmäßige Bedeutung an«.[164] Worin dieser Unterschied genau besteht, erläutert Monod anhand von zwei anschaulichen Beispielen. Danach ist etwa die einem Roulettspiel anhaftende Zufälligkeit bloß eine *operationale* Unbestimmtheit, das heißt eine Unbestimmtheit, die sich im Prinzip beseitigen ließe, wenn man den Wurf der Roulettkugel durch eine Wurfmechanik hinreichend hoher Präzision lenken könnte. Andererseits gibt es Monod zufolge Situationen, in denen der Zufall eine *essentielle* Bedeutung besitzt: »Das ist zum Beispiel dann der Fall, wenn man von ›absoluter Koinzidenz‹ sprechen kann; ein solches unabhängiges Zusammentreffen resultiert aus der Überschneidung zweier voneinander völlig unabhängiger Kausalketten. Nehmen wir zum Beispiel an, Dr. Müller sei zu einem dringenden Besuch bei einem Neuerkrankten gerufen worden, während der Klempner Krause mit der dringenden Reparatur am Dach eines Nachbargebäudes beschäftigt ist. Während Dr. Müller unten am Hause vorbeigeht, läßt der Klempner durch Unachtsamkeit seinen Hammer fallen; die (deterministisch bestimmte) Bahn des Hammers kreuzt die des Arztes, der mit zertrümmertem Schädel stirbt. Wir sagen, er habe kein Glück gehabt.* Welchen anderen Ausdruck sollte man für ein solches, seiner Natur nach unvorhersehbares Ereignis verwenden? Hier muß der Zufall natürlich als ein essentieller aufgefaßt werden, der in der totalen Unabhängigkeit der beiden Ereignisreihen steckt, deren Zusammentreffen den Unfall** hervorruft.«[165] (Siehe auch die Anmerkungen [* und **] des Übersetzers.[166])

Ob es zu einer Überschneidung der beiden Ereignisketten kommt oder nicht, hängt in diesem Beispiel ganz wesentlich von der Realisierung bestimmter Anfangsbedingungen ab. Damit verlagert Monod das Phänomen des Zufälligen auf die zufällige Koinzidenz bestimmter Anfangsbedingungen (siehe V, 3). Dies wird an folgendem Beispiel deutlich: Gegeben seien zwei Körper, die sich unabhängig voneinander von zwei Punkten A und B aus mit den Geschwindigkeiten v_A und v_B geradlinig bewegen. Die Anfangsbedingungen für diese beiden Ereignisketten sind durch die Orte und die Geschwindigkeiten der beiden Körper zur Zeit t_0 gegeben. Wir betrachten die folgenden drei Situationen:

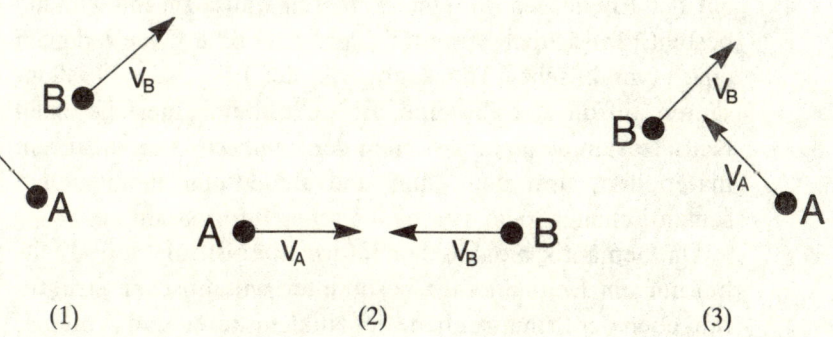

(1)   (2)   (3)

In der Situation (1) sind die Orts- und Geschwindigkeitskoordinaten so gewählt, daß die beiden Ereignisketten sich niemals überschneiden können. In der Situation (2) liegt der andere Extremfall vor. Wie auch immer v_A und v_B gewählt werden, es wird immer zu einer Kollision, das heißt zu einer Überschneidung der beiden Ereignisketten kommen. Lediglich die Situation (3) bringt in charakteristischer Weise den Monodschen Zufallsbegriff zum Ausdruck. Hier hängt es nämlich von der zufälligen Konstellation ganz bestimmter Anfangsgeschwindigkeiten ab, ob es zu einer Überschneidung kommt oder nicht. (So gesehen ist auch die Situation (2) als Spezialfall der Situation (1) bereits ein Beispiel für die wesensmäßig zufallsbedingte Überlagerung zweier voneinander unabhängiger Kausalketten.)

In vergleichbarer Form, so Monod, sind das Auftreten einer Mutation in den Trägern der genetischen Information, den Nukleinsäuren, sowie deren Auswirkungen auf der phänotypischen Ebene (z. B. verbesserte Funktion des teleonomischen Apparates) zwei voneinander absolut unabhängige Ereignisse. Die Entstehung biologischer Information sei daher insofern wesensmäßig durch den Zufall bedingt, als zwischen ihrem syntaktischen Aspekt, repräsentiert durch die Primärsequenz der Nukleinsäuren, und ihrem semantischen Aspekt, repräsentiert durch deren funktionelle Entsprechung auf der Ebene der Proteine, keinerlei Kausalzusammenhang besteht. Tatsächlich vermittelt der genetische Code lediglich eine »syntaktische« Translation von der Ebene der Nukleinsäuren auf die der Proteine. Er stellt aber keinesfalls einen Kausalzusammenhang zwischen dem syntaktischen, also rein materiellen, und dem Sinn und Bedeutung umfassenden semantischen Aspekt von biologischer Information her.

Die Semantik biologischer Information ist für Monod mithin nur ein Epiphänomen bestimmter syntaktischer Strukturen, eben der Primärsequenz der Nukleinsäuren und Proteine. Da zwischen der semantischen und der syntaktischen Ebene offensichtlich kein Kausalzusammenhang besteht, gibt es für die Entstehung semantischer Information auch keine gesetzmäßige Erklärung. Für Monod ist daher die Entstehung

158

semantischer Information, oder, wie er es bezeichnet, die »Verbesserung des teleonomischen Apparates« ein im obigen Sinn wesensmäßig zufallsbedingter Prozeß. Dies ist die Quintessenz seines Zitats (siehe Anm. 161), wonach es unmöglich ist, irgendeine theoretische oder empirische Regel zu formulieren, die es gestattet, die Funktion eines biologischen Makromoleküls mit seiner Primärstruktur in einen direkten Kausalzusammenhang zu stellen.

Unsere Ausführungen in Kapitel V, 2 und V, 3 werden zeigen, daß wir Monod begrenzt zustimmen können. Tatsächlich läßt sich die Entstehung semantischer Information *in ihrem Detail* nicht gesetzmäßig erklären. Einschränkend müssen wir jedoch hinzufügen, daß sich sehr wohl die Entstehung semantischer Information als *allgemeines* Phänomen gesetzmäßig erklären läßt.

Wenden wir uns nun dem teleologischen Erklärungsansatz zu. Um dessen erkenntnistheoretischen Status zu beurteilen, müssen wir uns zunächst die Frage vorlegen, wie das Phänomen einer naturgesetzlichen Beziehung auf der Ebene einer informationstheoretischen Betrachtungsweise zu verstehen ist. Wir haben diese Frage bereits implizit in der vorangegangenen Diskussion beantwortet. Es geht nunmehr um die Verallgemeinerung dieses Konzepts und seine Anwendung auf den teleologischen Gesetzesbegriff. Zu klären ist hier vorab die Frage, was überhaupt unter dem teleologischen Gesetzesbegriff zu verstehen ist.

Es sei noch einmal daran erinnert, daß wir bei unserer Diskussion von der Primärsequenz biologischer Informationsträger ausgegangen sind. Die empirisch ermittelten Sequenzen, zum Beispiel die detaillierte Abfolge der Grundbausteine eines Erbmoleküls, hatten wir anschließend in die Sprache der Informationstheorie übertragen und als definierte Folge von Binärzeichen dargestellt (vgl. Abb. 19). Dieses Verfahren stellt jedoch keinen Sonderfall dar. Vielmehr lassen sich alle Beobachtungsdaten der Naturwissenschaften, sofern sie mit den Mitteln einer (natürlichen oder künstlichen) Sprache beschrieben werden können, durch binäre Symbolfolgen verschlüsseln.

Um den Begriff einer »naturgesetzlichen Beziehung« sinnvoll einzuführen, greifen wir auf den Begriffsapparat der algorithmischen Informationstheorie zurück. Offenbar, so können wir uns den Ausführungen von Ray Solomonoff[167] anschließen, verbirgt sich in einer Menge von Beobachtungsdaten genau dann eine gesetzmäßige Beziehung, wenn die Symbolfolgen, in denen das Bobachtungswissen verschlüsselt ist, keine Zufallsfolgen sind, das heißt, wenn sie aufgrund einer ihnen anhaftenden Regularität komprimierbar sind.

Der über die algorithmische Informationstheorie eingeführte Begriff des Naturgesetzes ist natürlich phänomenologischer Art, solange die logische Struktur eines solchen naturgesetzlichen, das heißt kompakten Algorithmus nicht weiter spezifiziert wird. Wenngleich die informationstheoretische Deutung des Begriffes »Naturgesetz« noch im einzelnen auszuarbeiten ist, lassen sich schon jetzt einige wichtige Schlußfolgerungen ziehen.

Zunächst einmal stellen wir fest, daß das in der Wissenschaftstheorie so eingehend diskutierte Phänomen der Theorienreduktion im Kern eine Komplexitätsreduktion der Kompaktalgorithmen darstellt und daß sich der wissenschaftsphilosophische Gedanke einer vereinheitlichten Theorie aller Naturerscheinungen in diesem Reduktionsschema als Suche nach dem kleinsten, nicht weiter reduzierbaren Algorithmus auffassen läßt, mit dem unsere reale Welt vollständig beschrieben werden kann.[168] Ein solcher Minimalalgorithmus repräsentiert per definitionem eine Zufallsfolge (vgl. IV, 1). Andererseits zeigt uns das Zufallstheorem von Gregory Chaitin, daß die Zufälligkeit eines Algorithmus, mithin seine Eigenschaft als Minimalalgorithmus, prinzipiell nicht beweisbar ist. Mit anderen Worten: Im Rahmen der algorithmischen Informationstheorie gibt es einen strengen mathematischen

Beweis für die Behauptung, daß wir niemals wissen können, ob wir im Besitz einer Minimalformel sind, mit der sich alle Phänomene der realen Welt berechnen lassen.[169] Die Abgeschlossenheit naturwissenschaftlicher Theorien ist aus prinzipiellen Gründen nicht beweisbar. Sie ist nur widerlegbar auf pragmatischem Weg, nämlich durch die Angabe eines neuen, kompakteren Algorithmus.

Wir wenden nunmehr den informationstheoretischen Begriff des Naturgesetzes auf den teleologischen Ansatz an. Offensichtlich werden im Kontext der algorithmischen Informationstheorie alle teleologischen Erklärungen über den Ursprung biologischer Information unwiderlegbar; denn der teleologische Ansatz postuliert die Existenz eines Algorithmus, der ein der belebten Natur immanentes Gesetz verkörpert, nach dem die Baupläne lebender Organismen aufgebaut werden. Einen Gesetzescharakter kann ein »teleologischer« Algorithmus aber nur dann haben, wenn die von ihm erzeugten Symbolsequenzen keine Zufallsfolgen sind, der Algorithmus selbst im Vergleich dazu also kompakter ist. Die vom teleologischen Ansatz postulierte Existenz solcher kompakten Algorithmen kann jedoch nicht widerlegt werden, da ihre Nichtexistenz nicht beweisbar ist. Wegen ihrer prinzipiellen Unwiderlegbarkeit sind die teleologischen Erklärungsmodelle gegenüber allen denkbaren Falsifizierungsversuchen immun. Wir haben hiermit innerhalb der algorithmischen Informationstheorie einen Beweis für die bereits von Monod geäußerte Vermutung, daß das Objektivitätspostulat (siehe I, 2) ein reines, für immer unbeweisbares Postulat ist, denn »es ist offensichtlich unmöglich, ein Experiment zu ersinnen, durch das man die *Nicht-Existenz* eines Projekts, eines irgendwo in der Natur angestrebten Zieles beweisen könnte«.[170]

Auf der anderen Seite ist im Rahmen teleologischer Theorienbildung noch nie ein solcher informationserzeugender Algorithmus konkret angegeben worden. Der teleologische

Ansatz stellt daher für das Problem der biologischen Informationsentstehung lediglich eine Scheinlösung dar, die sich auf jeweils aktuelle Erkenntnislücken der Physik und Chemie stützt.

Halten wir als wichtige Grenzen objektiver Erkenntnis in der Biologie fest: Die Zufallshypothese ist grundsätzlich unbeweisbar, der teleologische Ansatz ist grundsätzlich unwiderlegbar.

V. Die evolutionäre Entstehung von Information

1. Das Ganze und seine Teile

In Kapitel IV, 2 wurde nachgewiesen, daß das Problem der biologischen Informationsentstehung weder durch die Zufallshypothese noch durch den teleologischen Ansatz erkenntnistheoretisch befriedigend gelöst wird. Die Untersuchung soll nun mit einer eingehenden Analyse des molekulardarwinistischen Erklärungsmodells abgeschlossen werden.

Der molekulardarwinistische Ansatz geht von der Arbeitshypothese aus, daß eine Selektion im Sinne Darwins bereits im molekularen, a priori unbelebten Bereich der Materie wirksam ist und daß die biologische Information durch selektive Selbstorganisation und Evolution von biologischen Makromolekülen entstanden ist (vgl. III, 3). Wenn diese Arbeitshypothese nicht nur ein Postulat bleiben soll, dann muß sich das Phänomen der natürlichen Selektion im molekularen Bereich nachweisen und vollständig auf physikalische Prinzipien und Gesetzmäßigkeiten zurückführen lassen. Dies ist das Kernproblem, mit dem wir uns in diesem und dem folgenden Kapitel auseinanderzusetzen haben.

Die Möglichkeit einer physikalischen Begründung des Selektionsprinzips ist häufig in Frage gestellt worden. So führt Ludwig von Bertalanffy in diesem Zusammenhang aus: »Wir hörten, daß die mechanistische und molekular-biologische Erklärung der Entstehung des Lebens und der Evolution auf dem Selektionsprinzip beruht. Selektion ist aber kein physikalisches Gesetz. Im Bereich der Physik und Chemie gibt es kein Prinzip, das sagt, daß bestimmte Systeme sich zu erhalten streben, daß ein Überleben des Passendsten oder ein Übergang zu höherer Ordnung und Organisation stattfindet. Nach den Gesetzen der physikalischen Chemie wird ein Gemisch chemischer Substanzen – auch wenn es die kompliziertesten Proteine oder Nukleinsäuren enthält – schließlich nach dem erwähnten zweiten Hauptsatz in den wahrscheinlichsten Zustand eines chemischen Gleichgewichts übergehen, das heißt im großen und ganzen, daß jene komplizierten Moleküle in einfachste wie Wasser, Kohlensäure, Ammoniak zerfallen werden. Mit anderen Worten, die Selbsterhaltung organischer Systeme ist im Selektionsprinzip bereits vorausgesetzt, nur dann kann man überhaupt von Konkurrenz, Überleben des Passendsten, Selektion des Fruchtbarsten und so weiter sprechen.«[171] Und an anderer Stelle schreibt Bertalanffy: »Außerdem wird in der Selektionstheorie die Selbsterhaltung, Anpassungsfähigkeit, Reproduktion und so weiter belebter Systeme als gegeben *vorausgesetzt;* sie können daher nicht als *Effekt* der Auslese angesehen werden. Dies ist die vieldiskutierte Zirkularität der selektionistischen Argumentation. Durch Zufallsmutation und Auslese sollen Protoorganismen entstehen und Organismen sich weiterentwickeln. Aber um dies zu können, müssen sie schon die wesentlichen Attribute des Lebendigen *besitzen.*«[172] Die Zweifel an der physikalischen Begründbarkeit des Selektionsprinzips, die in diesen Textpassagen anklingen, hängen unmittelbar mit dem sogenannten *Reduktionsproblem* der Biologie zusammen.

Wir wollen das Reduktionsproblem zunächst in seiner allgemeinen Form betrachten und im Anschluß daran die für die Diskussion des Selektionsprinzips relevanten Aspekte herausarbeiten. Betrachten wir zunächst die Tabelle 2. Sie gibt den Aufbau von Poppers sogenannter *Drei-Welten-Lehre* wieder. Danach ist alles Bestehende und alle Erfahrung in einer der folgenden drei Welten enthalten:[174]

WELT 1

Die Welt der physikalischen Gegenstände und Zustände.

WELT 2
Die Welt der Bewußtseinszustände und des subjektiven Wissens jeglicher Art.

WELT 3
Die Welt der vom Menschen geschaffenen Kultur einschließlich der Gesamtheit des Wissens in objektiver Form.

Mit dem hierarchischen Aufbau der Drei-Welten-Lehre wollte Karl Popper zum Ausdruck bringen, daß das Universum in seiner Evolution »schöpferisch« ist und daß mit der Entstehung und Evolution des Bewußtseins völlig neuartige Qualitätsstufen erreicht wurden, die, wie schon Nicolai Hartmann betonte, zu einem Schichtenbau der realen Welt führen.[175]

Die Poppersche Idee einer »kreativen« oder »emergenten« Evolution, in deren Verlauf »neue Dinge und Ereignisse mit unerwarteten und tatsächlich unvorhersehbaren Eigenschaften auftreten«[176], steht nun im Gegensatz zu einer rein materialistischen Anschauung der Welt, wonach die Struktur der Materie und die bestehenden Naturgesetze die gesamte kosmische Evolution und ihre Produkte bereits determinieren (sog. Laplacescher Determinismus).

Entsprechend der materialistischen Weltanschauung müssen die *Welt 3* und die *Welt 2* im Prinzip vollständig auf die *Welt 1* reduzierbar, das heißt allein aus der *Welt 1* erklärbar sein. Wir begegnen hier der Reduktionsproblematik in ihrer umfassendsten und zugleich radikalsten Form, die die gesamte Skala evolutionärer Entwicklungen im Universum berührt. Wenn im folgenden vom Reduktionsproblem die Rede ist, so ist der Rahmen allerdings sehr viel enger gesteckt. Im Vordergrund dieser Untersuchung steht nämlich ausschließlich die Entstehung und evolutive Entwicklung der genetischen Information, das heißt, wir klammern das Problem der Evolution

WELT 3 (die Erzeugnisse des menschlichen Geistes)	(6) Kunstwerke; wissenschaftliche Entdeckungen (5) menschliche Sprachen; Theorien (Mythen) über uns selbst und über den Tod
WELT 2 (die Welt der subjektiven Erlebnisse)	(4) Ich-Bewußtsein und Wissen um den Tod (3) Empfindungen (tierisches Bewußtsein)
WELT 1 (die Welt der physikalischen Gegenstände)	(2) lebende Organismen (1) die schweren Elemente; Flüssigkeiten und Kristalle (0) Wasserstoff und Helium

Tab. 2: *Die wichtigsten Stufen der kosmischen Evolution. (Nach Karl Popper.[173])*

des Bewußtseins von vornherein aus und beziehen uns nur auf den durch *Welt 1* definierten Phänomenbereich.

Sehr häufig werden Naturwissenschaftler, die die Möglichkeit einer *vollständigen* physikalischen Begründung aller Lebenserscheinungen programmatisch vertreten, als »Reduktionisten« bezeichnet (nicht selten sogar als solche beschimpft) und ihre wissenschaftsphilosophische Grundposition als »Reduktionismus«. Wenn man sich schon auf diese nicht allzu glücklich gewählte Terminologie einläßt, dann sollte man wenigstens streng unterscheiden zwischen einem ontologischen und einem methodologischen Reduktionismus (vgl. hierzu auch die Diskussion in V, 2). Der ontologische Reduktionismus macht eine Seins-Aussage in dem Sinne, daß der lebende Organismus nichts anderes als eine komplexe Anhäufung von Molekülen ist. Der methodologische Reduktionismus bezieht sich dagegen allein auf die Forschungsmethoden und behauptet, daß ein tiefergehendes, das heißt ein über die experimentell deskriptive Ebene hinausgehendes Verständnis der Lebenserscheinungen letztlich nur im Kontext von Physik und Chemie möglich ist. Um den folgenden Ausführungen von vornherein den Beigeschmack einer ontologischen oder gar weltanschaulichen Deutung zu nehmen, werden wir es nach Möglichkeit vermeiden, den Begriff »methodologischer Reduktionismus« zu verwenden und stattdessen lieber vom »reduktionistischen Forschungsprogramm« sprechen.

Die Tabelle 3 zeigt die Struktur der *Welt 1.* Die physikalischen Gegenstände und Zustände sind hier ihrem Komplexitätsgrad nach geordnet. Das reduktionistische Forschungsprogramm in seiner engeren Fassung besteht in dem Anspruch einer durchgehenden Erklärung der *Welt 1,* und zwar in der Weise, daß die Dinge und Vorgänge auf jeder der angegebenen Stufen dadurch erklärt werden, daß sie auf die Dinge und Vorgänge der nächstniedrigen Stufen zurückgeführt werden. Da die Stufen (6) bis (12) zum intendierten Anwendungsbereich der Biologie, die Stufen (4) und (5) zu dem der Chemie und die Stufen (0) bis (3) zu dem der Physik gehören, umfaßt das Reduktionsprogramm innerhalb der *Welt 1* zugleich das Problem der intertheoretischen Reduktion, das heißt der Reduktion der Theorien der Biologie auf die Theorien der Chemie und Physik. Zu diesem Problemkreis gehören wiederum so umfangreiche Fragenkomplexe wie die der logischen Struktur von Theorien, der Bedeutung theoretischer Begriffe und so weiter. Es würde den Rahmen der vorliegenden Untersuchung sprengen, wollten wir auf die vielfältigen wissenschaftstheoretischen Aspekte der intertheoretischen Reduktion näher eingehen.[178] Vielmehr soll unter dem Begriff »Reduktion« im folgenden lediglich die Möglichkeit einer physikalisch-chemischen Erklärung der Lebenserscheinungen verstanden werden, wobei der in diesem Zusammenhang so wichtige Begriff der Erklärung in Kapitel V, 3 präzisiert wird.

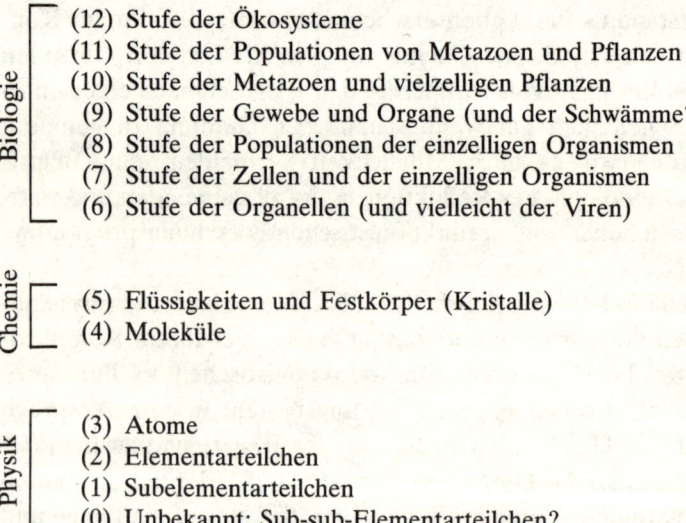

Biologie
- (12) Stufe der Ökosysteme
- (11) Stufe der Populationen von Metazoen und Pflanzen
- (10) Stufe der Metazoen und vielzelligen Pflanzen
- (9) Stufe der Gewebe und Organe (und der Schwämme?)
- (8) Stufe der Populationen der einzelligen Organismen
- (7) Stufe der Zellen und der einzelligen Organismen
- (6) Stufe der Organellen (und vielleicht der Viren)

Chemie
- (5) Flüssigkeiten und Festkörper (Kristalle)
- (4) Moleküle

Physik
- (3) Atome
- (2) Elementarteilchen
- (1) Subelementarteilchen
- (0) Unbekannt: Sub-sub-Elementarteilchen?

Tab. 3: *Biologische Systeme und ihre Teile. (Nach Karl Popper.[177])*

Für das Problem der biologischen Informationsentstehung ist vor allem die Reduktion der Ebenen (7) und (6) in Tabelle 3 auf die darunter liegenden Ebenen geringerer Komplexität von Interesse; denn in diesen Phänomenbereichen vollzieht sich der eigentliche Übergang vom Unbelebten zum Belebten.

Die Tragweite des reduktionistischen Forschungsprogramms ist mit den verschiedensten Argumenten in Zweifel gezogen worden. Eine extreme Gegenposition bezieht beispielsweise der Vitalismus, wie wir ihn als Variante des teleologischen Erklärungsansatzes in Kapitel III, 2 beschrieben haben. Mit dem Vordringen physikalisch-chemischer Methoden in den Bereich der Biologie wurde jedoch die vom Vitalismus postulierte Irreduzibilität der Lebenserscheinungen ein ums andere Mal in Frage gestellt. Heute ist die vitalistische Konzeption mit ihrem Ganzheitsbegriff sowie der daraus abgeleiteten Vorstellung einer systemerhaltenden Lebenskraft nicht mehr haltbar. Dennoch hat es Versuche gegeben, die methodologische Basis des Vitalismus, nämlich die holistische Betrachtungsweise, zu retten und der analytischen Methode des reduktionistischen Forschungsprogramms als ergänzendes Beschreibungsmittel zur Seite zu stellen. So glaubt zum Beispiel Paul Weiss, daß die holistische und die reduktionistische Betrachtungsweise in einer grundsätzlichen Komplementaritätsbeziehung zueinander stehen, da jede von ihnen Information liefere, die in der anderen nicht enthalten sei. »Der Reduktionist bewegt sich vom Gipfel abwärts und gewinnt dabei immer mehr Information über Fragmente, verliert aber zugleich Information über die größeren Ordnungen, die er hinter sich läßt; der Holist bewegt sich in der Gegenrichtung von unten nach oben und versucht, den verlorenen Informationsgehalt durch Rekonstruktion wiederzugewinnen – erkennt aber schon zu Beginn seines Aufstieges, daß keine Information zum Vorschein kommt, wenn er sie nicht von Anfang an schon besitzt. Die Wahl zwischen diesen beiden Vorgangsweisen ... erinnert einen an zwei Beobachter, die ein und denselben Gegenstand durch entgegengesetzte Enden eines Fernrohrs betrachten.«[179] Diesen Versuch eines Brückenschlags zwischen der reduktionistischen und der holistischen Betrachtungsweise bezeichnet man als »organismische Biologie«.

Die organismische Biologie geht von der ontologischen Prämisse aus, daß Lebewesen Systeme sui generis sind: Diese würden sich zwar aus physikalisch-chemischen Subsystemen zusammensetzen, erhielten jedoch durch die Integration auf allen Systemebenen (Tab. 3, Stufen [6]–[12]) Eigenschaften, die aus den einzelnen Systemkomponenten nicht ableitbar seien: Das Ganze ist mehr als die Summe seiner Teile.[180]

Weiss erläutert die Position der organismischen Biologie anhand folgender Analogie: »Ein lebendes System kann ebensowenig durch die vollständige Angabe seiner materiellen Bestandteile, der Moleküle und so weiter, charakterisiert werden, wie man etwa das Leben einer Stadt durch die Liste der Namen und Nummern im Telephonbuch beschreiben kann. Einzig und allein durch ihre geordnete Wechselwirkung werden die Moleküle zu Teilnehmern am Prozeß des Lebens – oder anders ausgedrückt, durch ihr Verhalten.«[181] Nach der organismischen Auffassung ist das kohärente Materieverhalten lebender Systeme nicht durch das Zusammenwirken einzelner Reaktionsketten zu erklären, sondern nur durch die Tatsache, daß »die integrale Aktivität des ›Ganzen‹ in seiner strukturhaften Systemdynamik«[182] die Einzelprozesse mit ihrer Vielzahl von Freiheitsgraden ordnenden Einschränkungen unterwirft: Das Ganze bestimmt das Verhalten seiner Teile.

Es war ebenfalls Weiss,[183] der versucht hat, den Systembegriff mit Hilfe einer operationalen Definition zu präzisieren: Man betrachte irgendeinen materiellen Teilkomplex (s_1) eines Gesamtkomplexes (S), von dem vermutet wird, daß er eine Systemeigenschaft besitzt. Da die Welt nicht frei von Störungen ist, wird es Schwankungen in den physikalischen und chemischen Parametern von s_1 geben. Die kumulative Bilanz der Schwankungen um den Mittelwert über ein gegebenes Zeitintervall sei v_1. Entsprechend sei für alle weiteren Subsysteme $s_2, \ldots, s_n$, die kumulative Bilanz der Schwankungen $v_2, \ldots, v_n$. Die Varianz in allen identifizierbaren Eigenschaften des Gesamtkomplexes S sei V. Weiss bezeichnet nun den Komplex S als ein System, wenn die Schwankungen in den Eigenschaften des Gesamtkomplexes um einen signifikanten Betrag kleiner sind als die Summe der Teilvarianzen:

$$(16) \qquad V \ll \sum_{i=1}^{n} v_i$$

Das wesentliche Merkmal eines Systems wird hier durch ein Stabilitätskriterium beschrieben, das die grundsätzliche Invarianz eines Systems gegenüber den Schwankungen in seinen Subsystemen zum Ausdruck bringt. Die »integrale Aktivität des Ganzen« wirkt demnach so, daß sie eine Resultierende in Richtung auf die Erhaltung der Struktur des Gesamtkomplexes erzeugt. Neben den Begriff der Mikrodeterminiertheit, wie ihn beispielsweise die Molekularbiologie kennt, tritt innerhalb der organismischen Biologie der Begriff der Makrodeterminiertheit (Abb. 20). Popper bezeichnet das Phänomen der Makrodeterminiertheit in Anlehnung an den von Donald Campbell geprägten Begriff »downward causation« auch als Prinzip der »Verursachung nach unten«.[185, 186] Nach der organismischen Auffassung kann eine auf die Beschreibung einfacher Materiesysteme ausgerichtete Naturwissenschaft, wie etwa die Physik, grundsätzlich nur isolierte Prozesse erklären, also nur solche Prozesse, die sich durch die Beziehung weniger Variabler mit Hilfe linearer Kausalketten darstellen lassen. In lebenden Systemen hingegen dominiere die Wechselwirkung zahlreicher Variabler, die alle zugleich Ursache und Wirkung sein können (Kausalnetzwerke). Die Erklärung lebender Systeme erfordere daher neben der re-

173

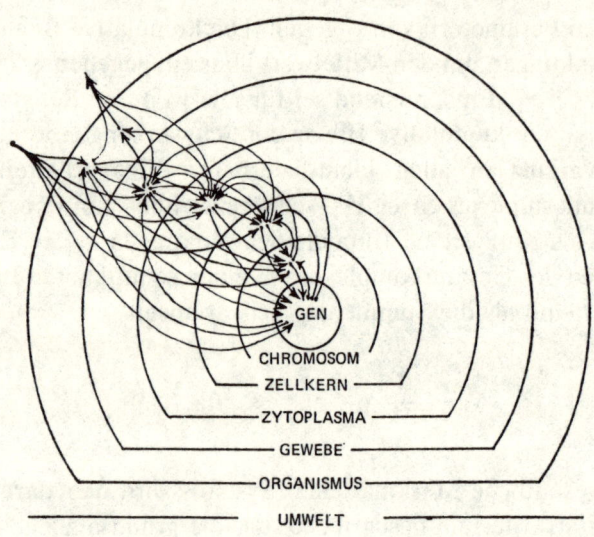

GEN
CHROMOSOM
ZELLKERN
ZYTOPLASMA
GEWEBE
ORGANISMUS
UMWELT

Abb.20: *Wechselwirkungsbeziehungen zwischen den hierarchisch geordneten Subsystemen eines Organismus. Die Pfeile deuten mögliche Wechselwirkungen an, die die Dynamik des Gesamtsystems bestimmen. Die Wechselwirkungen induzieren (a) vom Gen ausgehend das Phänomen der* Mikrodeterminiertheit, *(b) vom Gesamtsystem ausgehend das Phänomen der* Makrodeterminiertheit. *(Nach Paul Weiss.[184])*

duktionistischen, das heißt analytischen Betrachtungsweise eine systemtheoretische, das heißt holistische.

Die Zielsetzung der sogenannten *biologischen Systemtheorie,* wie sie aus der organismischen Betrachtungsweise abgeleitet wird, umfaßt demnach Aspekte der ganzheitlichen Ordnung, der hierarchisch strukturierten Systeme, der Funktionalität und so fort.

Die Frage, wie eine allgemeine Systemtheorie für die Biologie konkret aussehen soll, ist bis heute jedoch unbeantwortet geblieben. Die Begründer des systemtheoretischen Ansatzes für die Biologie hatten von der zu entwickelnden Theorie offenbar selbst nur sehr vage Vorstellungen, wie das folgende Zitat von Bertalanffy belegt: »Das physikalische Denken beschäftigt sich mit *Prozeßgesetzlichkeiten,* wie den Newtonschen oder den Gesetzen der Elektrodynamik, die gemeinhin in Form von Differentialgleichungen formuliert werden. Das Problem der Geordnetheit verlangt offenbar nach einer anderen Art von Gesetzen, von denen wir bis jetzt nur vage Vorstellungen haben. Für die Entwicklung derartiger Ordnungsgesetze oder *Gefügegesetzlichkeiten* ... bedarf es einerseits einer empirischen Untersuchung und Definition in jedem einzelnen Fall und auf jeder Ebene, andererseits aber eines allgemein gedanklichen Rahmens, der den der klassischen Wissenschaft überschreitet.«[187]

Die beiden wichtigsten Einwände der organismischen Biologie gegen die Tragweite des reduktionistischen Forschungsprogramms lassen sich durch folgende Thesen ausdrücken:

(1) Das Ganze ist mehr als die Summe seiner Teile. Hieraus resultiert das Phänomen der Emergenz.

(2) Das Ganze bestimmt das Verhalten seiner Teile. Hieraus resultiert das Phänomen der Makrodeterminiertheit.

Die beiden Thesen stellen gewissermaßen die Quintessenz der organismischen Betrachtungsweise dar. Inwieweit sie nun im Widerspruch zum Materialismus beziehungsweise Physikalismus-Chemismus stehen, ist eine selbst innerhalb der organismischen Biologie umstrittene Frage. Einige Autoren, etwa Bertalanffy oder Weiss, setzen Materialismus und Physikalismus-Chemismus gleich.[188, 189] Für sic ist die Kritik am reduktionistischen Forschungsprogramm im wesentlichen eine Kritik am Physikalismus-Chemismus. Andere Autoren wie zum Beispiel Popper sind in ihrer Kritik differenzierter.[190] Sie glauben, daß die moderne Physik, indem sie (etwa im Sinne der Whiteheadschen Metaphysik)[191] den Substanzbegriff durch den Prozeßbegriff ersetzt hat, den Materialismus selbst bereits überwunden habe. Für sie bedeutet dann die Kritik am reduktionistischen Forschungsprogramm nicht so sehr eine

Kritik am Physikalismus-Chemismus, sondern vielmehr allgemein am Determinismus.

Wir wollen die oben genannten Einwände gegen das reduktionistische Forschungsprogramm entsprechend unserer Definition des Begriffes »Reduktion« (siehe oben) unter dem Gesichtspunkt des Physikalismus-Chemismus diskutieren. Die Kritik der organismischen Biologie läuft in diesem Fall darauf hinaus, die Möglichkeit einer physikalisch-chemischen Erklärung sowohl des Phänomens der Emergenz als auch des Phänomens der Makrodeterminiertheit zu bestreiten.

Betrachten wir zunächst die *Emergenz*. Für ein emergentes Phänomen geradezu paradigmatisch ist nach Auffassung der organismischen Biologie der Prozeß der spontanen und autonomen Morphogenese: Bei der Morphogenese entstehe durch den Zusammenschluß einer Vielzahl von mikroskopischen Komponenten eine makroskopische Struktur mit völlig neuartigen funktionalen Eigenschaften, die a priori in der Struktur der Einzelteile nicht vorhanden seien.

Liefert die Morphogenese nun tatsächlich ein Paradigma für den Leitsatz der organismischen Biologie, wonach das Ganze irreduzibel und nicht aus der Physik und Chemie seiner Einzelteile heraus erklärbar ist? Wir werden für die Diskussion dieser Frage ein Beispiel auswählen, das auf der untersten Komplexitätsstufe morphogenetischer Prozesse angesiedelt ist, das aber bereits einen echten Prozeß molekularer Struktur- und Funktionsbildung widerspiegelt: die allosterische Enzymsteuerung.

Der Mechanismus der Allosterie beruht auf der physikalischen Tatsache, daß die globulären Proteine häufig Aggregate mit einer begrenzten Anzahl von Komponenten bilden.[192] Die einzelnen Untereinheiten eines solchen Proteinkomplexes werden hierbei durch non-kovalente Bindungen (z. B. Wasserstoffbrücken-Bindung) zusammengehalten. Innerhalb solcher Proteinkomplexe üben nun die einzelnen Untereinheiten in der Regel ihre biologische Funktion nicht mehr isoliert, sondern nur im Verbund, das heißt kooperativ aus. Bei den allosterischen Enzymen hat dies zur Folge, daß eine Untereinheit des Enzymkomplexes ihre volle katalytische Aktivität nur dann entfalten kann, wenn die übrigen am Komplex teilnehmenden Untereinheiten ebenfalls katalytisch aktiv sind. Kooperative Effekte sind also Erscheinungen, die per definitionem nur am Gesamtsystem, nicht aber an den Einzelkomponenten auftreten. Sie spielen über den engeren Bereich der Allosterie hinaus eine entscheidende Rolle im Aufbau biologischer Strukturen.[193] Der *kooperative* Reaktionsmechanismus der allosterischen Enzyme ermöglicht erst die außerordentlich diffizile Regulation, mit der die katalytische Aktivität des Gesamtsystems gesteuert wird (Abb. 21). Die Feinstruktur der allosterischen Enzymsteuerung läßt sich heute mit physikalisch-chemischen Methoden bis zu den Elementarschritten der Reaktion auflösen.[197] Alternative Modellvorstellungen zum Reaktionsmechanismus können so voneinander abgegrenzt und aufgrund geeigneter Ausschlußkriterien experimentell falsifiziert werden.

Biologisch aktive Funktionskomplexe, wie zum Beispiel die allosterischen Enzyme, können durch geringfügige Änderung der physikalischen Milieubedingungen (Änderung von Temperatur, pH-Wert und ähnlichem) vollständig in ihre monomeren Bestandteile zerlegt werden, wobei die Gesamtfunktion des Komplexes verlorengeht. Andererseits – und dies ist für unsere Überlegungen besonders wichtig – lassen sich die Untereinheiten (selbst in Gegenwart »fremder« Proteinbestandteile) wieder zu einem funktionsfähigen Gesamtkomplex reassoziieren. Wir haben hier ein experimentell abgesichertes Beispiel für den (grundsätzlich reversiblen) Prozeß einer molekularen Morphogenese, in dessen Verlauf am Gesamtkomplex schlagartig neue Eigenschaften auftreten, die in den Einzelkomponenten nicht vorhanden sind.

Hinsichtlich der Reduktionsproblematik interessiert nun insbesondere die Frage, ob und inwieweit für das Auftreten der Allosterie eine mechanistische Erklärung im Rahmen der Physik und Chemie gegeben werden kann. Bei der spontanen Assoziation allosterischer Enzymkomplexe findet zwischen den monomeren Bestandteilen, den sogenannten Protomeren, offenbar ein »Erkennungsprozeß« von äußerster Spezifität statt. Aufgrund der physikalisch-chemischen Analyse der Einzelschritte dieser Assoziation wissen wir, daß die Protomere untereinander non-kovalente stereospezifische Komplexe bilden, in denen alle Komponenten geometrisch äquivalent angeordnet sind. Die hieraus resultierenden Symmetrierelationen erzwingen schließlich im Gesamtkomplex ein kooperatives Verhalten der Untereinheiten.[198]

Das allosterische Symmetrieprinzip ist jedoch keine notwendige Voraussetzung für die Katalysesteuerung eines allosterischen Enzyms. Denn der in Abbildung 21 als Alternative zur »Alles-oder-Nichts«-Reaktion dargestellte Mechanismus einer *schrittweise* induzierten Konformationsänderung erfordert nicht unbedingt die Symmetrie des Enzymkomplexes. Andererseits ist aber experimentell nachgewiesen worden, daß die allosterischen Enzymkomplexe in der Regel einen

---

Abb. 21: *Reaktionsschema der allosterischen Enzymsteuerung. Das Enzym besteht aus vier identischen Untereinheiten, von denen jede zwei verschiedene räumliche Konformationen annehmen kann (schematisiert durch Quadrate und Kreise). Nur eine Konformation (Kreis) soll jedoch zur Umwandlung des Substrats befähigt, also katalytisch wirksam sein. Die Konformationsänderung ist reversibel und wird durch die Bindung des »Aktivators« A gesteuert. Zwei alternative Mechanismen sind hier dargestellt:*
(1) Kooperative Umwandlung des inaktiven Enzymkomplexes in einen aktiven Komplex nach einem »Alles-oder-Nichts«-Gesetz.[194] Die Anordnung der Untereinheiten wird in diesem Modell als symmetrisch vorausgesetzt (alle Untereinheiten liegen in der gleichen Form vor) und erlaubt nur eine gemeinsame Konformationsumwandlung

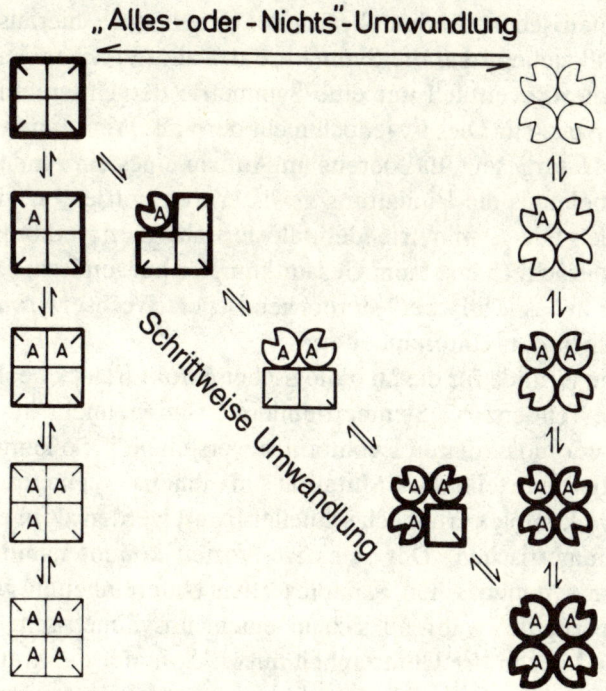

„Alles - oder - Nichts"-Umwandlung

Schrittweise Umwandlung

*der Untereinheiten unter Einhaltung der systeminhärenten Symme-
trierelationen. Der Aktivator A bindet mit niedriger Affinität an die
»quadratische« und mit hoher Affinität an die »kreisförmige« Konformation.*

*(2) Die Konformationsumwandlung der Untereinheiten erfolgt unab-
hängig voneinander, muß aber durch die Bindung von A in der betreffenden Untereinheit erst »induziert« werden.[195] Der Aktivator A kann
nur in einer Konformationsform gebunden werden. Die induzierte
Konformationsumwandlung beeinflußt das Verhalten der Nachbar-
einheiten und führt dadurch ebenfalls zu einem kooperativen Bin-
dungsverhalten. Für dieses Modell der allosterischen Steuerung ist die
Symmetrie des Enzymkomplexes keine notwendige Voraussetzung
mehr.*

*Die Populationshäufigkeit der verschiedenen Umwandlungsstufen ist
durch die Strichstärke angedeutet. Beide Modelle sind in ihren Steue-
rungseigenschaften äquivalent und repräsentieren zwei Grenzfälle
eines allgemeineren Reaktionsschemas. (Nach Manfred Eigen.[196])*

179

symmetrischen Aufbau besitzen. Man könnte hieraus den Schluß ziehen, daß die Symmetrie der allosterischen Enzymkomplexe eventuell nur eine Symmetrie der Untereinheiten widerspiegelt. Dies ist jedoch nicht der Fall. Wir kennen auch kein Naturgesetz, das bereits im Aufbau eines einzelnen Proteinmoleküls die Einhaltung gewisser Symmetrien erzwingen würde. Die Symmetrie der allosterischen Enzymkomplexe tritt tatsächlich erst beim Gesamtkomplex auf, und zwar allein aufgrund spezifischer stereochemischer Wechselwirkungen zwischen den Untereinheiten.

Die Gründe für die an biologischen Strukturen zu beobachtende Tendenz zur Symmetriebildung sind vielmehr im Rahmen der molekularen Evolution zu verstehen.[199] So kann eine selektiv vorteilhafte Mutation in einem symmetrischen Enzymkomplex erheblich schneller fixiert werden als in einem unsymmetrischen. Der selektive Vorteil kommt nämlich in einem symmetrischen Komplex allen Untereinheiten gleichzeitig zugute, während sich in einem unsymmetrischen der Vorteil nur in *der* Untereinheit auswirkt, in der die Mutation auftritt. Wir finden heute deshalb so viele symmetrische Strukturen in der Biologie vor, »weil sie ihren Vorteil effizienter zur Geltung bringen konnten und somit – a posteriori – die Selektionskonkurrenz gewannen – nicht aber, weil – a priori – Symmetrie eine unabdingbare Voraussetzung für die Erfüllung des funktionellen Zwecks gewesen wäre«.[200] Das evolutionäre Prinzip der Symmetriebildung läßt sich physikalisch begründen und bildet eine wichtige experimentell überprüfbare Voraussage der Molekulartheorie der Evolution.

Grundlage der molekularen Morphogenese ist also die Stereospezifität der Proteinmoleküle.[201] Diese wiederum ergibt sich als direkte Konsequenz der spezifischen Faltung einer Aminosäurekette aufgrund definierter intramolekularer Kraftwirkungen (z. B. Wasserstoffbrücken-Bindung).

Inwieweit ist nun die spezifische Raumstruktur, das heißt die dreidimensionale Faltung eines Proteinmoleküls, durch die Sequenz der Aminosäurereste determiniert und physikalisch erklärbar? Mit einer informationstheoretischen Analyse läßt sich das Problem quantitativ erfassen (vgl. auch II, 1). Zu diesem Zweck betrachten wir eine Proteinstruktur, die sich aus hundert Aminosäureresten aufbaut. Nach Gleichung (2) beträgt die Strukturinformation (I_A) der *linearen* Aminosäuresequenz

(17) $I_A = \text{ld} (20^{100}) \approx 432$ bits.

Für die genetische Codierung einer solchen Proteinstruktur sind 300 Nukleotide notwendig. Die Strukturinformation für den entsprechenden Genabschnitt I_N beträgt also

(18) $I_N = \text{ld} (4^{300}) \approx 600$ bits.

Der bei der Translation auftretende Informationsverlust $\Delta I = I_N - I_A$ ist eine unmittelbare Folge der Redundanz des genetischen Codes.

Von größerer Bedeutung für unsere Fragestellung ist jedoch die Tatsache, daß der Informationsgehalt der *dreidimensionalen* Proteinstruktur sehr viel größer ist als der Informationsgehalt der linearen Aminosäuresequenz I_A; denn im dreidimensionalen Fall bezieht sich die Strukturinformation nicht nur auf die Sequenz der Bausteine, sondern auch auf die Raumkoordinate jedes einzelnen Bausteins. Hieraus resultiert ein Problem, auf das Jacques Monod bereits hingewiesen hat: »Man kann daher einen Widerspruch darin erblicken, daß einerseits das Genom die Funktion eines Proteins ›vollständig bestimmt‹, während diese Funktion andererseits an eine dreidimensionale Struktur gebunden ist, deren Informationsgehalt größer ist als der Betrag, den die genetische Determination direkt zur Bestimmung dieser Struktur beiträgt. Es war unvermeidlich, daß einige Kritiker der modernen biologischen Theorie diesen Widerspruch herauskehrten – vor allem Elsasser, der gerade in der epigenetischen Entwicklung der (makroskopischen) Strukturen der Lebewesen ein Phänomen erblickt, das physikalisch nicht erklärbar ist, weil es eine ›Bereicherung ohne Ursache‹ zu bezeugen scheint.«[202]

Monod hat den vermeintlichen Widerspruch selbst aufge-
löst: Die scheinbar irreduzible, das heißt überschüssige Information der dreidimensionalen Proteinstruktur ist in den spezifischen Milieubedingungen enthalten, die zusammen mit der
genetischen Information die Struktur und damit die Funktion
eines Proteinmoleküls erst eindeutig bestimmen.[203] Tatsächlich besitzt ein globuläres Proteinmolekül nur unter definierten Milieubedingungen (z. B. wäßrige Phase, eng begrenzter
Temperaturbereich, spezifische Ionenzusammensetzung) seine
charakteristische physiologische Funktion.[204] »So tragen die
Anfangsbedingungen zu der Information bei, die schließlich in
der globulären Struktur enthalten ist, ohne sie deshalb zu spezifizieren; sie eliminieren nur die anderen möglichen Strukturen
und schlagen auf diese Weise vor oder erzwingen es vielmehr,
einer a priori zum Teil mehrdeutigen Botschaft eine eindeutige
Interpretation zu geben.«[205]

Der Begriff »Anfangsbedingung« ist in diesem Zusammenhang jedoch unglücklich gewählt. Man sollte hier genauer von
»Milieubedingung« sprechen (zur Unterscheidung zwischen
Rand- und Milieubedingung vgl. auch V, 3). Da die Struktur
eines Proteinmoleküls selbst einen Beitrag zu dessen eigenen
physikalisch-chemischen Umweltbedingungen liefert, werden
nämlich im Verlauf der schrittweisen Faltung einer Proteinkette auch die »Anfangsbedingungen« sukzessive modifiziert.[206] Hieraus resultieren gewisse Schwierigkeiten hinsichtlich der Berechenbarkeit von Proteinstrukturen, die sich nur
mit iterativen Rechenmethoden bewältigen lassen. Dennoch
ist der Strukturbildungsprozeß eines globulären Proteins in
seinem Mechanismus und in seinem Ergebnis vollständig
durch die genetische Information sowie die physikalisch-chemischen Milieubedingungen determiniert, unter denen die
genetische Information zum Ausdruck kommt. Wenngleich
sich hier in der Einheit von genetischer Information und deren
physikalisch-chemischem Milieu eine Art Ganzheitsphänomen andeutet, so resultiert daraus jedoch keineswegs ein

Widerspruch zu einer reduktionistischen Erklärung. Das Ganzheitsphänomen tritt in vergleichbarer Form auch in der Physik auf, speziell in der Quantenphysik, wie das folgende Zitat von Wolfgang Pauli zeigt: Die »Sachlage der ›Komplementarität‹ macht es notwendig, als logische Verallgemeinerung der deterministischen Form der Naturgesetze der ›klassischen‹ Physik, *primäre Wahrscheinlichkeiten* in die Physik einzuführen. Diese sind durch Felder in mehrdimensionalen Räumen bestimmt, welche die *Statistik* von unter gleichartigen Anfangsbedingungen ausgeführten Meßreihen beschreiben und für den *Einzelfall* einer Messung nur *Möglichkeiten* ausdrücken. Zum Unterschied von den Feldern der klassischen Physik kann man diese ›Wahrscheinlichkeitsfelder‹, die auch als ›Erwartungskataloge‹ bezeichnet worden sind, nicht zugleich an verschiedenen Orten ausmessen. Macht man an *einem* Ort eine Messung, so bedeutet das den Übergang zu einem *neuen* Phänomen mit veränderten Anfangsbedingungen, zu denen eine neue Gesamtheit zu erwartender Möglichkeiten, demnach ein *überall* neu anzusetzendes Feld gehört. Die Phänomene haben somit in der Atomphysik eine neue Eigenschaft der *Ganzheit,* indem sie sich nicht in Teilphänomene zerlegen lassen, ohne das ganze Phänomen dabei jedes Mal wesentlich zu ändern«.[207]

Man muß jedoch gar nicht bis in den Bereich der Quantenphysik vordringen, um zu zeigen, daß Ganzheitsphänomene zum Erfahrungsbereich von Physik und Chemie gehören und demnach auch nicht das reduktionistische Forschungsprogramm in Frage stellen.

Dies zeigt eine einfache Fallstudie aus der Elektrizitätslehre. Gegeben seien zwei Widerstände R_1 und R_2. Je nachdem, ob diese in Serie oder parallel geschaltet werden, ergibt sich in einem Stromkreis ein unterschiedlicher Gesamtwiderstand R. Bei der Serienschaltung erhalten wir den Gesamtwiderstand durch einfache Addition

(19) $R = R_1 + R_2,$

während bei der Parallelschaltung sich der Gesamtwiderstand aus der Summe der reziproken Widerstände

$$(20) \quad \frac{1}{R} = \frac{1}{R_1} + \frac{1}{R_2}$$

ergibt.

Dieses Beispiel macht noch einmal klar, daß auch bei unbelebten Systemen die Eigenschaften des Gesamtsystems nicht allein aus der vollständigen Kenntnis der Einzelteile vorhergesagt werden können. Als zusätzliche Information benötigt man in dem hier diskutierten Fall eben noch den Schaltplan. In gleicher Weise läßt sich aus der bloßen Aminosäureanalyse eines Proteins auch nicht dessen Funktion ableiten. Man benötigt hierzu wenigstens noch die genaue Anordnung der Aminosäuren, das heißt Information über den Bauplan sowie die physikalischen Milieubedingungen, unter denen es sich dreidimensional faltet.

Das Phänomen der Emergenz tritt in dem folgenden physikalischen Beispiel noch deutlicher in Erscheinung: Um einen elektrischen Schwingkreis zu erzeugen, benötigt man neben einer Wechselspannungsquelle eine Spule und einen Kondensator. Aus der Funktion des Gesamtsystems ergibt sich ein völlig neuartiges Phänomen, nämlich das der elektromagnetischen Wellen, welches aus der Kenntnis der Einzelteile des Schwingkreises allein nicht vorhersagbar ist.

Den Schwingkreis führt übrigens Konrad Lorenz als Beispiel an, um den Begriff der sogenannten *Fulguration*, das heißt des blitzartigen Auftretens neuer Eigenschaften eines lebenden Systems, zu erläutern und die Bedeutung der organismischen Betrachtungsweise hervorzuheben.[208] Es wirft ein bezeichnendes Licht auf die Argumentationsstärke der organismischen Biologie, daß sie zu physikalischen Beispielen greifen muß, um die vermeintlichen Unzulänglichkeiten der Physik für die Erklärung der Lebensphänomene aufzuzeigen. Aber in der Physik, und dies belegen die obigen Beispiele, kennt man den Systembegriff seit langem. Entsprechend ließe sich die Liste physikalischer Begriffe, die typische System-eigenschaften zum Ausdruck bringen, beliebig fortsetzen.[209] Hierzu gehören zum Beispiel der Temperatur- und der Entro-piebegriff. Beide Begriffe sind nur für ein System von Teil-chen sinnvoll, nicht aber für ein einzelnes Teilchen. Tatsäch-lich kann die moderne Physik eine Vielzahl von Phänomenen in mathematisch voll formalisierter Form diskutieren, bei denen spontan höhere Organisationsstufen aus niedrigeren entstehen.[210] Eindrucksvolle Beispiele sind die Phasenum-wandlungen zweiter Art, wo in dem betreffenden System qua-litativ völlig neue Eigenschaften auftauchen.

Das Phänomen der Emergenz – und dies ist die wichtige Schlußfolgerung, die wir aus den obigen Betrachtungen zie-hen können – ist ein Phänomen unserer realen Welt, dem man auf allen Ebenen naturwissenschaftlicher Beschreibung begegnet, und nicht etwa eine charakteristische Eigenschaft lebender Systeme, die einer physikalischen Begründung der Biologie prinzipiell im Wege steht (siehe auch die Präzisierung des Emergenzbegriffs in Kapitel V, 2).

Auch Michael Polanyi[211] hat diesen Sachverhalt klar er-kannt. Die Kritik, die Polanyi am reduktionistischen For-schungsprogramm übte, entzündete sich dagegen am Problem der informationsäquivalenten Randbedingung biologischer Systeme, die er für grundsätzlich irreduzibel hielt (siehe III, 2). Wie wir in Kapitel V, 3 noch zeigen werden, ist der Einwand von Polanyi wohl der fundierteste und stellt daher für das reduktionistische Forschungsprogramm die stärkste Herausforderung dar.

Betrachten wir nun den zweiten Haupteinwand der orga-nismischen Biologie gegen das reduktionistische Forschungs-programm, das Phänomen der *Makrodeterminiertheit*. Wir werden sehen, daß auch die Makrodeterminiertheit zum Phä-nomenbereich der Physik gehört und keineswegs die Möglich-keiten einer physikalischen Erklärung biologischer Systeme einschränkt.

Ein klassisches Beispiel für das Auftreten der Makrodeterminiertheit im anorganischen Bereich ist das chemische Gleichgewicht. Ein einzelnes Molekül weiß ja nicht, daß es sich im chemischen Gleichgewicht befindet und ein bestimmtes reaktionskinetisches Verhalten zeigen muß, damit das Gleichgewicht stabil bleibt. Tatsächlich ist es das Gesamtsystem, das über das Prinzip einer »globalen« Schwankungskontrolle das mittlere reaktionskinetische Verhalten seiner molekularen Komponenten bestimmt. Je größer nämlich die Schwankungen sind, das heißt die Abweichungen aus der Gleichgewichtslage, um so größer ist die Rückstellkraft, das heißt die Reaktionsrate, mit der das System wieder equilibriert.

Die Einstellung des chemischen Gleichgewichts wird durch das Massenwirkungsgesetz bestimmt. Dessen Grundprinzip läßt sich anhand einer einfachen Modellbetrachtung erläutern: Wir betrachten hierzu eine spieltheoretische Variante des sogenannten Ehrenfestschen Urnenmodells, wie sie von Manfred Eigen und Ruthild Winkler-Oswatitsch entwickelt wurde.[212] Man geht bei diesem Spielmodell von einem Spielbrett mit $8 \times 8 = 64$ Feldern aus (Abb. 22). Durch eine Koordinateneinteilung ist jede Position auf der Spielfläche eindeutig festgelegt. Mit Hilfe eines Paars von Oktaedern kann jedes der 64 Felder erwürfelt werden. Die einzelnen Felder sind mit Kugeln verschiedener Farbe besetzt. Was mit einer erwürfelten Kugel geschieht, bestimmen die Spielregeln.

Das Spielbrett wird zu Beginn vollständig mit grünen und roten Kugeln besetzt, wobei jedoch das Besetzungsverhältnis sowie die räumliche Verteilung der Kugeln auf dem Spielbrett willkürlich ist. Als Spielregel setzen wir fest:

REGELN FÜR EIN GLEICHGEWICHTSSPIEL
Jede Kugel, deren Koordinaten erwürfelt werden, muß vom Spielbrett entfernt und durch eine Kugel der anderen Farbe ersetzt werden.
Wenn nun zum Beispiel n_1 rote Kugeln und n_2 grüne Kugeln

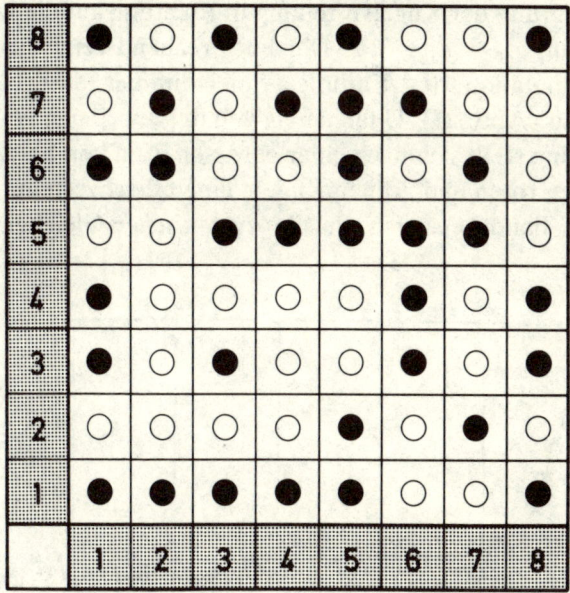

Abb. 22: *Spielanordnung für die Simulation stochastischer Prozesse. Die Spielfläche ist in 64 durch Koordinaten definierte Kugelfelder unterteilt. Die Koordinaten tragen in vertikaler Richtung und in horizontaler Richtung die Zahlen 1 bis 8. Der Zufallsentscheid wird mit Hilfe von zwei Oktaederwürfeln herbeigeführt, deren Flächenbezeichnung der Koordinatenbezifferung entsprechen. Jeder Wurf legt damit ein bestimmtes Koordinatenpaar beziehungsweise eine bestimmte Kugelposition fest, wobei allen Positionen die gleiche A-priori-Wahrscheinlichkeit zukommt. (In Anlehnung an Manfred Eigen.[213])*

auf dem Spielbrett vorhanden sind, so ist die Wahrscheinlichkeit w_1, beim nächsten Spielzug eine rote Kugel durch eine grüne Kugel zu ersetzen und somit n_1 in n_1-1 und n_2 in n_2+1 zu überführen, durch

(21) $w_1 = n_1/n$ $(n = n_1 + n_2)$

gegeben (analog ist $w_2 = n_2/n$). Ist $n_1 > n/2$, so ist $w_1 > 1/2$, das heißt, die Wahrscheinlichkeiten begünstigen stets eine

Veränderung der Kugelverteilung in Richtung auf die Gleichverteilung $n_1 = n_2 = n/2$. Dementsprechend zeigt die Computersimulation des Ehrenfest-Spiels immer das folgende
Ergebnis (Abb. 23): Unabhängig von der jeweiligen Anfangsverteilung stellt sich nach einer gewissen Zahl von Spielzügen
zwischen roten und grünen Kugeln eine Gleichverteilung ein.
Hierbei handelt es sich um ein *dynamisches* Gleichgewicht,

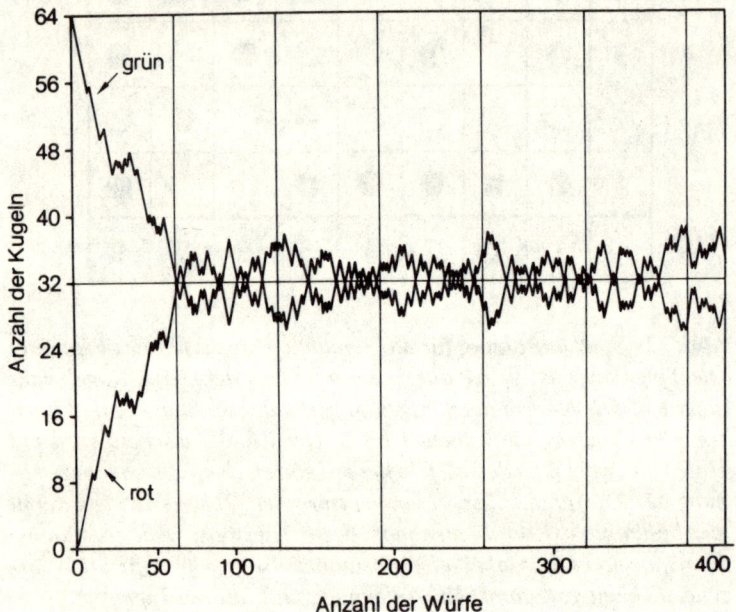

Abb. 23: *Computersimulation des Ehrenfest-Spiels. Ausgehend von
einem der beiden extremen Besetzungszustände (z. B. nur grüne
Kugeln) stellt sich eine Gleichverteilung zwischen roten und grünen
Kugeln praktisch innerhalb einer Generation von Würfen (64 Spiel-
züge) ein. Die Schwankungen um den Gleichverteilungswert (n/2)
sind selbstregulierend mit einer Halbwertsbreite ~ √n. Das Ehrenfest-
Spiel bringt deutlich das im Massenwirkungsgesetz angelegte Phänomen der Makrodeterminiertheit zum Ausdruck. (Nach Manfred
Eigen.[214])*

188

das heißt, im Mittel werden in Gleichgewichtsnähe ebenso viele grüne und rote Kugeln das Spielbrett verlassen, wie neue hinzukommen.

Natürlich ist das Ergebnis des Ehrenfest-Spiels bereits durch die spezifischen Spielregeln vorprogrammiert: Sobald eine Abweichung von der Gleichverteilung auftritt, wächst proportional dazu die Wahrscheinlichkeit für ihre Reduktion (Phänomen der Massenwirkung). In der Tat simuliert das Ehrenfest-Spiel das durch das Massenwirkungsgesetz bestimmte Gleichgewichtsverhalten einer einfachen chemischen Reaktion der Form

$$A \underset{k_2}{\overset{k_1}{\rightleftarrows}} B,$$

bei der eine Substanz A in eine Substanz B umgewandelt wird. Sofern die Substanzen A und B dasselbe chemische Potential besitzen, stellt sich im Gleichgewicht eine Gleichverteilung der Substanzen A und B ein, so wie es das Ehrenfest-Spiel simuliert.

Die durch das Massenwirkungsgesetz zum Ausdruck kommende Makrodeterminiertheit von Gleichgewichtssystemen wird besonders deutlich, wenn wir die Entropie des Systems betrachten. Zur Definition der Entropie im Ehrenfest-Spiel machen wir wieder von der Unterscheidung zwischen Makro- und Mikrozustand Gebrauch (vgl. II, 1 und II, 2). Als Makrozustand bezeichnen wir einen Zustand des Kugelsystems, bei dem nur das Verhältnis von roten und grünen Kugeln feststeht. Wir kennen also nur die Besetzungszahlen n_1 und n_2. Als Mikrozustand bezeichnen wir hingegen einen Zustand des Kugelsystems, bei dem außerdem feststeht, welches Feld auf dem Spielbrett mit welcher Kugelfarbe besetzt ist. Der Mikrozustand wird also durch die Positionsangabe, das heißt durch die Koordinatenangabe aller $n = n_1 + n_2$ Kugeln beschrieben. Da jedes der n Felder zwei Besetzungszustände besitzt, gibt es insgesamt 2^n verschiedene Mikrozustände.

Die Unterscheidung von Mikro- und Makrozustand ist mithin die Unterscheidung zweier Kenntnisgrade. Die in jedem Makrozustand enthaltene Zahl W von Mikrozuständen wird durch

$$(22) \quad W = \frac{n!}{n_1! \, n_2!}$$

gegeben. Im Sinne Boltzmanns definieren wir nun die Entropie H eines Makrozustandes durch

$$(23) \quad H = \log(W),$$

wobei die Größe W der aus der Physik bekannten *thermodynamischen Wahrscheinlichkeit* entspricht. H und W sind Funktionen, die für $n_1 = n_2 = n/2$ ein Maximum besitzen und von da ab bis $n_1 = 0$ beziehungsweise $n_1 = n$ monoton abnehmen (vgl. Abb. 11). H und W nehmen mit überwiegender Wahrscheinlichkeit zu, solange sie ihre Maximalwerte nicht erreicht haben. Dies folgt aus $w_1 > 1/2$ für $n_1 > n/2$ und $w_1 < 1/2$ für $n_1 < n/2$ (siehe oben).

Das Ehrenfest-Spiel zeigt, daß in Gleichgewichtssystemen der Makrozustand seine eigene Veränderung *statistisch* determiniert. Im Grenzfall großer Teilchenzahlen gilt das Gesetz deterministisch. Betrachtet man das chemische Gleichgewicht für realistische Teilchenzahlen (z. B. die Loschmidt-Zahl: ca. 10^{24}), so liegen die relativen Schwankungen um den Gleichgewichtswert bereits unterhalb von 10^{-12} und sind damit makroskopisch nicht mehr wahrnehmbar.

Das Phänomen der Makrodeterminiertheit tritt also nicht nur bei belebten, sondern auch bei unbelebten Systemen auf. Es liefert mithin auch keinen prinzipiellen Einwand gegen das reduktionistische Forschungsprogramm.

Wir können für das Problem der biologischen Informationsentstehung aus den vorangegangenen Überlegungen eine weitere wichtige Erkenntnis ziehen. Biologische Information kann offensichtlich *nicht* in abgeschlossenen Systemen, also Gleichgewichtssystemen, entstehen. Wie wir in Kapitel II, 2 gesehen haben, ist die Entstehung von semantischer Information notwendigerweise mit der irreversiblen Änderung der

Wahrscheinlichkeitsverteilung für das Auftreten biologisch relevanter Informationsträger verbunden; denn die immense Komplexität des Informationsraumes macht eine gleichgewichtsmäßige Besetzung aller Sequenzzustände beliebig unwahrscheinlich. Eine Gleichgewichtsstatistik, wie sie beispielsweise dem Ehrenfest-Spiel zugrunde liegt, erlaubt noch nicht einmal die populationsmäßige Besetzung aller Makrozustände. Ein selektiver Zustand, das heißt nur grüne oder rote Kugeln auf dem Spielfeld, wird selbst in einem so komplexitätsarmen System wie unserem Kugelspiel, das nur 65 Makrozustände besitzt, im Mittel erst nach ungefähr 10^{19} Spielzügen erreicht.

Aber selbst »wenn bei einer großen Zahl alternativer Zustände die Besetzungshäufigkeit des einzelnen Zustandes sehr klein ist, werden diese in regelloser Folge schließlich immer wieder durchlaufen, so daß für derartige *ergodische* Systeme im zeitlichen Mittel die deterministischen Gesetze der Physik Gültigkeit haben. Ein solches Verhalten ist für das, was wir Informationserzeugung nennen, ›kontraindiziert‹. Die Information ist hier durch eine unveränderliche Wahrscheinlichkeitsverteilung invariant festgelegt«.[215] Das Phänomen der Makrodeterminiertheit, dem im Rahmen der organismischen Biologie für die Existenz und Stabilität lebender Systeme so große Bedeutung beigemessen wird, erweist sich im Hinblick auf das Phänomen der biologischen Informationsentstehung eher als Hindernis.

Wir haben somit die beiden Hauptthesen der organismischen Biologie, sofern sie eine »ontologische« Abgrenzung biologischer Phänomene gegenüber den Erscheinungen der unbelebten Natur zum Ausdruck bringen sollen, durch zwei Gegenbeispiele entkräftet. Dennoch mag eine ganzheitliche Betrachtungsweise, wie sie zum Beispiel René Thom[216] mit seinen differentialtopologischen Modellen (sog. Katastrophentheorie) in die Biologie eingeführt hat, gelegentlich von einem heuristischen Nutzen sein. Unbestritten ist auch der pragmatische Wert einer ganzheitlichen Betrachtungsweise auf der deskriptiven Ebene der Biologie.[217]

In den Fällen, in denen das reduktionistische Forschungsprogramm hinsichtlich seiner Erklärungskapazität de facto Einschränkungen unterliegt, sind die Einschränkungen von derselben Art, wie sie bei der physikalischen Begründung der Chemie auftreten. Obwohl kaum ein Zweifel an der Arbeitshypothese besteht, daß die Chemie *im Prinzip* vollständig auf die Gesetze der Quantenphysik reduziert werden kann, das heißt, daß alle möglichen chemischen Verbindungen Lösungen der Schrödingergleichung sind, so ist die Reduktion in der überwiegenden Zahl der Fälle wegen der enormen Komplexität größerer Moleküle nicht durchführbar (und auch nicht immer wünschenswert). Man lernt eben die chemischen Verbindungen sehr viel leichter durch Erfahrung kennen, als durch noch so große Computerprogramme.[218] In *diesem* Sinne ist die Biologie wie die Chemie gegenüber der Physik eine semi-autonome Disziplin. Carl Friedrich von Weizsäcker hat diesen Aspekt des Reduktionsproblems durch folgenden Vergleich sehr treffend zum Ausdruck gebracht: »*Wenn* der Physikalismus korrekt ist, so ist auch eine Brüllaffenfamilie im Urwald ›im Prinzip‹ eine Lösung der Schrödingergleichung; niemand wird versuchen, sie rechnerisch aus der Gleichung abzuleiten.«[219]

Die Autonomie der Biologie zeigt sich insbesondere auf den höheren Ebenen biologischer Komplexität, eben dort, wo die Biologen auch ihr eigenes Begriffsrepertoir entwickelt haben. So wäre es außerordentlich unpraktisch, wenn man beispielsweise den Begriff des Chromosoms durch eine physikalisch-chemische Terminologie ersetzen würde, wenngleich kein Zweifel an der prinzipiellen Möglichkeit einer solchen Substitution besteht. Auf den höheren Komplexitätsstufen erschöpft sich die Erklärung der Lebenserscheinungen zumeist in einer phänomenologischen Beschreibung, das heißt, das zu analysierende System wird zunächst als Ganzheit betrachtet (sog. Black-box-Modell) und seine Dynamik durch phänomenologische Gleichungen beschrieben. Ein kausal-analytisches Verständnis setzt jedoch in jedem Fall die Zerlegung des Systems nach seinen konstitutiven Bestandteilen voraus. Sie kann, wenn alle Organisationsstufen eines lebenden Systems analytisch durchlaufen werden, letztlich nur in einem physikalisch-chemischen Erklärungsprozeß einmünden.

Es wird nun deutlich, daß der hier verwendete Begriff von »Verständnis« an der vom reduktionistischen Forschungsprogramm postulierten Einheit aller Naturerscheinungen ausgerichtet ist: Die Einheit des Unbelebten und des Belebten zeigt sich gerade in der Einheit der Grundbegriffe und der sie definierenden Gesetze.

Das Postulat von der Einheit der unbelebten und belebten Natur ist der naturphilosophische Kern des reduktionistischen Forschungsprogramms. Das Programm verfolgt das Ziel, mit jedem Experiment und jeder theoretischen Deutung das Einheitspostulat zu verifizieren. Zu diesem Forschungsprogramm gibt es offenbar keine Alternative. Wir müssen so lange an der universellen Gültigkeit des reduktionistischen Forschungsprogramms festhalten, bis seine Tragweite durch ein hinreichend verläßliches Gegenbeispiel verletzt wird.

In den bisher untersuchten biologischen Vorgängen und Erscheinungen gibt es jedoch keinerlei Hinweis dafür, daß die Physik in ihrer uns bekannten Form nicht in der Lage wäre, die biologischen Phänomene zu beschreiben, »wenngleich auch – wie in den makroskopischen Erscheinungen der unbelebten Welt – einer Beschreibung im Detail Grenzen gesetzt sind, die nicht im Grundsätzlichen, sondern allein in der Komplexität der Erscheinungen begründet sind. Ebensowenig wird damit ausgeschlossen, daß die uns geläufigen wesentlichen Prinzipien der Physik sich in den Lebenserscheinungen in einer besonderen, eben für diese charakteristischen Form äußern. Zu nennen sind hier vor allem das – für die Theorie der Informationserzeugung charakteristische und physikalisch ableitbare – Wertkonzept, das den Optimierungsprozeß der Evolution beherrscht, oder die diesem Vorgang eigene zeitliche Vorzugsrichtung, die in den Stabilitätskriterien der thermodynamischen Theorie irreversibler Prozesse ihren Ursprung hat und die Evolution zu einem grundsätzlich ›unabwendbaren‹ Ereignis macht.«[220] Mit dem Wertkonzept, das dem Optimierungsprozeß der Evolution zugrunde liegt, werden wir uns im folgenden Kapitel eingehender befassen.

2. Die Ursemantik biologischer Information

Wir gehen nunmehr von der soeben entwickelten Arbeitshypothese aus, daß die biologischen Phänomene grundsätzlich
auf die uns bekannten Gesetzmäßigkeiten von Physik und
Chemie zurückgeführt werden können. Wenn der physikalischen Beschreibung lebender Systeme Grenzen gesetzt sind,
so sind diese nicht prinzipieller Art, sondern allein in der
Komplexität der Lebenserscheinungen begründet.

Mit dieser Arbeitshypothese gehen wir über den wissenschaftsphilosophischen Ansatz Poppers hinaus.[221] Wir vertreten nämlich nicht nur die These, daß der Reduktionismus als
Forschungsprogramm »*ein Teil* des Programms jeder Naturwissenschaft ist, deren Ziel Erklärung und Verstehen ist«,[222]
sondern stellen die weitergehende Behauptung auf, daß das
Ziel einer umfassenden naturwissenschaftlichen Erklärung
biologischer Phänomene überhaupt *nur* auf der Grundlage
eines reduktionistischen Forschungsprogramms erreicht werden kann. Die wissenschaftsphilosophische Position, die hier
zum Ausdruck kommt, ist die des *methodologischen* Reduktionismus (vgl. auch V, 1). Der methodologische Reduktionismus propagiert also eine bestimmte Forschungsmethode,
eben jene, die der Physik und Chemie zugrunde liegt und die
in Kapitel V, 1 am Beispiel des biologischen Phänomens der
Allosterie expliziert wurde. Die Begriffe »Physik« und »Chemie« haben in diesem Zusammenhang allerdings einen erweiterten Sinn, insofern hier kybernetische sowie spiel- und
informationstheoretische Prinzipien mit einbezogen werden.

Grundsätzlich verschieden von der analytischen Vorgehensweise des methodologischen Reduktionismus ist die holistische Betrachtungsweise, wie sie etwa im Rahmen der organismischen Biologie propagiert wird. Das zu erklärende Phänomen wird in diesem Fall als Ganzheit behandelt und ist daher bestenfalls einer phänomenologischen Beschreibung, nicht aber einer wissenschaftlichen Erklärung zugänglich. Welchen Erklärungsbegriff die organismische Biologie anstrebt, ist überhaupt unklar. Festzustehen scheint nur, daß im Selbstverständnis der organismischen Biologie der physikalische Erklärungsbegriff für unvollständig gehalten wird. Für die weitere Diskussion ist die Frage nach dem organismischen Erklärungsbegriff jedoch von untergeordneter Bedeutung, weil sich zeigen läßt, daß im Rahmen der organismischen Biologie Widersprüche und Forschungshindernisse aufgebaut werden, die sich erst im Kontext einer reduktionistischen Betrachtungsweise wieder auflösen (siehe unten).

Die wissenschaftsphilosophische Position des methodologischen Reduktionismus darf keinesfalls verwechselt werden mit der des *ontologischen* Reduktionismus (siehe V,1). Viele philosophische Kontroversen innerhalb der Biologie hätten nämlich vermieden werden können, wenn man zwischen methodologischem und ontologischem Reduktionismus genauer unterschieden hätte. Der methodologische Reduktionismus ist nämlich in seinem Erklärungsanspruch keineswegs so radikal, wie es den Anschein hat; denn er läßt die Frage offen, ob das reduktionistische Forschungsprogramm irgendwann einmal zu einer vollständigen Naturerklärung etwa im Sinne von Paul Oppenheim und Hilary Putnam führen wird.[223] Im Gegensatz dazu ist der Erklärungsanspruch der organismischen Biologie viel weitreichender. Hier wird behauptet, daß sich durch Einführung holistischer Betrachtungsweisen das vermeintliche Erklärungsdefizit der analytischen Methode beheben ließe und damit eine über das reduktionistische Forschungsprogramm hinausgehende Naturerklärung möglich sei (vgl. V, 1).

Wir werden nun die Tragweite der reduktionistischen

Arbeitshypothese am Kernstück der Darwinschen Evolutionslehre, am Prinzip der natürlichen Selektion, überprüfen. Zuvor müssen wir allerdings eine Frage aufgreifen, deren Klärung uns erst den Zugang zu einer physikalischen Begründung des Selektionsprinzips öffnet und die zugleich in einem direkten Zusammenhang mit der Frage nach der Ursemantik biologischer Information steht: Was ist »Leben«?

Wir wollen das Phänomen »Leben« zunächst mit einer Plausibilitätsbetrachtung eingrenzen: Wie jedes materielle System unterliegen die Lebewesen den Gesetzen der Physik und Chemie, insbesondere den Prinzipien der Thermodynamik. Nach dem zweiten Hauptsatz der Thermodynamik strebt ein *isoliertes* Materiesystem immer den Gleichgewichtszustand maximaler Entropie an.[224] Um seinen komplexen Ordnungszustand aufrechtzuerhalten, muß ein lebendes System den Abfall in den Gleichgewichtszustand unbedingt vermeiden. Dies ist aber wegen des zweiten Hauptsatzes der Thermodynamik nur möglich, wenn die ständige Entropieproduktion durch die Zufuhr von Energie beziehungsweise energiereicher Materie kompensiert wird. Lebende Systeme sind daher im thermodynamischen Sinn *offene* Systeme, und der bei allen Lebewesen zu beobachtende *Metabolismus*, das heißt der Umsatz von freier Energie, ist eine notwendige Voraussetzung ihrer Existenzfähigkeit.[225]

Eine weitere allen Lebewesen gemeinsame Eigenschaft ist die *Selbstreproduktivität*. Diese Eigenschaft ist für die Existenz und den Fortbestand lebender Systeme ebenfalls notwendig; denn die Lebewesen haben einen derart komplexen strukturellen und funktionellen Aufbau, daß sie unmöglich in jeder Generation de novo, das heißt in Form einer spontanen Assoziation geeigneter Materiebausteine, entstehen können (vgl. auch III, 1 und III, 2).

Die dritte charakteristische Eigenschaft ist die *Mutabilität*. Sie ist eine Konsequenz ungenauer Selbstreproduktion und bildet die Basis für die natürliche Selektion (vgl. I, 1 und

197

III, 3). Die natürliche Selektion wiederum ist der »Motor« der biologischen Evolution, in deren Verlauf sich die Biosphäre in ihrer einzigartigen Komplexität und Diversität entfaltet hat.

Auf der Grundlage der vorausgegangenen Plausibilitätsbetrachtung können wir nun das Phänomen »Leben« eingrenzen. Danach zeichnet sich ein (evolutionsfähiges) lebendes System offenbar durch folgende dynamische Eigenschaften aus:

(1) Metabolismus,
(2) Selbstreproduktivität,
(3) Mutabilität.

Die vorstehenden Kriterien sind in der Tat geeignet, ein primitives Lebewesen zu charakterisieren. Sie wurden zum ersten Mal von Alexandr Oparin[226] herangezogen, um belebte und unbelebte Systeme voneinander abzugrenzen.

Als zusätzliches Merkmal lebender Systeme wird in der Literatur häufig das Phänomen der natürlichen Selektion angegeben. Wir werden diesem Beispiel jedoch nicht folgen, da die natürliche Selektion für die Definition eines lebenden Systems kein weiteres *unabhängiges* Kriterium liefert. Vielmehr wird sich zeigen, daß sich in einem Materiesystem, welches Metabolismus, Selbstreproduktivität und Mutabilität als inhärente Materieeigenschaften einschließt, eine Selektion im Sinne Darwins automatisch einstellt (siehe unten).

Es drängt sich nun die Frage auf, ob die obigen drei charakteristischen Merkmale eines lebenden Organismus nur notwendige, das heißt unabdingbare, oder bereits hinreichende, das heißt von ihrem Umfang her vollständige Abgrenzungskriterien darstellen.

Die Frage nach der *Vollständigkeit* der Definitionskriterien läßt sich offenbar nur durch die Angabe von Gegenbeispielen entscheiden, das heißt, wir müssen nach einem realen Objekt Ausschau halten, das einerseits die genannten Merkmale besitzt, andererseits aber eindeutig ein unbelebtes Objekt ist.

Findet sich ein solches Objekt, dann ist die Liste der Definitionskriterien eben unvollständig.

Betrachten wir einmal eine Kristallstruktur: Bei der Kristallisation in einer gesättigten Lösung müssen mehrere Moleküle zunächst in einer ganz bestimmten Ordnung zusammentreten und einen Kristallisationskeim bilden. An der Oberfläche dieser Struktur lagern sich dann weitere Moleküle an, wobei die vom Kristallisationskeim vorgegebene Gitterstruktur aufgrund ihrer Matrixeigenschaften vielfach reproduziert wird. Auf diese Weise gelangt die einfache, periodische Mikrostruktur des Kristallgitters makroskopisch zur Abbildung. Dies ist bereits eine einfache Form von »Selbstreproduktivität«. Die mit der Kristallisation einhergehende örtliche Zunahme an molekularer Ordnung wird mit der Überführung thermischer Energie aus der kristallinen Phase in die Lösung beglichen. Den »Energieumsatz« könnte man auch als »Metabolismus« bezeichnen. In Analogie zur Reproduktion lebender Strukturen kommt es auch bei der Kristallbildung zu »Mutationen«, das heißt zu Fehlern im Gitteraufbau.[227]

Das soeben diskutierte Beispiel zeigt, daß die drei Definitionskriterien für das Phänomen »Leben« bereits von unbelebten Kristallstrukturen erfüllt werden und demnach nur notwendige, nicht aber schon hinreichende Kriterien sein können, um das Belebte vom Unbelebten abzugrenzen. Hierzu paßt eine weitere Tatsache: Die einfachsten biologischen Objekte, die wir kennen, sind die Viren. Diese erfüllen, da sie keinen *autonomen* Stoffwechsel besitzen, die Kriterien eines lebenden Systems nur innerhalb ihrer Wirtszelle. Außerhalb ihrer Wirtszelle verhalten sie sich dagegen ganz wie unbelebte Kristallstrukturen.[228] Die Viren nehmen damit eine typische Zwitterstellung unter belebten und unbelebten Systemen ein, so daß die Vermutung naheliegt, daß der Übergang vom Unbelebten zum Belebten fließend ist.[229]

Die sich hier andeutende Schwierigkeit, das Phänomen »Leben« umfassend zu definieren, spiegelt unmittelbar die

Reduktionsproblematik wider. Wenn man nämlich von der Prämisse ausgeht, daß sich alle Lebenserscheinungen *vollständig* im Rahmen der Physik und Chemie erklären lassen, dann setzt dies voraus, daß der Übergang vom Unbelebten zum Belebten fließend ist. Dies wiederum würde bedeuten, daß schon allein aus logischen Gründen die Angabe von notwendigen *und* hinreichenden Definitionskriterien für das Phänomen »Leben« nicht möglich ist.

Die Tatsache, daß wir offenbar nicht in der Lage sind, das Phänomen »Leben« umfassend zu definieren, spricht also nicht gegen, sondern gerade für die Möglichkeit einer vollständigen physikalischen Erklärung der Lebenserscheinungen. Andererseits schränkt das Definitionsproblem die Aussagekraft jeder Theorie der Lebensentstehung insofern ein, als der Erklärungsanspruch der betreffenden Theorie immer im Hinblick auf den von ihr verwendeten Begriff »Leben« relativiert werden muß. Mit demselben Argument hatten wir übrigens die Schlußfolgerungen Monods hinsichtlich der Nicht-Existenz außerirdischen Lebens gegen die Kritik von Wolfgang Stegmüller verteidigt (vgl. III, 1).

Die Definitionsfrage deckt somit einen geradezu paradoxen Aspekt des Reduktionsproblems auf: Eine reduktionistische, das heißt eine physikalische Definition des Phänomens »Leben« setzt voraus, daß die konstitutiven Bestandteile der Definition keine irreduziblen Begriffe enthält. Sie muß notwendigerweise unvollständig sein, wenn der Übergang vom Unbelebten zum Belebten fließend ist. Der fließende Übergang ist aber für eine reduktionistische Erklärung geradezu Voraussetzung.

Eine vollständige, das heißt notwendige *und* hinreichende Kriterien umfassende Definition wäre nur dann möglich, wenn der Übergang vom Unbelebten zum Belebten diskontinuierlich ist. In diesem Fall würde die Definition aber zwangsläufig wenigstens *einen* irreduziblen Begriff enthalten, der den ontologischen Unterschied zwischen unbelebten und belebten

Systemen zum Ausdruck bringt. Da dieser Begriff per definitionem ein lebensspezifischer Begriff ist, enthält jede holistische Definition im Kern eine Tautologie.

Es ist also geradezu ein charakteristisches Merkmal der physikalisch orientierten Biologie, daß sie keine vollständige Definition für das Phänomen »Leben« angeben kann. Gäbe es eine solche Definition, würde dies im Widerspruch zu den Prämissen des reduktionistischen Forschungsprogramms stehen.

Folgen wir einmal für einen Augenblick der Arbeitshypothese, daß der Übergang vom Unbelebten zum Belebten fließend ist. Wir müssen uns dann – wie wir gesehen haben – damit abfinden, daß die Liste unserer Definitionskriterien unvollständig ist. Dennoch können wir die Frage stellen, ob die Kriterien, die wir ausgewählt haben, sinnvoll sind, ob sie die wesentlichen Merkmale des Phänomens »Leben« auch wirklich erfassen. Nun läßt sich diese Frage gar nicht a priori beantworten, sondern nur auf dem Weg der Theorienbildung. Dies liegt daran, daß Begriffs- und Theorienbildung niemals unabhängig voneinander verlaufen, sondern zueinander in einem rückkoppelnden Bezug stehen. So werden die Grundbegriffe einer Theorie zunächst nur über ein intuitives Vorverständnis in die Theorie eingebracht und erst später in Form eines Iterationsprozesses zwischen Begriffs- und Theorienbildung verschärft.

Wir können also die Frage nach der Qualität, das heißt nach der Güte unserer Definitionskriterien, nur im Kontext reduktionistischer Theorienbildung beantworten. Doch dies ist ein weiter Weg, und wir werden erst am Ende dieses Kapitels auf diese Frage eine Antwort geben.

Als ersten Schritt zur Lösung dieses Problems wollen wir uns einmal anschauen, inwieweit sich die charakteristischen Eigenschaften eines lebenden Systems, also Metabolismus, Selbstreproduktivität und Mutabilität, auf physikalische Phänomene zurückführen lassen. Wir stellen also hier die Frage

»Was ist Leben?« aus einer ganz anderen Perspektive. Wir verlassen jetzt die definitorische Ebene und versuchen, die charakteristischen Merkmale eines lebenden Systems auf bestimmte Eigenschaften der unbelebten Materie zurückzuführen.

Betrachten wir zunächst das Phänomen des Stoffwechsels beziehungsweise Metabolismus. Dieses Phänomen ist physikalisch einfach zu deuten. Der Stoffwechsel ist nämlich nichts anderes als der Umsatz an freier Energie, mit dem ein lebendes System die ständige Entropieproduktion in seinem Innern kompensiert und durch den es den Abfall in den toten Zustand des thermodynamischen Gleichgewichts vermeidet.

Das Phänomen der Selbstreproduktivität (und damit verknüpft ist ja auch das Phänomen der Mutabilität) schien sich lange Zeit einer physikalischen Deutung zu entziehen. Erst mit der Entwicklung der Molekularbiologie hat sich gezeigt, daß auch die Selbstreproduktivität lediglich die makroskopische Äußerung eines bereits auf der mikroskopischen Ebene der biologischen Makromoleküle angelegten Phänomens ist, so wie die sichtbare Struktur eines Kristalls ja auch nur das makroskopische Abbild seiner Mikrostruktur ist. Und zwar liegen die molekularen Wurzeln der Selbstreproduktivität in der funktionellen Integration der biologischen Makromoleküle zum selbstreproduktiven Biosynthesezyklus der Zelle (vgl. I, 2).

Im Biosynthesezyklus bedingen sich biologische Informationsträger (Nukleinsäuren) und biologische Funktionsträger (Proteine) wechselseitig. So erfolgt die Reproduktion der Nukleinsäuren mit Hilfe katalytischer Proteine, deren Baupläne wiederum in den von ihnen reproduzierten Nukleinsäuren gespeichert sind. Die Frage nach einer kausalen Erklärung für die Entstehung des Biosynthesezyklus erscheint hier als eine Variante der bekannten Frage: Was kam zuerst, die Henne oder das Ei? Oder in der Sprache der Molekularbiologie: Was kam zuerst, die Proteine, das heißt die molekulare

Maschinerie, oder die Nukleinsäure, das heißt das molekulare Programm?

Paul Weiss vertritt die Ansicht, daß die »systemhafte Einheit« von biologischer Information und biologischer Funktion, wie sie im selbstreproduktiven Biosynthesezyklus der lebenden Zelle zum Ausdruck kommt, nicht einfach auf eine lineare Kausalrelation zwischen Nukleinsäuren und Proteinen reduziert werden kann: »Obwohl dieser Vorgang des Kopierens von Strukturen und die verschiedenen von ihm ableitbaren Prozesse, wie zum Beispiel die hochspezifische Katalyse weiterer makromolekularer Spezies durch die enzymatische Wirkung von Protein, häufig durch Verben bezeichnet wird, denen man die antropomorphe Vorsilbe ›selbst‹ voranstellt, ist er doch genausowenig selbstgeschaffen wie etwa ein Bogen ›selbstbauend‹ sein könnte; denn damit diese Prozesse überhaupt stattfinden können, ist die Mitwirkung ihrer eigenen Endprodukte nötig – jener Enzymsysteme, die die unerläßliche Voraussetzung für all die Verbindungen in den Stoffwechselketten, einschließlich denen zu ihrer eigenen Produktion, bilden und damit den Kreis der wechselseitig voneinander abhängigen Teilprozesse zu einem zusammenhängenden System schließen. Nur die Gesamtheit eines derartigen Systems kann mit einigem Recht als ›selbsterhaltend‹, ›eigenständig‹ und ›selbst-perpetuierend‹ bezeichnet werden.«[230]

Wir verfügen heute bereits über eine Reihe von Modellen, die zeigen, unter welchen Voraussetzungen ein so komplexes System wie der Biosynthesezyklus der lebenden Zelle sich selbst organisieren konnte. Diese Selbstorganisationsmodelle (sog. Hyperzyklen) basieren alle auf der Annahme, daß eine Selektion und Evolution im Darwinschen Sinn bereits im molekularen Bereich wirksam ist *und* daß die Nukleinsäuren sich in der präbiotischen Evolutionsphase auch ohne die Hilfe katalytischer Proteine reproduzieren konnten.[231] Wenn aus den Selbstorganisationsmodellen kein unauflösbarer Widerspruch zu dem von Weiss gezeichneten ganzheitlichen Bild der

Selbstreproduktivität resultieren soll, dann muß sich nachweisen lassen, daß die Nukleinsäuren bereits in einem abiotischen Stadium, in welchem sie lediglich als *potentielle* Informationsträger anzusehen sind, die Fähigkeit zur Selbstreproduktion besitzen und daß die Selbstreproduktivität bereits in der chemischen Struktur der Nukleinsäuren inhärent angelegt ist. Selbstreproduktivität ist hier also im Sinne einer enzymfreien Autokatalyse gemeint.

Tatsächlich gibt es experimentelle Hinweise darauf, daß sich die Nukleinsäuren unter gewissen physikalischen Milieubedingungen auch außerhalb des Biosynthesezyklus und ohne die Hilfe von Proteinen reproduzieren können.[232] Wie wir in Kapitel I, 2 ausgeführt haben, beruht der Kopierprozeß auf einer intermolekularen Instruktion, die durch Wechselwirkungskräfte zwischen der Matrix und dem reproduzierten Molekül, also der Kopie, zustande kommt (Prinzip der komplementären Basenerkennung, vgl. Abb. 5 und Abb. 6). Wegen der Endlichkeit der Wechselwirkungsenergien und aufgrund der thermischen Molekularbewegung ist die Wechselwirkung nie störungsfrei, so daß mit einer bestimmten Wahrscheinlichkeit im reproduzierten Molekül Fehler, das heißt Mutationen, auftreten. Des weiteren ist der Reproduktionsprozeß immer mit einem Metabolismus, das heißt mit einem Umsatz von freier Energie, verbunden; denn zum Aufbau einer Nukleinsäure sind aktivierte Monomere erforderlich, deren Energieüberschuß bei der Polymerisation der Monomere zur Knüpfung der Phosphodiesterbindung eingesetzt wird. Selbstreproduktivität, Metabolismus und Mutabilität sind demnach inhärente Merkmale einer einheitlichen Stoffklasse, der Nukleinsäuren, womit bereits auf der vorzellulären Ebene der molekularen Evolution alle Voraussetzungen für die Entwicklung belebter Systeme erfüllt sind.

Aus den chemischen Eigenschaften der Nukleinsäuren können wir nun folgende operationale Definition für den Begriff »Selbstreproduktivität« ableiten: Allgemein heiße ein

Objekt *selbstreproduktiv* (bzw. selbstinstruktiv replizierend), wenn (a) wenigstens eine »Matrize« notwendig ist, um eine andere Kopie zu erzeugen, und (b) gelegentlich Varianten erzeugt werden, die ihrerseits wieder als instruktive Einheiten dienen, um Kopien von sich selbst herzustellen.[233] Im Kontext dieser Definition erweist sich das Phänomen der »Selbstreproduktivität« nicht mehr als eine »irreduzible« Eigenschaft lebender Systeme, sondern als eine allgemeine reaktionskinetische Eigenschaft der Nukleinsäuren, die unter den physikalischen Begriff der Autokatalyse fällt.

Damit ist der Weg frei für das zentrale Anliegen dieses Kapitels: die physikalische Begründung des Darwinschen Selektionsprinzips. Es soll nunmehr gezeigt werden, daß das Phänomen der natürlichen Selektion nicht ausschließlich an die Existenz belebter Systeme gebunden ist, sondern bereits in unbelebten Materiesystemen in Erscheinung tritt, sofern diese thermodynamisch offen sind und autokatalytische Eigenschaften besitzen.

Ausgehen werden wir bei unserer Analyse von den Phänomenen der Schwankung und Schwankungsverstärkung; denn Selektion im Sinne Darwins bedeutet, daß sich wenige Exemplare einer vorteilhaften Mutation, das heißt einer mikroskopischen Schwankung im Mutantenspektrum einer Population, autokatalytisch auf makroskopische Dimensionen verstärken können, indem sie populationsmäßig die Elternkopie verdrängen. Wir werden das Schwankungsphänomen in drei Schritten behandeln: Im ersten Schritt sollen die verschiedenen Typen der Schwankungsdynamik allgemein klassifiziert werden, im zweiten soll das für die Begründung des Selektionsprinzips relevante Ergebnis an zwei Spielmodellen demonstriert und im dritten Schritt schließlich das Ergebnis konkret in die physikalische Begründung des Selektionsprinzips umgesetzt werden.

(a) *Allgemeines Schwankungsverhalten dynamischer Systeme:* Wir betrachten ein Materiesystem, in welchem die Individuen ständig auf- und abgebaut werden, und untersuchen allgemein den Einfluß von Schwankungen auf die Stabilität des Gesamtsystems. Ein solches Materiesystem repräsentiert beispielsweise das Kugelspiel von Abbildung 22. Aber auch eine Population von Lebewesen oder biologischen Makromolekülen (z. B. Nukleinsäuren) stellt ein selbstreproduktives Materiesystem dar. Tatsächlich sind die folgenden Überlegungen in erster Linie darauf ausgerichtet, sie später auf ein System von selbstreproduktiven Makromolekülen anzuwenden (siehe unten).

Die Auf- und Abbauprozesse sollen, wie bei lebenden Systemen beziehungsweise biologischen Makromolekülen auch, voneinander unabhängig sein. Es gibt dann drei Möglichkeiten, wie ein solches System auf statistische Schwankungen in der Gesamtzahl (bzw. Konzentration) seiner Individuen reagieren kann, nämlich:[234]

(1) mit einer »parallelen« Reaktion ($\uparrow\uparrow$) – das System reagiert auf eine Schwankung in seiner Populationszahl mit einer gleichsinnigen Schwankung in den Auf- beziehungsweise Abbauraten,

(2) mit einer »neutralen« Reaktion (o) – das System verhält sich gegenüber Schwankungen in seiner Populationszahl indifferent,

(3) mit einer »antiparallelen« Reaktion ($\uparrow\downarrow$) – das System reagiert auf eine Schwankung in seiner Populationszahl mit einer gegensinnigen Schwankung in den Auf- beziehungsweise Abbauraten.

Da Auf- und Abbau voraussetzungsgemäß voneinander unabhängige Prozesse sind, führt die paarweise Kopplung von Auf- und Abbaureaktionen zu den neun Systemtypen, die in Tabelle 4 zusammengefaßt sind. Bezüglich ihrer Stabilität gegenüber Schwankungen lassen sich wiederum vier Klassen von Systemen unterscheiden:

(a) *Stabile Systeme:* Die Schwankungen sind selbstregulierend.

AUFBAUSTRATEGIE

	↑↑	○	↑↓
↑↑	variabel	stabil	stabil
○	instabil	indifferent	stabil
↑↓	instabil	instabil	variabel

(left vertical axis label: **ABBAUSTRATEGIE**)

Tab. 4: *Mögliche Formen eines »ganzheitlichen« Systemverhaltens in bezug auf Schwankungen in den Systemkomponenten. Die Matrix setzt sich aus vier Systemklassen zusammen: aus (a) stabilen, (b) indifferenten, (c) instabilen und (d) variablen Systemen. Weitere Einzelheiten siehe Text. (Nach Manfred Eigen.[235])*

(b) *Indifferente Systeme:* Das System verhält sich indifferent gegenüber Schwankungen in seinen Populationszahlen.

(c) *Instabile Systeme:* Selbstverstärkung von Schwankungen, die zu einer Schwankungskatastrophe führt.

(d) *Variable Systeme:* Das System ist in seinem Schwankungsverhalten variabel und umfaßt Schwankungskontrolle, Indifferenz und Schwankungsverstärkung.

Manfred Eigen und Ruthild Winkler-Oswatitsch haben gezeigt, daß sich für die Prozesse der biologischen Informationserzeugung nur Systeme mit *variablem* Schwankungsver-

207

halten eignen, also Systeme, welche die Produktion eines breiten Mutantenspektrums (Indifferenz) erlauben, welche die Stabilisierung eines selektiven Vorteils (Stabilität) gewährleisten und die den Zusammenbruch selektiv ungünstiger Populationen (Instabilität) ermöglichen.[236]

Ein variables Verhalten gegenüber Schwankungen stellt sich nur bei Systemen ein, deren Auf- und Abbauraten der Schwankungsdynamik ($\uparrow\uparrow$, $\uparrow\uparrow$) oder ($\uparrow\downarrow$, $\uparrow\downarrow$) gehorchen. Tatsächlich kommen in biochemischen Systemen beide Typen der Schwankungsbeantwortung vor. Alle Reaktionen, die Autokatalyse, Kreuzkatalyse oder zyklische Katalyse einschließen, sind mit der Schwankungsdynamik ($\uparrow\uparrow$, $\uparrow\uparrow$) verknüpft. Alle Reaktionen hingegen, die nach dem Mechanismus der allosterischen Regulation gesteuert werden (siehe V, 1), folgen der Schwankungsdynamik ($\uparrow\downarrow$, $\uparrow\downarrow$). Da letztere jedoch nur in einem eng begrenzten Konzentrationsbereich wirksam ist, sind Systeme mit der Schwankungsdynamik ($\uparrow\downarrow$, $\uparrow\downarrow$) für ein *allgemeines* Evolutionsverhalten im molekularen Bereich nicht geeignet. Für unsere weiteren Überlegungen ist daher nur die Schwankungsdynamik ($\uparrow\uparrow$, $\uparrow\uparrow$) von Interesse.

(b) *Spieltheoretische Begründung des Selektionsprinzips:* Wir werden nun anhand von zwei Spielmodellen zeigen, daß die Schwankungsdynamik ($\uparrow\uparrow$, $\uparrow\uparrow$) in einem selbstreproduktiven Materiesystem immer zur Selektion führt.

Wir beziehen uns wieder auf das Kugelspiel von Abbildung 22. Später werden wir dann das Ergebnis auf ein System von selbstreproduktiven Makromolekülen übertragen (siehe unten). Für das Selektionsspiel definieren wir folgende Regel:

REGELN FÜR EIN SELEKTIONSSPIEL
(NICHTDARWINSCHE SELEKTION)

ABBAUPROZESS: *Jede Kugel, deren Koordinaten in der Abbauphase erwürfelt werden, wird vom Spielbrett entfernt. Wir nehmen an, daß die Abbauwahrscheinlichkeit für alle Kugeln gleich groß ist. Damit ergibt sich für jede Kugelsorte eine Abbaurate, die proportional zu ihrer Besetzungszahl ist.*

AUFBAUPROZESS: *Jede Kugel, deren Koordinaten in der Aufbauphase erwürfelt werden, wird verdoppelt, indem auf die Leerstelle der vorausgegangenen Abbauphase eine Kugel der gleichen Farbe gesetzt wird.*

Im Selektionsspiel werden also Auf- und Abbau, wie oben vorausgesetzt, als zwei voneinander getrennte Prozesse behandelt. Beide werden jedoch streng alternierend durchgeführt, damit die Gesamtpopulation konstant bleibt.

Das Selektionsspiel zeigt, daß das Phänomen der Selektion allein eine Konsequenz der besonderen Schwankungsdynamik ist, die dem Materiesystem zugrunde liegt. Nach einer hinreichend großen Zahl von Auf- und Abbauereignissen kommt es immer zur Selektion einer Kugelsorte (Abb. 24).

Das Ergebnis ist unmittelbar einsichtig: Die Endlichkeit des Spielfeldes führt dazu, daß bei einer hinreichend großen Schwankung eine Kugelsorte *irreversibel* ausstirbt; denn die Aufbauregeln genügen einem autokatalytischen Mechanismus und setzen immer die Existenz von wenigstens einem Exemplar einer Kugelsorte voraus. Charakteristisch für das Selektionsspiel ist weiterhin die Tatsache, daß alle Kugelsorten, die wir mit Blick auf den biologischen Hintergrund unserer Fragestellung auch als »Spezies« (vgl. Anm. 245) bezeichnen können, dieselben *inhärenten* Aufbauraten besitzen. Von der inhärenten Aufbaurate, das heißt dem für das einzelne Individuum charakteristischen konstanten Reproduktionsparameter, zu unterscheiden ist die tatsächliche Aufbaurate, die noch von der Anzahl der Individuen abhängt. Obwohl im vorliegenden Spielmodell die Reproduktionsparameter aller Individuen entartet, also untereinander gleich sind, endet das Reproduktionsspiel immer mit einem eindeutigen Ausleseergebnis. Jede Spezies wird im Mittel gleich häufig selektioniert, wobei der Gewinner einer bestimmten Selektionskonkurrenz allerdings nicht voraussagbar ist.

Damit es in einer selbstreproduktiven Population zur Selektion einer Spezies kommt, müssen sich die einzelnen Spezies

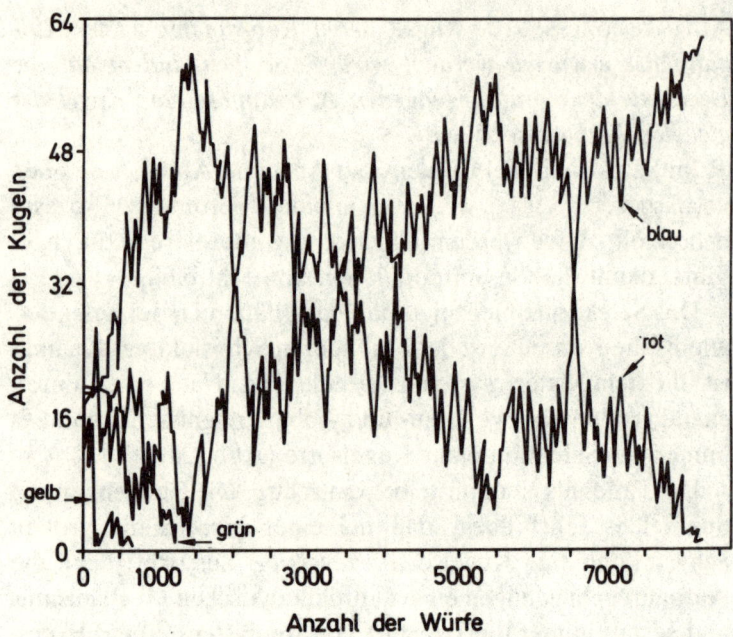

Abb. 24: *Computersimulation einer nichtdarwinschen Selektion. Den Spielregeln entsprechend (siehe Text) sind die Auf- und Abbauwahrscheinlichkeiten proportional zur Populationsdichte. Obwohl alle vier Kugelspezies die gleichen Reproduktions- und Stabilitätsparameter besitzen, kommt es in dem System automatisch zur Selektion einer Kugelspezies. Das Modell zeigt, daß das Phänomen der Selektion allein auf das autokatalytische Reproduktionsverhalten zurückzuführen ist, wobei in diesem Modell wegen der Entartung der Reproduktionsparameter allerdings nicht vorausgesagt werden kann, welche Spezies zur Selektion kommt. Alle vier Spezies besitzen dieselbe A-priori-Wahrscheinlichkeit zu überleben. (In Anlehnung an Manfred Eigen und Ruthild Winkler-Oswatitsch.[237])*

210

offenbar noch nicht einmal in ihrem Reproduktionsverhalten unterscheiden. Voraussetzung ist lediglich ein mit der Schwankungsdynamik ($\uparrow\uparrow$, $\uparrow\uparrow$) verknüpfter autokatalytischer Reproduktionsmechanismus sowie (als Nebenbedingung) die Begrenzung des Wachstums. Da die Kugelsorten entartete Reproduktionsparameter besitzen, hat eine Spezies in dem hier simulierten Selektionsmodell a priori weder einen Selektionsvorteil noch einen Selektionsnachteil. Man bezeichnet diese Form der »neutralen« Selektion auch als *nichtdarwinsche* Selektion beziehungsweise *genetische Drift*.

Der Begriff »fittest« ist in dem Modell der neutralen Selektion allein durch die Tatsache des Überlebens definiert und beinhaltet hier eine grundsätzlich nicht auflösbare Tautologie. Erst durch Einführung unterschiedlicher Reproduktionsparameter (sog. differentielle Reproduktion) wird in das System eine »Wertebene« eingeführt, aufgrund derer sich voraussagen läßt, welche Spezies überlebt. In diesem Fall spricht man von *Darwinscher* Selektion. Das unterschiedliche Reproduktionsverhalten der miteinander konkurrierenden Spezies bestimmt also lediglich die »Wertebene« der Selektion, ist selbst aber keine notwendige Bedingung für das Auftreten von Selektion.

Wir wollen den soeben charakterisierten Unterschied zwischen nichtdarwinscher und Darwinscher Selektion am Spielmodell verdeutlichen. Es gelten wieder die Regeln des vorhergehenden Selektionsspiels. Wir berücksichtigen nun jedoch das Phänomen der *differentiellen* Reproduktion, indem wir die Spielregeln des vorhergehenden Selektionsspiels um eine Zusatzregel erweitern. Und zwar sollen die einzelnen Kugelsorten nach den modifizierten Spielregeln unterschiedliche Aufbaugeschwindigkeiten besitzen, was im Modell durch einen zusätzlichen Würfelentscheid berücksichtigt wird:

REGELN FÜR EIN SELEKTIONSSPIEL
(DARWINSCHE SELEKTION)

ABBAUPROZESS: *Jede Kugel, deren Koordinaten in der Abbau-*

phase erwürfelt werden, wird vom Spielbrett entfernt. Wir neh-
men an, daß die Abbauwahrscheinlichkeit für alle Kugeln
gleich groß ist. Damit ergibt sich für jede Kugelsorte eine
Abbaurate, die proportional zu ihrer Besetzungszahl ist.

AUFBAUPROZESS: *Jede Kugel, deren Koordinaten in der Auf-*
bauphase erwürfelt werden, wird verdoppelt, indem auf die
Leerstelle der vorausgegangenen Abbauphase eine Kugel der
gleichen Farbe gesetzt wird.

ZUSATZREGEL FÜR DEN AUFBAUPROZESS: *Immer wenn in der*
Aufbauphase eine rote Kugel getroffen wird, darf diese ohne
weiteres verdoppelt werden. Wird eine blaue Kugel getroffen,
darf sie nur dann verdoppelt werden, wenn anschließend mit
einem Kubus die Zahlen 1 bis 5 erwürfelt werden. Bei einer
gelben Kugel muß der Zusatzwurf im Zahlenintervall von 1 bis
4 und bei einer grünen Kugel im Intervall 1 bis 3 liegen.

Damit die Gesamtpopulation während des Spiels konstant
bleibt, muß beim Aufbauprozeß so lange gewürfelt werden,
bis die Leerstelle der vorausgegangenen Abbauphase besetzt
worden ist. Bei diesem Verfahren ist die inhärente, das heißt
die von der Populationsdichte unabhängige Aufbaugeschwin-
digkeit für die grüne Kugel zum Beispiel nur halb so groß wie
die für die rote Kugel. Die inhärente Abbaugeschwindigkeit
ist dagegen für alle Kugelsorten nach wie vor gleich groß.

Die Computersimulation zeigt folgendes Ergebnis (Abb.
25): Die grüne Kugelsorte verschwindet als erste vom Spielbrett, gefolgt von der gelben Sorte. Blau und Rot konkurrieren noch eine Zeitlang miteinander, wobei sich erwartungsge-
mäß Rot durchsetzt. Das Kugelspiel simuliert in typischer
Weise Darwinsches Selektionsverhalten. Da wir in dem vorliegenden Modell noch nicht das Phänomen der Mutation
berücksichtigt haben, führt die Selektion schließlich zu einer
irreversiblen Entscheidung, insofern das Ergebnis der Selektion ein für allemal festgeschrieben ist. Aber auch der darüber
hinausgehende Fall einer evolutiven Optimierung läßt sich
durch entsprechende Spielmodelle simulieren.[239] Hier kam es

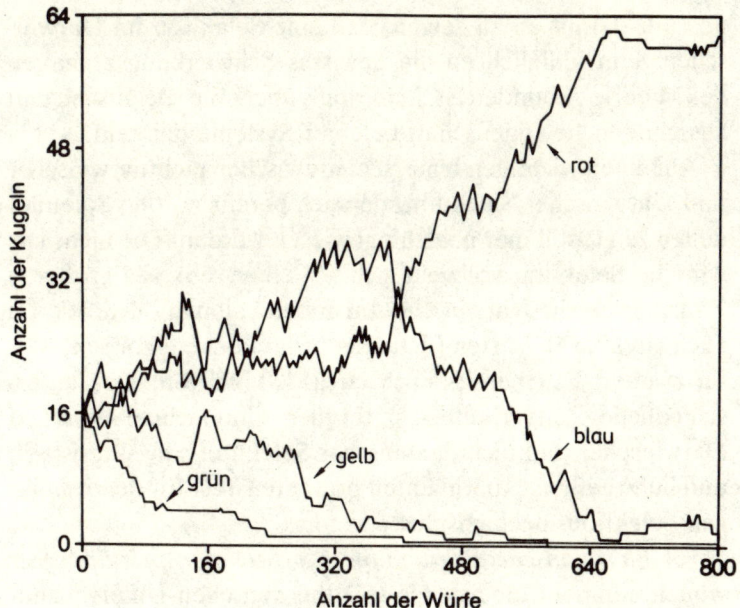

Abb. 25: *Computersimulation einer Darwinschen Selektion. Den Spielregeln entsprechend (siehe Text) sind die Auf- und Abbauwahrscheinlichkeiten proportional zur Populationsdichte. Der Aufbauprozeß unterliegt aber zusätzlich einer Bewertung (differentielle Reproduktion). Diese bezieht sich auf eine »phänotypische« Eigenschaft (wie Farbe) der Kugelspezies, ist also von der Populationsdichte unabhängig. Aufgrund der durch die Spielregeln festgelegten Wertskala sterben (trotz gleicher Anfangsbedingungen) die grünen Kugeln als erste aus, gefolgt von den gelben Kugeln und schließlich auch von den blauen Kugeln. Die rote Kugelsorte gewinnt. Das Spiel simuliert eindeutig Darwinsches Selektionsverhalten und erlaubt wichtige Rückschlüsse auf den Mechanismus der natürlichen Selektion. (Nach Manfred Eigen.[238])*

uns nur darauf an zu zeigen, daß eine Selektion im Darwinschen Sinn lediglich an ein gewisses Schwankungsverhalten der Materie gebunden ist, keinesfalls aber eine spezifische und ausschließliche Eigenschaft belebter Systeme darstellt.

Auf einen wichtigen Unterschied zwischen nichtdarwinscher und Darwinscher Selektion, der sich bereits an den Spielmodellen zeigt, soll hier noch hingewiesen werden: Die nichtdarwinsche Selektion vollzieht sich auf einer sehr viel größeren Zeitskala als die Darwinsche. Im ersten Fall tritt die Selektion nach circa 8000 Würfen (d. h. Reproduktionsereignissen) auf, im zweiten Fall bereits nach circa 700 Würfen. Das unterschiedliche Zeitverhalten ist für den Unterschied zwischen Darwinscher und nichtdarwinscher Selektion charakteristisch und liefert einen experimentell prüfbaren Test für den jeweiligen Selektionsmechanismus.

(c) *Physikalische Begründung des Selektionsprinzips:* Wir wollen nunmehr die aus den spieltheoretischen Untersuchungen gewonnenen Schlußfolgerungen auf physikalische Gegebenheiten übertragen.[240] Hierzu betrachten wir das in Abbildung 26 dargestellte Modellsystem einer Population von biologischen Makromolekülen (z. B. Nukleinsäuren). Die Population bestehe aus i Sequenzalternativen einheitlicher Kettenlänge, deren Besetzungszahlen (bzw. Konzentrationen) wir mit x_i bezeichnen. Die Gesamtzahl aller Sequenzen sei Z. Die Kettenlänge der Makromoleküle sei n, wobei es λ Klassen von Bausteinen geben soll ($\lambda = 4$ für Nukleinsäuren).

Wir fragen nunmehr nach den Bedingungen, unter denen es in der Population zwischen den verschiedenen Sequenzalternativen zu einer selektiven Konzentrationsverschiebung kommt. Damit das Problem der Informationserzeugung nicht trivial wird, setzen wir voraus, daß die Gesamtpopulation $Z (= \Sigma\, x_i)$ sehr klein ist gegenüber $N = \lambda^n$, der Zahl aller kombinatorisch möglichen Sequenzalternativen. Wir gehen also von der Annahme

(24) $Z \ll N$

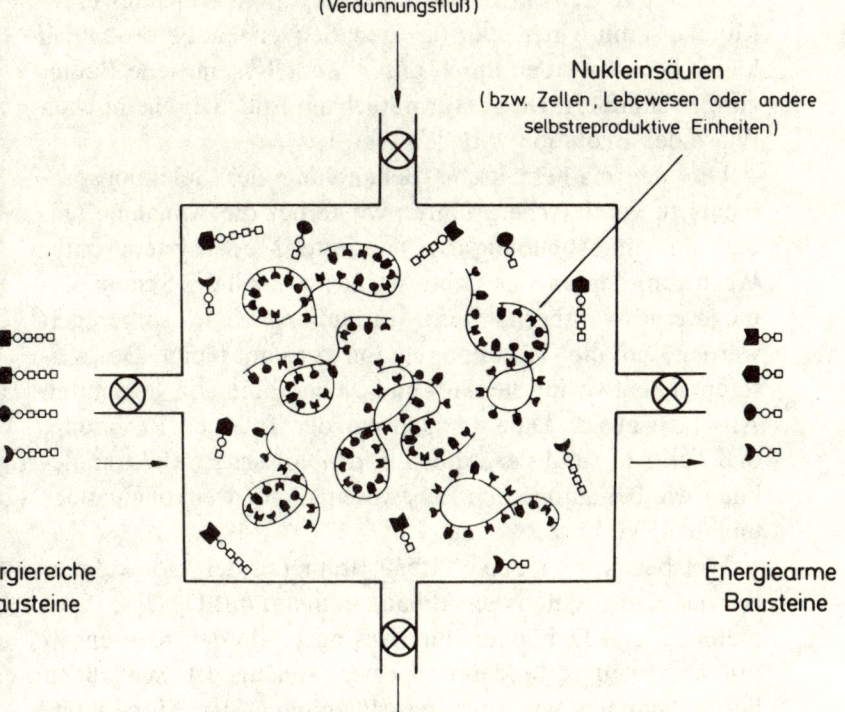

Abb. 26: *Der »Evolutionsreaktor« als Modell eines molekulardarwinistischen Selektionssystems. In dem Reaktor befinden sich biologische Makromoleküle (Nukleinsäuren), die laufend auf- und abgebaut werden. Der Aufbau erfolgt über energiereiche Molekülbausteine, die dem System ständig von außen zugeführt werden. Auf der anderen Seite werden die energiearmen Abbauprodukte permanent aus dem System entfernt. Ferner lassen sich in dem System über einen variierbaren Verdünnungsfluß zu jeder Zeit definierte Populationsverhältnisse (z. B. konstante Gesamtpopulation) einstellen. Der Evolutionsreaktor repräsentiert die experimentelle Umsetzung der im Text beschriebenen Spielmodelle und ist geeignet, den Prozeß der biologischen Informationsentstehung unter abiotischen Bedingungen zu simulieren.[241]*

aus. Unter dieser Voraussetzung ist in einer Population von Zufallssequenzen der Erwartungswert für das Auftreten eines Moleküls mit einer spezifizierten Sequenz außerordentlich klein. Damit werden durch unser Modellsystem jene Bedingungen simuliert, wie sie vermutlich am Ende der chemischen Phase der Evolution vorlagen (vgl. I, 1).

Um die mathematische Behandlung des Selektionsproblems zu vereinfachen, führen wir ferner die Annahme ein, daß das in Abbildung 26 skizzierte Modellsystem unter Wachstumsbegrenzung steht.[242] Und zwar soll das System vermöge eines (unspezifischen) Verdünnungsflusses so geregelt werden, daß die Gesamtpopulation konstant bleibt. Des weiteren gehen wir für die Auf- und Abbauraten von getrennten Ansätzen aus.[243] Damit tragen wir der Tatsache Rechnung, daß der Auf- und der Abbau der biologischen Makromoleküle, wie bei autonomen Lebewesen auch, zwei voneinander unabhängige Prozesse sind.

Wir bezeichnen den Aufbauparameter der molekularen Spezies x_i mit A_i und den Abbauparameter mit D_i. (Die Parameter A_i und D_i können durchaus noch von den Konzentrationsvariablen x_j anderer Spezies abhängen.) Schließlich berücksichtigen wir auch das Phänomen der Mutabilität, indem wir annehmen, daß nur ein bestimmter Bruchteil aller Kopien einer Sequenz fehlerfrei ist. Der Anteil der korrekten Kopien wird durch einen Qualitätsparameter Q_i ausgedrückt, der dimensionslos ist und definitionsgemäß die Bedingung $0 \leq Q_i \leq 1$ erfüllt.

Unter den Voraussetzungen des Modells lassen sich für die zeitliche Veränderung der Größen x_i folgende Gleichungen angeben ($\dot{x} \equiv dx/dt$):[244]

$$(25) \quad \dot{x}_i = (A_i Q_i - D_i) x_i + \sum_{(j \neq i)} \varphi_{ij} x_j - \overline{E}(t) x_i \quad (i = 1, \ldots, k),$$

wobei $\overline{E}(t)$ die durch

$$(26) \quad \overline{E}(t) = \sum_i (A_i - D_i) x_i / \sum_i x_i$$

definierte mittlere Erzeugungsrate aller molekularen Spezies ist. (Strenggenommen müßte man die $x_i(t)$ als diskrete Variablen behandeln und die Differentialgleichung als Differenzengleichung schreiben. Hierdurch würde sich an den folgenden Aussagen jedoch nichts wesentlich ändern. Aus Gründen der Einfachheit behalten wir daher die $x_i(t)$ als kontinuierliche Variablen bei.) In Gleichung (25) bezeichnet $\overline{E}(t)x_i$ einen Abbauterm, der den Anteil der molekularen Spezies x_i an der Einhaltung der Stationaritätsbedingung (Z = konst.) angibt. Der Summenterm $\Sigma \varphi_{ij}x_j$ schließlich ist der Populationsbeitrag, den alle Spezies $x_{j \neq i}$ infolge von »Rückmutationen« zur Stammsequenz x_i liefern.

Das Gleichungssystem (25) beschreibt allgemein die Populationsdynamik eines Reaktionssystems, welches sich durch folgende drei Eigenschaften auszeichnet:

Metabolismus: ausgedrückt durch die beiden Reaktionsterme $\Sigma A_i x_i$ und $\Sigma D_i x_i$, die den Umsatz von energiereichen in energiearme Monomere beschreiben. Das System ist bezüglich eines Materie- und Energieflusses in Form von aktivierten Monomeren offen.

Selbstreproduktivität: ausgedrückt durch die Form der Reaktionsgleichung, in der die Bildungsgeschwindigkeit einer molekularen Spezies x_i proportional zu ihrer Konzentration ist, unabhängig davon, in welcher Weise die kinetischen Parameter A_i und D_i noch von den Konzentrationen x_j der übrigen Spezies abhängen.

Mutabilität: ausgedrückt durch einen Qualitätsfaktor Q_i, der für reale Systeme immer die Bedingung $Q_i < 1$ erfüllt.

Es sei an dieser Stelle noch einmal daran erinnert, daß diese drei Eigenschaften zu den notwendigen Voraussetzungen für ein evolutionsfähiges lebendes System zählen (siehe oben).

Die Parameter A_i, Q_i und D_i lassen sich auch zu einer Größe

(27) $\qquad W_i = A_i Q_i - D_i$

zusammenfassen, die als *Selektionswert* der molekularen Spezies x_i bezeichnet wird. Daß diese Bezeichnung sinnvoll ist, zeigt die folgende Überlegung, welche von einer Vereinfachung der Selektionsgleichungen (25) ausgeht. Nehmen wir an, die Rückflußterme $\Sigma \varphi_{ij} x_j$ seien vernachlässigbar. Dies ist für lange Kettenmoleküle wegen der Gültigkeit der Relation (24) gerechtfertigt. Unter Berücksichtigung der Definition (27) reduzieren sich dann die Selektionsgleichungen (25) auf

$$(28) \quad \dot{x}_i = (W_i - \overline{E}(t))x_i \quad (i = 1, \ldots, k).$$

Hieraus folgt nun unmittelbar das Prinzip der natürlichen Selektion als Extremalprinzip: Alle molekularen Spezies x_i, deren Selektionswert W_i unterhalb von $\overline{E}(t)$ liegt, haben negative Bildungsraten, sie sterben also aus. Alle Spezies, deren Selektionswert oberhalb von $\overline{E}(t)$ liegt, haben positive Bildungsraten, sie wachsen zahlenmäßig an. Infolge dieses Segregationsprozesses wird der Schwellenwert $\overline{E}$ ständig zu höheren Werten verschoben. Zugleich fallen immer mehr Spezies unter den Schwellenwert und sterben aus. Das *Selektionsgleichgewicht* ist erreicht, wenn $\overline{E}$ gleich dem größten in der Population auftretenden Selektionswert ist, das heißt

$$(29) \quad \overline{E} \to W_{max} .$$

Im Selektionsgleichgewicht ist $\overline{E} = 0$, und es gilt

$$(30) \quad \overline{E} = W_{max} .$$

Das Prinzip der Selektion erweist sich somit im Rahmen unserer Modelluntersuchung als ein physikalisch begründbares Extremalprinzip.[245] Eine natürliche Selektion im Sinne Darwins tritt danach unter bestimmten Voraussetzungen in unbelebten Materiesystemen ebenso zwangsläufig in Erscheinung wie »die Beschleunigung eines unter Krafteinwirkung stehenden Körpers«.[246] Dies zeigt nicht nur die vorhergehende theoretische Analyse, sondern auch die umfangreiche experimentelle Untersuchung an selbstreplizierenden Nukleinsäuren in vitro.[247] Damit hat sich ein wesentlicher Bestandteil der reduktionistischen Arbeitshypothese (siehe oben) als tragfähig erwiesen, während zugleich eine zentrale Aussage der organismischen Biologie falsifiziert wurde. Zwar ist, wie Ludwig von Bertalanffy zu Recht betont, die Selektion selbst kein physikalisches Gesetz (vgl. V, 1, Zitat und Anm. 171). Sie ist aber auch keine *irreduzible* Eigenschaft lebender Systeme, wie Bertalanffy fälschlich behauptet, sondern ergibt sich vielmehr als direkte Konsequenz physikalischer Gesetzmäßigkeiten.

Betrachten wir den durch das Gleichungssystem (25) beschriebenen Selektionsprozeß noch etwas eingehender. Das Selektionsgleichgewicht ist metastabil. Immer wenn gegenüber der dominanten Spezies x_i eine selektiv günstigere Variante x_{i+1} auftritt, bricht das ursprüngliche Gleichgewicht zusammen, und es stellt sich ein neues Selektionsgleichgewicht ein, das durch den höheren Selektionswert der nunmehr dominierenden Spezies x_{i+1} charakterisiert ist. Ein evolvierendes Materiesystem durchläuft demnach eine Folge von metastabilen Selektionsgleichgewichten, welche wiederum durch eine Folge von Ungleichungen beschrieben werden können:

$$(31) \qquad W_{max_1} < W_{max_2} < \dots < W_{opt} \quad .$$

Hierbei ist W_{max} jeweils der Selektionswert der im Selektionsgleichgewicht *dominierenden* Spezies.

Die physikalische Bedeutung der Relation (31) läßt sich leicht anhand von Abbildung 16 klarmachen. Im Informationsraum (vgl. III, 1 und III, 3) repräsentiert der Parameter W_{max} jeweils ein *lokales* Maximum der Anpassung, das heißt einen Gipfel im Wertegebirge. Durch die Relation (31) wird nun die evolutive Optimierung des Systems insofern einschränkenden Bedingungen unterworfen, als die Relation (31) im Wertegebirge einen Gradienten festlegt, an den die Optimierungsroute gebunden ist. Das System kann bei seiner evolutiven Entwicklung von einem lokalen Maximum ausgehend nur solche Wege einschlagen, die zu einem höherliegenden Maximum führen. (Strenggenommen gilt diese Aussage

219

nur für den Fall deterministischer Selektionsgleichungen, bei denen Fluktuationen in den Populationszahlen unberücksichtigt bleiben.)

Wir können nun aus unseren vorhergehenden Überlegungen den Schluß ziehen, daß die *Ursemantik* biologischer Information offenbar durch die Fähigkeit der biologischen Informationsträger festgelegt ist, sich möglichst schnell bei gleichzeitig hoher Genauigkeit und Stabilität zu reproduzieren (dies sind eben gerade die Bedingungen, unter denen der Selektionswert W_i maximiert wird; siehe Definition [27]). Damit haben wir die Semantik biologischer Information auf ein dynamisches Wertkriterium zurückgeführt und zugleich den philosophischen Ansatz von Carl Friedrich von Weizsäcker (»Information ist nur, was Information erzeugt«[248]) auf der Ebene der biologischen Makromoleküle physikalisch begründet.

Die Selektionswerte W_i wurden in das Gleichungssystem (28) (bzw. [25]) zunächst nur als *phänomenologische* Größen eingeführt. Dies bedeutet, daß der hier entwickelte Selektionsformalismus ganz allgemein für jedes offene Materiesystem mit autokatalytischen Eigenschaften gilt, also ebenso für die Selektion von Nukleinsäuren, Zellen und höher organisierten Lebewesen wie für die Selektion von Lasermoden, Kugelpopulationen und ähnlichem.[249]

Es liegt auf der Hand, daß sich die phänomenologischen Größen W_i nur dann durch entsprechende Materieeigenschaften ausdrücken lassen, wenn die Autokatalyse eine inhärente Materieeigenschaft des Systems darstellt und nicht nur, wie bei den vorausgegangenen Spielmodellen, eine »künstliche« Eigenschaft ist, die dem System von außen auferlegt wurde. Im einfachsten Fall hängen die Größen W_i nur von den physikalischen Milieuparametern (y_k) wie Temperatur oder Energiefluß ab. Im allgemeinen Fall treten darüber hinaus »ökologische« Kopplungen auf wie die Abhängigkeit von den Populationszahlen $x_{j \neq i}$ anderer Spezies. Allgemein ist W_i somit eine Funktion, die über die Parameter A_i und D_i noch von den Größen $x_{j \neq i}$ und y_k abhängt, das heißt

(32) $W_i = W_i(x_{j \neq i}, y_k)$.

Außerdem kann W_i auch noch *explizit* eine Funktion der Zeit sein.

Wie nicht anders zu erwarten, spiegelt sich in der Feinstruktur der Selektionswerte die gesamte Komplexität lebender Systeme einschließlich der Komplexität ihrer Milieuabhängigkeiten wider. Es ist somit nicht verwunderlich, daß sich die Größen W_i nur für verhältnismäßig einfache Systeme physikalisch spezifizieren lassen. In der Regel sind jedoch die lebenden Systeme selbst noch bezüglich ihrer makromolekularen Vorstufen so komplex, daß sich die Selektionswerte allenfalls als phänomenologische Größe angeben lassen.

Die Tatsache, daß sich für belebte Systeme die Selektionswerte nicht explizit berechnen lassen, hat vielfach zu der Vermutung geführt, das Prinzip des »survival of the fittest« stelle bloß eine Tautologie dar, da der Begriff »fittest« (wie in den Modellen der neutralen Selektion, siehe oben) allein durch die Tatsache des Überlebens definiert sei (»survival of the survivor«). Daß sich hinter dem Selektionsprinzip jedoch *keine* Tautologie verbirgt, wird deutlich, wenn man die Struktur des makromolekularen Sequenzraumes näher analysiert.

Der makromolekulare Sequenzraum wird per definitionem von allen kombinatorisch möglichen Sequenzalternativen eines biologischen Informationsträgers aufgespannt (vgl. III, 1). Ordnet man den »Koordinaten« des Sequenzraumes jeweils die Populations- beziehungsweise Konzentrationszahlen x_i zu, so erhält man den entsprechenden Populations- beziehungsweise Konzentrationsraum. Andererseits kann man aber auch einen Werteraum konstruieren, indem man jeder »Koordinate« des Sequenzraumes den entsprechenden Selektionswert W_i zuordnet (vgl. Abb. 16). Das Selektionsprinzip würde genau dann eine Tautologie darstellen, wenn es zwischen dem Populationsraum (»survival«) und dem Werteraum (»fittest«)

immer nur eine triviale Zuordnung gäbe, das heißt, wenn der Populations- und der Werteraum immer die gleiche Struktur besäßen. Die physikalische Analyse Darwinscher Selektionssysteme hat aber gezeigt, daß in der Regel der Populationsraum und der Werteraum eine *unterschiedliche* Struktur besitzen, wodurch die im Selektionsprinzip implizit angelegte Tautologie aufgehoben wird. Dies zeigt sich beispielsweise dort, wo eine Spezies zwar den größten Selektionswert einer Population besitzt, aber dennoch in einer geringeren Konzentration präsent ist als die aus ihr hervorgehende Mutantenverteilung.[250] Dieser Fall ist immer dann gegeben, wenn eine dominante Spezies sich mit einer so hohen Fehlerrate reproduziert, daß gerade noch eine Kopie reproduzierbar erhalten bleibt. Zu jeder Zeit ist dann der stationäre Anteil der selektiv schlechteren Mutanten an der Gesamtpopulation größer als der Anteil der Stammkopie, obgleich die Mutanten, als Individuen betrachtet, natürlich immer wieder aussterben. Die hinter dem Selektionsprinzip vermutete Tautologie tritt also nur scheinbar auf, nämlich als Folge der ungeheuren Komplexität lebender Systeme und der hieraus resultierenden Grenzen ihrer Berechenbarkeit.

Das Bild vom »Sequenzraum« läßt weitere wichtige Rückschlüsse auf den Prozeß der biologischen Informationsentstehung zu. Für den Fall, daß die Selektionswerte nur von den physikalischen Milieubedingungen abhängen, bleibt die Struktur des Werteraumes konstant, sofern die Milieubedingungen, das heißt die Umweltbedingungen, konstant bleiben. Die Annahme konstanter Milieubedingungen ist jedoch eine idealisierte Bedingung, die schon auf der Ebene molekularer Selektionssysteme niemals realisiert werden kann; denn alle Individuen einer Molekülpopulation tragen mit ihren physikalisch-chemischen Eigenschaften auch immer zu den allgemeinen physikalischen Milieubedingungen der Population bei (vgl. V, 1). Jede Veränderung in der Zusammensetzung der Population muß zwangsläufig auch zu einer Veränderung der

Milieubedingungen führen. Darüber hinaus hängt der Selektionswert jeder einzelnen Spezies in der Regel von den Populationsvariablen der übrigen am Selektionsprozeß beteiligten Spezies ab, so daß sich mit jedem evolutiven »Schritt« die Struktur des Werteraumes verändert (siehe Gleichung [32]). Dies bedeutet, daß Ziel und Zielgerichtetheit bereits auf der Ebene der biologischen Makromoleküle in einem unauflösbaren rückkoppelnden Bezug zueinander stehen. Da die Elementarereignisse (Mutationen), die zu den evolutionären Veränderungen führen, völlig indeterminiert sind, ist jeder Evolutionsprozeß zugleich durch seine historische Einzigartigkeit geprägt. Hierdurch wird deutlich, daß der molekulardarwinistische Ansatz a priori nur die Entstehung von biologischer Information an sich erklären kann, nicht aber die Entstehung der Information in ihrer Detailstruktur (vgl. III, 3 und V, 3). Die Theorie erklärt a priori nur das »Dasein« biologischer Strukturen, nicht aber ihr »Sosein«. Das »Sosein«, das heißt der Phänotyp, bringt den geschichtlichen Anteil der Evolution zum Ausdruck und läßt sich nur a posteriori in Form einer Plausibilitätsbetrachtung rechtfertigen. Diese Erkenntnis steht durchaus im Einklang mit der von führenden Evolutionstheoretikern bezogenen Position: »die Neuordnung des Genpools . . . ebenso wie die sich ständig wandelnde Konstellation der Selektionskräfte der abiotischen wie der biotischen Umwelt, lassen unmöglich mehr als probabilistische Vorhersagen zu. Die Unfähigkeit des Darwinismus, determinierte Vorhersagen zukünftiger evolutionärer Ereignisse zu machen, ist eine unvermeidliche Konsequenz der Organisation des Lebens, aber sie belegt nicht, daß die Evolutionsbiologie kein Zweig der Wissenschaft sei.«[251]

Alles, was außerhalb einer selbstreproduktiven Einheit liegt, stellt im reduktionistischen Selektionsmodell des Molekulardarwinismus für die betreffende Einheit eine Umwelt dar. In der vorbiologischen, das heißt präbiotischen Phase der Evolution war die selektive Einheit die Nukleinsäure, und als

223

»Zielscheibe« der Selektion fungierten die phänotypischen Eigenschaften der Nukleinsäuren selbst.[252] In fortgeschrittenen Evolutionsstadien bildeten vermutlich gekoppelte Reaktionssysteme aus Nukleinsäuren und Proteinen (sog. Hyperzyklen) die selektiven Einheiten, noch später Zellen und ähnliches. Wenn man diese stark reduktionistische Interpretation der Evolution, deren Gültigkeit an isolierten Erbmolekülen experimentell bestätigt wurde (vgl. Anm. 247), akzeptiert, lösen sich auch eine Reihe von Problemen auf, die von der organismischen Biologie bezüglich der Tragweite der Darwinschen Selektionstheorie gesehen werden. So wird beispielsweise von seiten der organismischen Biologie kritisiert, die Theorie Darwins berücksichtige nicht die Selektion nach internen Selektionsbedingungen (wie z. B. der Organisationsstruktur) eines Organismus.[253] Wir erkennen nun aufgrund der vorausgegangenen Analyse, daß dieses Problem ein selbstinduzierter Widerspruch der organismischen Betrachtungsweise ist; denn gerade im Kontext der organismischen Biologie wird immer wieder betont, daß das Selektionsprinzip ausschließlich eine Eigenschaft bereits belebter Systeme sei. Die hiermit verbundene holistische Betrachtung schließt aber zwangsläufig den Begriff der internen Selektion aus. Andererseits zeigt gerade die reduktionistische Begründung des Selektionsprinzips, daß schon der einzelne Organismus mit seiner besonderen Organisationsstruktur für das in ihm eingebettete Gen eine Umwelt darstellt und neben dem außengesteuerten Selektionsdruck auf das Erbmaterial auch noch einen Binnenselektionsdruck ausübt. Die von Wolfgang Gutmann und anderen entwickelte sogenannte »kritische« Evolutionstheorie, die das Phänomen der Binnenselektion mit einbezieht, fügt sich somit zwanglos in den darwinistischen Ansatz ein und geht nicht, wie die Autoren fälschlich behaupten, über das darwinistische Evolutionsmodell hinaus.[254]

Die vorhergehenden Überlegungen haben uns auf den wichtigen Begriff der biologischen *Organisation* geführt. Wir wollen diesen Begriff nunmehr präzisieren. Dabei soll zwischen »funktionaler« und »struktureller« Organisation unterschieden werden. Diese Unterscheidung ist von größter Wichtigkeit, weil sich hierdurch ein gravierendes Mißverständnis bezüglich der Darwinschen Evolutionslehre aus dem Wege räumen läßt (siehe unten).

Die *funktionale* Organisation eines lebenden Systems S ist im Kontext der Evolutionstheorie offenbar durch den Grad der Anpassung eines Lebewesens an seine Umweltbedingungen definiert. Der Grad der Anpassung wiederum ist durch die selektionsdynamische Einbettung des Systems S in seine Umgebung bestimmt, also durch die Größe des durch Gleichung (32) definierten Selektionswertes. Mit dem so verstandenen Begriff der »funktionalen Organisation« wird zugleich der Anschluß an die Definition des Phänomens »Leben« hergestellt, wie wir sie zu Beginn dieses Kapitels eingeführt haben: Die drei konstitutiven Eigenschaften eines Lebewesens, nämlich Metabolismus, Selbstreproduktivität und Mutabilität, werden in Gleichung (32) über die Parameter A_i, Q_i und D_i zum Selektionswert W_i verknüpft (und dies wiederum ist äquivalent zur Verknüpfung des Begriffes »Leben« mit dem der »Ursemantik« biologischer Information). Es zeigt sich also, daß die von uns gegebenen Definitionskriterien für das Phänomen »Leben« tatsächlich die wesentlichen Merkmale des Lebendigen erfassen.

Mit dem Begriff der *strukturellen* Organisation soll hingegen der »räumliche« Aufbau eines lebenden Systems S bezeichnet werden. Gregory Chaitin[255] hat hierfür auf der Basis der algorithmischen Informationstheorie eine Definition gegeben, die zugleich eine quantitative Bestimmung der strukturellen Organisation erlaubt.

Chaitin geht bei seiner Definition von der Überlegung aus, daß eine komplexe Struktur wiederum nur mit Hilfe komplexer Instruktionen spezifiziert werden kann, während hingegen einfache, sich wiederholende Strukturen auch nur wenig

Instruktion erfordern. Anders ausgedrückt: Ein Maß für die strukturelle Organisation eines Organismus ist offenbar die Menge der Interdependenzen seiner Teilsysteme.

Dieser Gedanke läßt sich mathematisch präzisieren. In Anlehnung an Chaitin definieren wir die *d-Komplexität* $K_d(S)$ eines Systems S durch die Minimalzahl von bits, die notwendig sind, S als die »Summe« von separaten Subsystemen s_i darzustellen, deren Durchmesser nicht größer als d ist. Der Komplexitätsbegriff wird hier übrigens in demselben Sinn verwendet wie in Kapitel IV, 1.

Man betrachte für gegebene d und S alle möglichen Aufteilungen von S in nicht überlappende Teilsysteme s_i mit Durchmessern $\leq$ d. Die Größe $K_d(S)$ ist dann die Informationsmenge, die erforderlich ist, um jedes Teilsystem separat zu beschreiben, zuzüglich der Anzahl von bits, die erforderlich sind, um S aus seinen Teilen s_i zu rekonstituieren. Jedes Teilsystem s_i muß eine separate, das heißt von den übrigen Teilsystemen $s_{j \neq i}$ unabhängige Beschreibung besitzen. Man interessiert sich dann für solche Partitionen von S und solche Rekonstitutionsprogramme, für die die Summe der Komplexitäten der Teilsysteme ein Minimum besitzt, das heißt

$$(33) \qquad K_d(S) = \min \, [H(\text{Rekonstitutionsprogramm}) + \sum_{i<k} K(s_i)],$$

wobei das Minimum über alle Partitionen von S in nichtüberlappende Teilsysteme $s_1, s_2, \ldots, s_{k-1}$ (alle mit einem Durchmesser $\leq$ d) gesucht ist.

Sofern d größer als der Durchmesser von S ist, gilt

$$(34) \qquad K_d(S) = K(S) \quad .$$

Sofern S unstrukturiert ist, liegt K_d nahe bei $K(S)$ für abnehmendes d. Andererseits nimmt für strukturiertes S die d-Komplexität für abnehmendes d rapide zu. Allgemein gilt: Je schneller die Differenz

$$(35) \qquad K_d(S) - K(S)$$

mit abnehmendem d anwächst, desto größer ist die strukturelle Organisation von S.

Wenngleich der Begriff der *strukturellen* Organisation für das Problem der biologischen Informationsentstehung keine unmittelbare Bedeutung hat, so wirft er doch ein erhellendes Licht auf das Problem der spontanen und nicht-instruierten Entstehung komplexer Systeme (vgl. III, 1 und III, 2) sowie auf das Problem der Emergenz (vgl. V, 1). Die von Chaitin vorgeschlagene algorithmische Definition hat nämlich zwei interessante Konsequenzen. Sie liefert (a) entsprechend einem Vorschlag von John von Neumann eine abstrakte Umschreibung der strukturellen Organisation eines realen Objekts ohne Bezugnahme auf physikalisch-chemische Gesetze und (b) ein Theorem, wonach die spontane Entstehung komplexer Strukturen aufgrund extrem geringer Nukleationswahrscheinlichkeiten ausgeschlossen ist.[256, 257]

Darüber hinaus ermöglicht der algorithmische Ansatz auch eine formale Behandlung des Emergenzproblems. Und zwar zeigt sich, daß die These der organismischen Biologie »Das Ganze ist mehr als die Summe seiner Teile« für *jedes* strukturierte System S gilt, unabhängig davon, ob es sich hierbei um ein belebtes oder unbelebtes System handelt.[258] Die organismische Ganzheitsthese kann somit auch keinen ontologischen Unterschied zwischen belebten und unbelebten Systemen zum Ausdruck bringen, womit sich unsere in Kapitel V, 1 an konkreten Beispielen durchgeführte Analyse des Emergenzproblems in allgemeiner Form bestätigt.

Chaitin hat, was die evolutionstheoretische Relevanz seines Konzepts betrifft, an die algorithmische Definition der strukturellen Komplexität große Erwartungen geknüpft: »The next step in this program or research would be to proceed from static snapshots to time-varying situations, in other words, to set up a discrete universe with probabilistic state transitions and to show that there is a certain probability that a certain level of organization will be reached by a certain time. More generally, one would like to determine the probability distribution of the maximum degree of organization of any organism at time t + Δt as a function of it at time t. Let us propose an initial proof strategy for setting up a nontrivial example of the evolution of organisms: construct a serie of evolutionary forms . . ., argue that increased complexity gives organisms a selective advantage . . ., and show that no primitive organism is so successful or lethal that it diverts or blocks this gradual evolutionary pathway . . . What would be the intellectual flavor of the theory we desire? It would be a quantitative formulation of Darwin's theory of evolution in a very general model universe setting. It would be the opposite of ergodic theory: Instead of showing that things mix and become uniform, it would show that variety and organization will probably increase.«[259]

Dem Optimismus, den Chaitin hier äußert, müssen wir jedoch mit Vorsicht begegnen, denn für sein zentrales Argument, daß eine hohe *strukturelle* Organisation in jedem Fall einem Organismus einen Selektionsvorteil bietet, gibt es bis jetzt keine eindeutigen Belege. Die molekulardarwinistische Theorie der Lebensentstehung zeigt vielmehr, daß der Selektionswert eines lebenden Systems durch seine *funktionale* Organisation bestimmt wird. Außer gewissen Plausibilitätsbetrachtungen gibt es bislang noch keine theoretisch strenge Begründung für die von Chaitin implizit geäußerte Vermutung, daß eine direkte Korrelation zwischen funktionaler und struktureller Organisation besteht, etwa in dem Sinn, daß bei einem Anwachsen von funktionaler Organisation zwangsläufig auch die strukturelle Organisation zunehmen muß. Tatsächlich liefert die molekulardarwinistische Theorie der biologischen Informationsentstehung nur eine Erklärung für die Entstehung von funktionaler Organisation. Obgleich die strukturelle Organisation, wie sie zum Beispiel durch Chaitins d-Komplexität charakterisiert wird, im Verlauf der Evolution in der Regel zunimmt, ist es im Kontext der molekulardarwinistischen Theorie bisher nicht überzeugend gelungen, eine direkte Beziehung zwischen »funktionaler« und »struktureller« Organisation herzustellen.[260]

Daß zwischen »Struktur« und »Funktion« kein im mathematischen Sinn eineindeutiger Zusammenhang besteht, hat bereits unsere Diskussion in Kapitel III, 1 gezeigt. So kann die Funktion eines makromolekularen Funktionsträgers in der Regel durch eine Vielzahl von Strukturvarianten erfüllt werden (siehe Beispiel des Cytochroms c, Kapitel III, 1). Die verschiedenen Strukturvarianten sind zwar nicht alle in funktionaler Hinsicht gleich effizient, andererseits ermöglicht diese Tatsache aber erst eine molekulare Optimierung im Darwinschen Sinn.[261]

Vielleicht ist die Entstehung komplexer Strukturen überhaupt nur ein *Epiphänomen*, das als Folge der Entstehung funktionaler Ordnungszustände auftritt. Für diese Vermutung gibt es eine plausible Begründung, die mit der Dimensionalität des Sequenzraumes und der Effizienz der darin ablaufenden Optimierungsprozesse zusammenhängt. Anschaulich machen läßt sich dieser Zusammenhang wieder an dem in Abbildung 16 gezeigten Modell: In einem eindimensionalen Wertegebirge führt die Optimierungsroute zwangsläufig immer auch durch evolutionsmäßig »ungünstige« Täler, während mit dem Anwachsen der Dimensionalität die Wahrscheinlichkeit wächst, daß sich die Täler im Wertegebirge durch Ausnutzen von Sattelpunkten, Höhenlinien und ähnlichem umgehen lassen (vgl. III, 1). Der Umstand, daß die evolutive Optimierung in den höherdimensionalen Sequenzräumen möglicherweise effizienter ist, könnte zu einem Selektionsdruck führen, der die Entwicklung längerer Informationsträger (d. h. längerer Nukleinsäureketten) und damit auch die Entwicklung komplexerer Strukturen begünstigt.

In jedem Fall macht die vorstehende Diskussion noch einmal deutlich, daß eine Erklärung des Evolutionsphänomens vorrangig in der Erkärung der Entstehung *semantischer* Information (d. h. »funktionaler Ordnungszustände«) besteht und nicht der Entstehung syntaktischer Information (d. h. »struktureller Ordnungszustände«). Da sich der zweite Hauptsatz der Thermodynamik ausschließlich auf den strukturellen Aspekt bezieht, besteht primär auch kein Widerspruch zwischen den Gesetzen der Thermodynamik und dem Phänomen der Evolution. Darüber hinaus läßt sich zeigen, daß auch zwischen dem Anwachsen struktureller Ordnung und dem zweiten Hauptsatz grundsätzlich kein Widerspruch bestehen muß.[262]

3. Zur Struktur evolutionärer Erklärungen

Abschließend soll die Frage behandelt werden, in welchem Sinn der molekulardarwinistische Lösungsansatz den Ursprung biologischer Information »erklärt« und worin der konzeptionelle Wandel dieses neuartigen physikalischen Ansatzes gegenüber den traditionellen Modellen physikalischer Erklärung besteht.

Wir werden den Begriff der »Erklärung« hier zunächst in intuitiver Form einführen, um den Anschluß an die Terminologie herzustellen, die in den vorhergehenden Abschnitten benutzt wurde. Erst im weiteren Verlauf der Diskussion soll der Erklärungsbegriff des molekulardarwinistischen Lösungsansatzes so weit formalisiert werden, daß wir ihn im Kontext des vom logischen Empirismus entwickelten Erklärungsmodells diskutieren können.

Der Begriff der »Erklärung« hängt innerhalb der Naturwissenschaften natürlich eng mit der Frage zusammen, wodurch eigentlich die Existenz einer naturgesetzlichen Beziehung charakterisiert ist. Ohne zunächst wissenschaftstheoretische Genauigkeit anzustreben, läßt sich sagen, daß naturgesetzliche Zusammenhänge offenbar die Struktur einer »Wenn-Dann«-Relation besitzen. Man pflegt nämlich zu sagen, man habe für ein bestimmtes Ereignis eine naturgesetzliche Erklärung, wenn man unter der Menge der natürlichen Ereignisse eine Regelmäßigkeit, das heißt eine Gesetzmäßigkeit, auffindet, die es ermöglicht, bei gegebenem »Wenn« das eintretende »Dann« zu prognostizieren.[263] Das »Wenn« ist der Bedingungskomplex, unter dem das Ereignis, das »Dann«, stattfindet, oder genauer gesagt, stattfinden kann. Diese Einschränkung führt unmittelbar auf die Unterscheidung von sicheren und zufälligen Ereignissen.[264] Und zwar wollen wir im folgenden von einem *sicheren* Ereignis sprechen, wenn dieses unter der Realisierung einer gewissen Gesamtheit von Umständen oder Bedingungen immer eintritt, von einem *zufälligen* Ereignis, wenn es eintreten kann, aber nicht mit Notwendigkeit eintreten muß. Die Aussage, daß ein Ereignis zufällig ist, impliziert somit, daß ein bestimmter Bedingungskomplex nicht alle Umstände enthält, die für ein Ereignis notwendig und hinreichend sind.

Eine wichtige Kenngröße für ein Zufallsereignis ist die relative Häufigkeit, mit der es unter den Ereignissen eines Bedingungskomplexes auftritt. Stabilisiert sich die relative Häufigkeit mit zunehmender Ereignismenge um einen bestimmten Wert, so nennt man diesen die *statistische* Wahrscheinlichkeit des Ereignisses und das Ereignis selbst statistisch oder stochastisch.

Ändert sich der einem Ereignis zugrunde liegende Bedingungskomplex, so kann ein zufälliges Ereignis in ein sicheres oder in ein unmögliches Ereignis übergehen. Karl Popper nennt dies die Situationsabhängigkeit (Propensitätsinterpretation) der Wahrscheinlichkeit (vgl. III, 1).[265] Um ein zufälliges Ereignis in ein sicheres Ereignis zu transformieren, muß man demnach den Bedingungskomplex entsprechend erweitern oder verschärfen. Allerdings können hierbei insofern Schwierigkeiten auftreten, als der Transformierbarkeit, wie es bei atomaren Ereignissen der Fall ist, unter Umständen prinzipielle Grenzen gesetzt sind. So sind beispielsweise »die Unbestimmtheiten von Ort und Impuls« *innerhalb* der Quantenmechanik »nicht Grenzen unserer Kenntnis objektiv schärfer bestimmter Größen, sondern Grenzen des *Sinns* der betreffenden Begriffe«.[266] Sofern es in der Bestimmung des Bedingungskomplexes solche prinzipiellen Grenzen gibt, macht es einen Sinn, in Anlehnung an Jacques Monod zwischen einer bloß *operationalen* Unbestimmtheit, das heißt einer Unbestimmtheit, die sich im Prinzip beseitigen ließe, und einer *essentiellen* Unbestimmtheit zu unterscheiden (siehe IV, 2). Auf die hieraus resultierende wissenschaftstheoretische Kontroverse um die subjektivistische und objektivistische Deutung der Wahrscheinlichkeit können wir im Rahmen dieser Untersuchung allerdings nicht weiter eingehen.[267]

Unsere bisherigen Ausführungen betrafen ausschließlich den Bedingungskomplex für das Eintreten eines Ereignisses. Dabei haben wir stillschweigend angenommen, daß die Gesetze, die unter Vorgabe eines definierten Bedingungskomplexes zu einem bestimmten Ereignis führen, deterministisch sind. Nun zeigt gerade die Quantenphysik in eindringlicher Weise, daß die Gesetze selbst statistischer Natur sein können und bei gegebenem Bedingungskomplex, das heißt bei gegebenem »Wenn«, zu einem mehrdeutigen »Dann« führen können. Auch diese Komplizierung des Sachverhalts wollen wir hier außer acht lassen.

In der Physik bezeichnet man den Bedingungskomplex für ein Ereignis üblicherweise als *Randbedingung*. Hiervon zu unterscheiden ist der Begriff der »biologischen« Randbedingung, wie er beispielsweise von Michael Polanyi verwendet wird. Nach Polanyi ist die genetische Information als Randbedingung aufzufassen, unter deren einschränkender Kontrolle die Gesetze der Physik und Chemie in einem lebenden Organismus stehen (vgl. III, 2). Natürlich sind die biologischen Randbedingungen insofern auch zugleich physikalische, als die genetische Information an bestimmte materielle Träger, nämlich die biologischen Makromoleküle, gebunden ist, welche ihrerseits spezifische physikalische Eigenschaften besitzen. Allerdings gehen die biologischen Randbedingungen, was den semantischen Aspekt der Information betrifft, über den rein materiellen Aspekt einer physikalischen Randbedingung hinaus. Wenn wir im folgenden von einer *biologischen* Randbedingung sprechen, so meinen wir damit die durch ein

233

biologisches Makromolekül (z. B. DNS) gegebene materielle Struktur *und* die durch die spezifische Abfolge seiner Bausteine verschlüsselte Information.

Die informationstragenden makromolekularen Strukturen sind selbst wieder nur unter bestimmten physikalischen Bedingungen wie Temperatur, Ionenstärke und ähnlichem funktionsfähig. Die physikalischen Bedingungen, unter denen die genetische Information operational wird, hatten wir auch als physikalische Milieubedingungen bezeichnet (vgl. V, 1). So gesehen setzt sich der Bedingungskomplex biologischer Phänomene aus einer Kombination von biologischen Randbedingungen und physikalischen Milieubedingungen zusammen.

Der Prozeß der Erklärung eines *natürlichen* Ereignisses besteht im wesentlichen darin, daß man entweder in einer empirisch ermittelten »Wenn-Dann«-Beziehung eine gesetzmäßige Beziehung aufdeckt, die sich bezüglich zukünftiger Ereignisse verallgemeinern läßt (induktives Vorgehen), oder die Existenz einer bestimmten »Wenn-Dann«-Beziehung mittels einer bereits formulierten Gesetzmäßigkeit verifiziert (deduktives Vorgehen). Die zuerst genannte Form der Erklärung ist dabei die stärkere Variante, da sie zur Erweiterung der bereits existierenden Erklärungsmittel beiträgt.

Der hier freilich nur in Umrissen skizzierte Erklärungsbegriff wird in den Naturwissenschaften mit Hilfe des Experiments operationalisiert: Im Experiment wird die Natur über die Vorgabe von Randbedingungen gezielt bestimmten Einschränkungen unterworfen, um das Verhalten der Natur unter diesen Einschränkungen zu analysieren. Durch Variation wie auch Einengung oder Erweiterung der experimentellen Randbedingungen läßt sich so das gesetzmäßige Verhalten der Materie erschließen. Der Physiker gibt bei seinen Experimenten beispielsweise spezifische Milieubedingungen vor wie Temperatur, Druck, Anfangskonzentration und ähnliches. Der Molekulargenetiker setzt bei seinen Experimenten zusätzlich noch genetisches Material als biologische Randbedingung ein, oder er manipuliert diese Randbedingungen, indem er einzelne monomere Bausteine in einem biologischen Makromolekül austauscht.

Häufig geht der Naturwissenschaftler so vor, daß er im Experiment das zu analysierende Materieverhalten von der Komplexität seiner natürlichen Randbedingungen weitgehend befreit, um auf diese Weise gegebenenfalls einen Zugang zu tieferliegenden Gesetzmäßigkeiten zu finden (vgl. auch die Diskussion in III, 3). Dies ist natürlich ein kritischer Punkt, da sich hier die Frage stellt, inwieweit die unter den künstlichen, das heißt idealisierten Randbedingungen aufgefundenen Gesetzmäßigkeiten für die Beschreibung und Erklärung natürlicher Ereignisse noch tragfähig sind.[268] Besonderes Gewicht besitzt diese Frage für die Biologie, da die Evolution als *historischer* Prozeß ganz entscheidend von der geschichtlichen Einmaligkeit seiner Randbedingungen geprägt wird (siehe unten).

Als zentrale Elemente im Hinblick auf den Erklärungsvorgang haben wir somit den Begriff der Randbedingung und den der Gesetzmäßigkeit eingeführt. Wir wollen nunmehr den Erklärungsbegriff präzisieren. Hierzu eignet sich insbesondere die Art der Begriffsexplikation, wie sie von Carl Gustav Hempel und Paul Oppenheim im Rahmen des logischen Empirismus vorgeschlagen wurde.[269] Das sogenannte H-O-Schema der wissenschaftlichen Erkärung basiert im wesentlichen auf zwei Klassen von Aussagen:

1. den Sätzen $A_1, \ldots, A_m$, welche die sogenannten *Antezedensbedingungen* beschreiben, die dem zu erklärenden Ereignis, dem sogenannten *Explanandum* (E), vorausgehen,

2. den Sätzen $G_1, \ldots, G_n$, welche die allgemeinen *Gesetzmäßigkeiten* beschreiben, die dem Explanandum E zugrunde liegen.

Nach dem H-O-Schema besteht der eigentliche Vorgang der Erklärung von E darin, E aus den Prämissen ($A_1, \ldots, A_m$, $G_1, \ldots, G_n$), die zusammen das sogenannte *Explanans* ausmachen, logisch abzuleiten. Genaugenommen gilt dieses Erklärungsschema allerdings nur für deterministische Gesetze. Solche Gesetze bilden zusammen mit den Antezedensbedingungen das Gerüst für die sogenannten *deduktiv-nomologischen* Erklärungen (DN-Erklärungen). Bei statistischen oder probabilistischen Gesetzesannahmen kann der Schluß von E nicht mehr zwingend, sondern nur mit einer gewissen Wahrscheinlichkeit erfolgen. Diese Erklärungen bilden dann die Gruppe der *induktiv-statistischen* Erklärungen (IS-Erklärungen).

Für eine *adäquate* beziehungsweise korrekte Erklärung müssen darüber hinaus noch bestimmte Zusatzbedingungen erfüllt sein. So wird von einer adäquaten Erklärung gefordert, daß (a) das Argument, das vom Explanans zum Explanandum führt, korrekt ist (im Fall der DN-Erklärung muß zum Beispiel das Explanandum eine *logische* Folgerung aus dem Explanans sein), (b) das Explanans einen empirischen Gehalt besitzt, (c) das Explanans mindestens ein allgemeines Gesetz enthält, beziehungsweise einen Satz, aus dem ein allgemeines Gesetz folgt, und (d) die Sätze des Explanans wahr sind.

Das H-O-Schema ist das Kernstück des vom logischen Empirismus entwickelten Erklärungsmodells. Es gibt eine Vielzahl von Modifikationen und Erweiterungen dieses Modells, die in aller Ausführlichkeit von Wolfgang Stegmüller diskutiert und zueinander in Beziehung gesetzt wurden.[270]

Das Modell der DN-Erklärungen ist in sich allerdings nicht ganz problemfrei. Die Schwierigkeiten treten insbesondere bei der genaueren Bestimmung des Explanandums zutage. Im einfachsten Fall kann das Explanandum eine kontingente Aussage sein, wie zum Beispiel eine Aussage über den Ort eines Körpers zur Zeit t. In komplizierten Fällen kann das Explanandum aber auch eine Aussage sein, die einen gesetzmäßigen Zusammenhang, beispielsweise ein physikalisches Gesetz, wiedergibt.[271]

Trotz (oder gerade wegen) dieser Schwierigkeiten stellt das

DN-Schema der Erklärung einen geeigneten *Systematisierungsrahmen* dar, innerhalb dessen die Feinstruktur wissenschaftlicher Erklärungsmodelle besonders deutlich zutage tritt. Insbesondere lassen sich, wie wir sogleich sehen werden, am DN-Modell auch die spezifischen Merkmale des molekulardarwinistischen Erklärungsmodells herausarbeiten.

Zuvor müssen wir jedoch die Frage klären, was denn im Kontext biologischer Theorienbildung überhaupt als Explanans und Explanandum anzusehen ist. Betrachten wir zunächst das Explanandum. Hier können wir zwei Fälle unterscheiden, je nachdem, ob sich das Explanandum auf die phänotypische Expression des genetischen Materials (Fall 1) oder auf das genetische Material selbst (Fall 2) bezieht. Die phänotypische Expression des genetischen Materials ist das, was wir gemeinhin als Lebenserscheinung bezeichnen. Das genetische Material selbst repräsentiert eine biologische Randbedingung: bestimmte makromolekulare Strukturen, welche semantische Information tragen.

Entsprechend unterscheidet sich in den beiden Fällen das Explanans. Im ersten Fall besteht das Explanans aus einer Reihe von Sätzen, welche die physikalischen Milieubedingungen, die biologischen Randbedingungen sowie die allgemeinen Gesetzmäßigkeiten beschreiben. Im zweiten Fall reduziert sich das Explanans, da die biologischen Randbedingungen nunmehr selbst zum Explanandum werden, auf die Vorgabe der physikalischen Milieubedingungen sowie der allgemeinen Gesetzmäßigkeiten. Dieser Fallunterscheidung entsprechen zwei Klassen von biologischen Theorien:[272]

(1) *Ontobiologische Theorien*: Die ontobiologischen Theorien gehen von einem bereits lebenden System aus. Bei der ontobiologischen Erklärung sind die biologischen Randbedingungen sowie die physikalischen Milieubedingungen vorgegeben; die verschiedenen Lebenserscheinungen werden hieraus mit Hilfe allgemeiner Gesetzmäßigkeiten abgeleitet.

(2) *Entwicklungsbiologische Theorien*: Die entwicklungsbiologischen Theorien erklären hingegen biologische Phänomene aus ihrer Entwicklungsgeschichte. Der entscheidende Vorgang einer entwicklungsbiologischen Erklärung ist mithin die Ableitung der biologischen Randbedingungen. Da die biologischen Randbedingungen die Information für den Aufbau eines lebenden Organismus verschlüsseln, ist deren Erklärung gleichbedeutend mit der Erklärung des Ursprungs teleonomischer Strukturen.

Neben der Klassifizierung in ontobiologische und entwicklungsbiologische Theorien haben wir auch eine Klassifizierung bezüglich der allgemeinen Gesetze, die das Explanans konstituieren (Tab. 5). So bestehen im Rahmen des reduktionistischen Forschungsprogramms die allgemeinen Gesetze ausschließlich aus denen der Physik und Chemie, während im Rahmen vitalistischer Theorienbildung zu den physikalisch-chemischen Gesetzen noch wenigstens ein lebensspezifisches, das heißt irreduzibles Gesetz hinzukommt.

Betrachten wir auf diese Fallunterscheidung hin noch einmal die Erklärungsstruktur der ontobiologischen und der entwicklungsbiologischen Theorien. Der Bedingungskomplex für ein biologisches Phänomen besteht im Kontext der ontobiologischen Theorien aus einer Kombination von biologischen Randbedingungen und physikalischen Milieubedingungen. Das reduktionistische Forschungsprogramm impliziert, daß jeder Lebenserscheinung ein derartiger Bedingungskomplex zugrunde liegt, aus dem das jeweilige Phänomen allein unter Zuhilfenahme physikalisch-chemischer Gesetzmäßigkeiten (im Prinzip) abgeleitet werden kann (sog. *genetischer Determinismus,* vgl. I, 2). Werden in das Explanans hingegen noch lebensspezifische Gesetze mit aufgenommen, so resultiert hieraus die »klassische« Variante *des Vitalismus.*

Wie bei den ontobiologischen Theorien können wir auch bei den entwicklungsbiologischen zwei Erklärungsmodelle unterscheiden, den *Molekulardarwinismus* und den *wissen-*

schaftlichen Vitalismus. Im Molekulardarwinismus manifestiert sich wieder das reduktionistische Forschungsprogramm
mit seinem alleinigen Rückgriff auf die Gesetze der Physik
und Chemie, während in dem auf der pseudo-wissenschaftli-
chen Ebene begründeten Vitalismus irreduzible Gesetze in das
Explanans mit aufgenommen werden.

Daß die Position der organismischen Biologie in dem in
Tabelle 5 dargestellten Klassifizierungsschema nicht in
Erscheinung tritt, liegt daran, daß die organismische Biologie
weder von einer andersartigen Strukturierung der Antezedensbedingungen ausgeht noch eine über die hier diskutierten
Gesetzmäßigkeiten hinausgehende Gesetzmäßigkeit formuliert. Die organismische Biologie basiert ausschließlich auf
einer am Ganzheitsbegriff orientierten Methodenkritik, welche aber, wie die Diskussion hier (und in Kapitel V, 1) deutlich macht, das reduktionistische Erklärungsmodell überhaupt
nicht tangiert, da durch die bloße Einführung des Ganzheits-
begriffs das Explanans nicht modifiziert wird. Andererseits
können die Ganzheitsphänomene auch nicht zum Explanandum gemacht werden, da diese, der organismischen These
entsprechend, prinzipiell nicht ableitbar sind. Hiervon einmal
abgesehen hatten wir in Kapitel V, 1 die Kritik der organismischen Biologie am reduktionistischen Forschungsprogramm
schon deswegen als unbegründet zurückgewiesen, weil die von
der organismischen Biologie hervorgehobenen Ganzheitsphänomene bereits ein genuiner Bestandteil physikalisch-chemischer Erklärungsmodelle sind.

Wir wollen die weitere Diskussion auf das molekulardarwinistische Erklärungsmodell beschränken. Im Rahmen des
Molekulardarwinismus wird unter einer entwicklungsbiologischen Erklärung eine Erklärung lebender Systeme im Sinne
Darwins, das heißt auf der Grundlage der Theorie der natürlichen Evolution, verstanden, so daß wir den Erklärungsvorgang auch als *evolutionäre* Erklärung bezeichnen können. Da
eine Evolution im Darwinschen Sinn bereits im abiotischen,

	Bedingungskomplex	Allgemeine Gesetze	Explanandum
Ontobiologische Theorien (a) Genetischer Determinismus	Physikalische Milieubedingungen *und* biologische Randbedingungen	Gesetze der Physik und Chemie	Alle Lebenserscheinungen
Ontobiologische Theorien (b) Klassischer Vitalismus	Physikalische Milieubedingungen *und* biologische Randbedingungen.	Gesetze der Physik und Chemie *und* lebensspezifische Gesetze	Alle Lebenserscheinungen
Entwicklungs-biologische Theorien (a) Molekulardarwinismus	Physikalische Milieubedingungen	Gesetze der Physik und Chemie	Biologische Randbedingungen
Entwicklungs-biologische Theorien (b) Wissenschaftlicher Vitalismus	Physikalische Milieubedingungen	Gesetze der Physik und Chemie *und* lebensspezifische Gesetze	Biologische Randbedingungen

Tab. 5: *Die wichtigsten Klassen von biologischen Theorien und deren Erklärungsstruktur.*

molekularen Bereich möglich ist, treten evolutionäre Erklärungsmodelle schon auf der physikalisch-chemischen Ebene auf. Die Molekulartheorie der Evolution, die im Zentrum der vorliegenden Untersuchung stand, ist hierfür ein Beispiel.

Es läßt sich nun auch die eingangs gestellte Frage beantworten, worin eigentlich der Unterschied zwischen den auf der physikalisch-chemischen Ebene angesiedelten Modellen evolutionärer Erklärung und den traditionellen Modellen physikalischer Erklärung besteht. Wie die vorausgegangene Analyse zeigt, spielen in den evolutionären Erklärungsmodellen die Randbedingungen eine weitaus wichtigere Rolle als in den traditionellen Modellen physikalischer Erklärung. In der Physik sind nämlich die Randbedingungen normalerweise *kontingente* Größen, wie etwa Ort und Geschwindigkeit eines Körpers zu einer bestimmten Zeit. Kontingent bedeutet hier, daß die Randbedingungen so sein können oder auch anders, daß sie physikalisch zulässig, aber nicht aus den physikalischen Gesetzen ableitbar sind. Ganz anders verhält es sich mit den biologischen Randbedingungen. Diese sind gerade nicht-kontingente Größen; denn sie repräsentieren eine spezifische Auswahl von Randbedingungen aus einer nicht überschaubaren Vielzahl physikalisch äquivalenter Alternativen. Diese Auswahl ist insofern spezifisch, als nur diese an spezielle Sequenzmuster eines biologischen Makromoleküls gebundenen Randbedingungen semantische Information verschlüsseln. Im Gegensatz zu den traditionellen Modellen physikalischer Erklärung spielen also die Randbedingungen in dem vorliegenden Fall keine untergeordnete Rolle mehr, sondern sie rücken selbst in das Zentrum der Erklärung, werden somit selbst zum Explanandum. Genau hierin besteht der konzeptionelle Wandel, der für die Physik der Selbstorganisation und Evolution molekularer Strukturen charakteristisch ist. In einem Selbstorganisationsprozeß sind die Randbedingungen bezüglich der Systemdynamik nicht mehr kontingent, sondern stehen zur Dynamik in einem rückkoppelnden

Bezug. Dieses Charakteristikum läßt sich geradezu für eine allgemeine Definition des Begriffes »Selbstorganisation« verwenden: Als *Selbstorganisation* sei jeder selbsttätig ablaufende Prozeß bezeichnet, in dessen Verlauf die Gesetze der Physik und Chemie ihre zunächst unspezifischen Randbedingungen in spezifischer Weise transformieren.

Bei der *biologischen* Selbstorganisation manifestiert sich das Ergebnis des Selbstorganisationsprozesses in der spezifischen Primärstruktur der informationstragenden biologischen Makromoleküle, welche im Sinne Polanyis die Eigenschaft einer biologischen Randbedingung besitzen. Allerdings, und dies kompliziert den Sachverhalt beträchtlich, besteht der Gesamtprozeß der biologischen Selbstorganisation aus einer Vielzahl von Einzelprozessen, in deren Verlauf die zunächst unspezifischen physikalischen Randbedingungen sukzessiv in biologische Randbedingungen transformiert werden. Der Prozeß als Ganzes gesehen ist quasikontinuierlich, was wiederum mit der in Kapitel V, 2 geäußerten Vermutung konsistent ist, daß der Übergang vom Unbelebten zum Belebten fließend ist.

Dem Erklärungsanspruch des Molekulardarwinismus sind jedoch, was die Ableitbarkeit der biologischen Randbedingungen betrifft, Grenzen gesetzt. Diese Grenzen sind im wesentlichen darauf zurückzuführen, daß (a) die evolutionäre Entstehung der biologischen Randbedingungen auf Zufallsereignissen beruht, nämlich den Genmutationen, und daß (b) der historische Evolutionsprozeß in Rahmenbedingungen eingebettet war, die sich nicht vollständig rekonstruieren lassen.

Die erste Einschränkung ist prinzipieller Art und damit nicht eliminierbar. Denn die »Richtung« der evolutionären Prozesse hängt ganz entscheidend von den mikrophysikalischen Mutationsereignissen ab, welche ihrerseits völlig indeterminiert sind. Darüber hinaus entwickeln sich die biologischen Randbedingungen in Form eines kontinuierlichen Rückkopplungsprozesses, bei dem das Ergebnis der primären

Optimierungsphase zur Randbedingung der nachfolgenden Phase wird.

Die zweite Einschränkung läßt sich wenigstens *teilweise* eliminieren. Man kann nämlich ein sich selbst organisierendes System von der Komplexität seiner *historischen* Rahmenbedingungen befreien und unter die idealisierten Randbedingungen des Experiments stellen.[273] Allerdings ist dies nur für die abiotische Komponente der historischen Rahmenbedingungen möglich; denn die biotische Komponente ist wegen ihres rückkoppelnden Bezugs zum Prozeß der evolutionären Optimierung wiederum von den grundsätzlich indeterminierten Genmutationen abhängig (siehe V, 2).

Dementsprechend beschreibt die Molekulartheorie der Evolution nur die allgemeinen Prinzipien und Mechanismen, denen gemäß biologische Information entstehen kann, nicht aber die Entstehung von Information in ihren semantischen Einzelheiten. Dies war mit der Aussage gemeint, der molekulardarwinistische Lösungsansatz erkläre nur die Entstehung der Planmäßigkeit an sich, nicht aber die Entstehung eines Plans in seiner Detailstruktur (siehe III, 3 und V, 2).

Neben dem Begriff der »Erklärung« spielt im H-O-Schema der Begriff der »Voraussage« beziehungsweise »Prognose« eine bedeutsame Rolle. Hempel und Oppenheim haben die These aufgestellt, daß zwischen Erklärung und Voraussage eine strukturelle Identität (oder Ähnlichkeit) bestehe.[274] Danach haben wissenschaftliche Voraussagen stets dieselbe logische Struktur wie wissenschaftliche Erklärungen. Der Unterschied zwischen einer Voraussage und Erklärung besitzt dann bloß einen pragmatischen Charakter: Wenn das Explanandum E in dem Sinn vorgegeben ist, daß man bereits weiß, daß der durch E beschriebene Sachverhalt stattgefunden hat, und wenn die Antezedensbedingungen sowie die Gesetze nachträglich zur Verfügung gestellt werden, aus denen zusammen E ableitbar ist, so spricht man von einer *Erklärung*. Wenn hingegen die Antezedensbedingungen sowie die Gesetze zunächst gegeben sind und E daraus zu einem Zeitpunkt abgeleitet wird, bevor E tatsächlich stattfindet, so spricht man von einer *Voraussage*.

Sofern die These von der strukturellen Identität von Erklärung und Voraussage richtig ist, gelten für evolutionäre Voraussagen dieselben Einschränkungen wie für die evolutionären Erklärungen. In der Tat müssen die stark eingeschränkten Möglichkeiten der Voraussage als ein charakteristisches Merkmal evolutionärer Prozesse angesehen werden. Sie werden überlagert von einem experimentellen Problem. Mit Ausnahme der molekularen Evolutionsprozesse spielen sich evolutionäre Veränderungen (z. B. Prozesse der Artbildung) gewöhnlich innerhalb so großer Zeiträume ab, daß sie sich unserer direkten Beobachtung entziehen. Es bleiben dann als Zeugnis der Evolution nur die paläontologischen Funde, die gleichsam Momentaufnahmen der Evolution zu verschiedenen Zeitpunkten darstellen. Aber auch hier besteht nach wie vor das Problem, daß wichtige Zwischenformen der phylogenetischen Entwicklung fehlen (sog. »missing links«). Um die Kohärenz der Gesamttheorie dennoch zu wahren, werden häufig die empirischen Wissenslücken durch eine Reihe von Hypothesen über die historischen Umweltbedingungen, die Art der Selektionskräfte und ähnlichem ausgefüllt. Die ergänzenden Hypothesen sind jedoch auch nur Erklärungsmodelle a posteriori und führen in der Regel nicht zu experimentell überprüfbaren Voraussagen. Diesen Sachverhalt hatte Karl Popper vielleicht vor Augen, als er die Evolutionstheorie als ein »metaphysisches Forschungsprogramm« bezeichnete.[275]

Popper hat seine Behauptung jedoch inzwischen widerrufen. Wohl unter dem Eindruck der sogenannten »Kreationismus-Debatte«, in deren Verlauf Popper von den Gegnern der Darwinschen Evolutionslehre zum wissenschaftsphilosophischen Kronzeugen ernannt wurde, schrieb Popper: ». . . some people think that I have denied scientific character to the historical sciences, such as palaeontology, or the theory of the evolution of life on Earth; or to say, the history of literature, or of technology, or of science.

This is a mistake, and I here wish to affirm that these and other historical sciences have in my opinion scientific character: their hypotheses can in many cases be *tested*.

It appears as if some people would think that the historical sciences are untestable because they describe unique events. However, the description of unique events can very often be tested by deriving from them testable predictions or retrodictions.«[276]

Wenngleich die Evolutionstheorie in ihrer klassischen Form (d. h. bezogen auf die Evolution der Arten) keine *direkten* experimentell überprüfbaren Voraussagen macht, so enthält sie doch eine Vielzahl von *indirekten* Voraussagen. Monod hat dies an zwei historischen Beispielen belegt.[277]

Betrachten wir zunächst eine implizite Voraussage, die weit über den unmittelbaren Anwendungsbereich der Evolutionstheorie hinausgeht. Es handelt sich hier um die berühmte Diskussion zwischen Darwin und Lord Kelvin. Kelvin hatte aufgrund des Energievorrates der Sonne berechnet, daß das Leben in unserem Sonnensystem nicht wesentlich älter als 25 Millionen Jahre sein könne. Darwin mußte andererseits in konsequenter Deutung seiner Evolutionstheorie das Alter des Lebens auf dieser Erde mit mehreren 100 Millionen Jahren ansetzen. Wenngleich Darwin keine präzisen Zahlen angeben konnte, so schien zwischen seinem Ergebnis und dem von Kelvin eine unüberbrückbare Distanz zu liegen.

Die Berechnungen Kelvins waren durchaus korrekt. Er hatte dem Wissensstand seiner Zeit entsprechend angenommen, daß die Sonne ein riesiger Kohlehaufen sei, deren Energievorrat bei einer Abstrahlung von 6,3 Kilowatt/cm^2 allenfalls für einen Zeitraum von 25 Millionen Jahren reiche. Heute wissen wir, daß die Sonne eine riesige Gaskugel ist, in derem Innern gewaltige Energiemengen durch Kernverschmelzungsprozesse erzeugt werden, die weithin ausreichend sind, das Leben auf der Erde seit 4,5 Milliarden Jahren aufrechtzuerhalten. (Nach unserem heutigen Wissensstand beträgt der Wert für die Solarkonstante, das heißt die gesamte auf der Erde [außerhalb der Erdatmosphäre] ankommende Strahlungsenergie, 1,37 Kilowatt/M^2.) In der Evolutionstheorie, so können wir mit Monod folgern, ist das geologische Alter der Erde sowie die aus der Relativitätstheorie abgeleitete Äquivalenz von Masse und Energie bereits *potentiell* enthalten.

Aber es gibt auch ein auf die Lebensphänomene direkt bezogenes Beispiel für den impliziten Vorhersagecharakter der Evolutionstheorie. Darwin und seinen Zeitgenossen (mit Ausnahme von Mendel) waren die Grundlagen der Vererbungslehre unbekannt. Insbesondere hatten sie keine genauen Vorstellungen über den Ursprung und das Wesen der erblichen Veränderungen (Mutationen), die der natürlichen Selektion eine Auswahl zu treffen erlauben. Die Darwinisten glaubten, das Erbmaterial würde *kontinuierlich* variieren und die Evolution durch Selektion stetig fortschreiten. Ein Zeitgenosse Darwins, der Ingenieur Fleeming Jenkin, wies jedoch mit mathematischer Strenge nach, daß es überhaupt keine Evolution der Arten im Sinne Darwins geben könne. Seine Beweisführung stützte sich auf die damals allgemein akzeptierte Theorie der sogenannten »blending inheritance«, wonach bei der Vererbung das elterliche Erbgut in den Nachkommen kontinuierlich vermischt wird. Tritt zufällig einmal eine vorteilhafte Mutation auf, so werden deren Auswirkungen in jeder Generation um den Faktor 2 verdünnt, so daß schon nach wenigen Generationen der selektive Vorteil wieder verschwunden ist. Jenkins Berechnungen machten auf Darwin einen so überzeugenden Eindruck, daß er in der letzten von ihm noch selbst redigierten Ausgabe der *Entstehung der Arten* sich wieder stark der Lamarckistischen Interpretation der Evolution annäherte.

246

Heute wissen wir, daß mit der Vererbung kein kontinuierlicher, sondern ein diskontinuierlicher Vermischungsprozeß des Erbmaterials verbunden ist und daß die Einheit eines Merkmals, das Gen, in stabilen chemischen Informationsträgern, den Nukleinsäuren, niedergelegt ist. Darwins Selektionstheorie enthält also implizit genaue Aussagen über den Mechanismus der Vererbung, der erst *nach* der Veröffentlichung der Theorie aufgeklärt wurde.

Aber auch in ihrer modernen Fassung als synthetische Theorie der Evolution (vgl. I, 1) enthält Darwins Evolutionslehre viele implizite Voraussagen, die erst im nachhinein durch die Ergebnisse der Molekularbiologie bestätigt wurden. So ist beispielsweise die von der synthetischen Theorie postulierte Richtungslosigkeit der Mutationsereignisse erst viele Jahre später nachgewiesen worden, nachdem der chemische Mechanismus der Vererbung aufgeklärt und die Mutation als eine auf die quantenmechanische Unschärfe zurückzuführende Veränderung der DNS-Sequenz erkannt worden war.

Die wissenschaftliche Tragweite des Darwinschen Evolutionskonzepts äußert sich offenbar darin, daß ihr Inhalt und Anwendungsbereich sehr viel reichhaltiger ist, als bei ihrer Konzipierung vorauszusehen war. Dies zeigt nicht zuletzt die physikalische Begründung der Darwinschen Evolutionslehre durch die Molekulartheorie der Evolution, welche uns bis an den Ursprung allen Lebens heranführt.

Zusammenfassung

Die Frage nach dem Zusammenhang von Gesetz und Zufall in der Evolution des Lebens gehört zu den zentralen wissenschaftsphilosophischen Problemen der Biologie. In dem vorliegenden Buch werden die grundlegenden Aspekte dieser Fragestellung aus der Sicht der modernen Evolutionsbiologie behandelt.

Die Untersuchung geht von der Prämisse aus, daß das, was Gegenstand ihrer Analyse ist, zum fundierten Bestand naturwissenschaftlicher Erkenntnis zählt und nicht eigens begründet werden muß. Sie setzt demnach voraus, daß das Phänomen der Evolution eine hinreichend gesicherte Tatsache ist und daß die auf der Darwinschen Evolutionslehre aufbauende synthetische Evolutionstheorie ein geeignetes Konzept darstellt, das Evolutionsphänomen zu verstehen und zu erklären (I, 1).

Freilich ist gerade die Frage nach dem Theoriecharakter der synthetischen Evolutionstheorie ein wissenschaftsphilosophisches Problem, das eine besondere Bedeutung im Hinblick auf die übergeordnete Frage nach dem Zusammenhang von Gesetz und Zufall in der Evolution besitzt. Einen Zugang zu diesem Problem liefert vor allem die Analyse der sogenannten Molekulartheorie der Evolution, welche die Grundprinzipien der synthetischen Evolutionstheorie mit den Grundgesetzen der Physik und Chemie verknüpft. Die vielfältigen Aspekte dieser Verknüpfung werfen zugleich ein neues Licht auf die allgemeinen Probleme der Begriffs- und Theorienbildung im Grenzbereich von Physik, Chemie und Biologie.

Die Molekulartheorie der Evolution ist das Ergebnis einer

stürmischen Weiterentwicklung der Biologie und Physik in den letzten zwei Jahrzehnten. Sie basiert zum einen auf der Erkenntnis der Molekularbiologie, daß sich die grundlegenden Lebenserscheinungen wie Stoffwechsel (Metabolismus) und Vererbung (Selbstreproduktivität) auf die geordnete Wechselwirkung von biologischen Makromolekülen und damit auf die Gesetzmäßigkeiten von Physik und Chemie zurückführen lassen, zum anderen auf der Erkenntnis der Physik offener Systeme, daß sich in Nichtgleichgewichtssystemen spontan materielle Ordnungszustände (sog. dissipative Strukturen) aufbauen können, wie sie auch für lebende Systeme charakteristisch sind.

Die Molekulartheorie der Evolution beschreibt die Entstehung und frühe Evolution des Lebens als einen materiellen Selbstorganisationsprozeß, in dessen Verlauf sich die zwei wichtigsten Klassen von biologischen Makromolekülen (Nukleinsäuren und Proteine) selbsttätig zu einem informationsgesteuerten System organisieren konnten, welches die drei Grundmerkmale des Lebendigen aufweist: Metabolismus, Selbstreproduktivität und Mutabilität.

Die moderne Theorie der Lebensentstehung ist eine physikalisch-chemische Theorie. Als solche versucht sie, den historischen Prozeß der biologischen Selbstorganisation auf seine grundlegenden, zeitlich invarianten Prinzipien und Mechanismen zurückzuführen. Die Theorie erhebt *nicht* den Anspruch, den Prozeß in seinem historischen Detailverlauf rekonstruieren zu können.

Im Gesamtprozeß der biologischen Selbstorganisation lassen sich, dem jeweiligen Optimierungsgrad entsprechend, drei Phasen unterscheiden (I, 2):

(1) Phase der *nicht-instruierten* präbiotischen Synthese von biologischen Makromolekülen.

(2) Phase der Selbstorganisation von biologischen Makromolekülen zu einem *selbstinstruktiven* Biosynthesezyklus.

(3) Phase der evolutiven Optimierung des Biosynthesezyklus.

Der eigentliche Übergang vom Unbelebten zum Belebten fand während der zweiten Phase statt und besteht im Übergang von der nicht-instruierten zur instruierten Synthese von biologischen Makromolekülen. Diese Phase der biologischen Selbstorganisation endete mit der Nukleation eines selbstinstruktiven Biosynthesezyklus, welcher (nach seiner Kompartimentierung) als primitiver Vorläufer der lebenden Zelle angesehen werden kann.

Jede Form von Instruktion erfordert Information. Die dem selbstinstruktiven Biosynthesezyklus zugrunde liegende Information ist in der detaillierten Abfolge (Sequenz) der Grundbausteine seiner Nukleinsäurekomponenten verschlüsselt. Diese instruieren den Aufbau einer Proteinmaschinerie, welche ihrerseits die Reproduktion des gesamten Zyklus katalysiert.

Es hat sich gezeigt, daß die Information für den Aufbau eines lebenden Organismus nicht allein in der linearen Abfolge der Bausteine seiner Erbmoleküle verschlüsselt ist, sondern daß das lineare Aufbauprinzip – wie bei der menschlichen Sprache auch – einen hierarchischen Überbau besitzt. Wenn wir unsere Betrachtungen im wesentlichen auf den sequentiellen Aspekt der Informationsspeicherung beschränkt haben, so hat dies seine Berechtigung in der Tatsache, daß wir in der vorliegenden Untersuchung unser Interesse ausschließlich auf die Initialphase der Lebensentstehung gelenkt haben. Die hierarchische Organisation der Genstruktur ist hingegen ein vergleichsweise spätes Produkt der Evolution. In ihr ist vor allem die Information für die komplexen Regulations- und Steuerungsphänomene höher entwickelter Organismen verschlüsselt.

Das Problem der Lebensentstehung ist offenbar im wesentlichen gleichbedeutend mit dem Problem der Entstehung biologischer Information. Demzufolge erweist sich der Begriff der biologischen Information als *der* Grundbegriff der physikalisch-chemischen Theorie der Lebensentstehung.

In Kapitel II haben wir zunächst drei Dimensionen des Informationsbegriffes herausgearbeitet, die man als syntaktischen, semantischen und pragmatischen Aspekt von Information bezeichnen kann. Der syntaktische Aspekt von Information umfaßt allein die Beziehung von Zeichen untereinander (II, 1). Der semantische Aspekt umfaßt die Beziehung von Zeichen untereinander und das, wofür sie stehen (II, 2). Der pragmatische Aspekt schließlich umfaßt die Beziehung von Zeichen untereinander, das, wofür sie stehen, und das, was dies für den beteiligten Sender und Empfänger als Handlungsforderung darstellt (II, 3).

Unter diesem Gesichtspunkt läßt sich der dreiphasige Prozeß der biologischen Selbstorganisation (siehe oben) in einen dreiphasigen Prozeß der biologischen Informationsentstehung auflösen:

(1) Phase der Entstehung syntaktischer Information.

(2) Phase der Entstehung semantischer Information.

(3) Phase der evolutiven Optimierung von semantischer Information.

Der syntaktische Aspekt der biologischen Informationsentstehung ist vom wissenschaftsphilosophischen Standpunkt aus gesehen unproblematisch, da er sich allein auf das Phänomen der Strukturbildung bezieht, zum Beispiel auf die Bildung makromolekularer Strukturen wie Nukleinsäuren und Proteine. Problematisch hingegen ist der semantische Aspekt, der sich auf den Inhalt bezieht, das heißt auf Sinn und Bedeutung der in einer makromolekularen Struktur verschlüsselten Information. Hier stellt sich die Frage, ob und inwieweit sich »Sinn« und »Bedeutung« überhaupt objektivieren und zum Forschungsgegenstand der Naturwissenschaften machen lassen.

Wie sich am Beispiel der menschlichen Sprache zeigt, kann es Semantik in einem *absoluten* Sinn offenbar nicht geben, sondern immer nur *relativ* in bezug auf einen semantischen Referenzrahmen (II, 2). Auch die genetische Information besitzt keine absolute Semantik, sondern nur eine relative, bezogen auf die spezifischen Umweltbedingungen, an die das betreffende Lebewesen angepaßt ist. Die Umwelt stellt quasi eine extern lokalisierte Information dar, an der die Semantik der genetischen Information selektiv bewertet wird.

Das, was an biologischen Strukturen »zweckmäßig«, also informationsgesteuert ist, besitzt nach der Darwinschen Evolutionslehre eine bestimmte Funktion (und damit Sinn und Bedeutung) im Hinblick auf die Aufrechterhaltung jener dynamischen Ordnung, wie sie für lebende Systeme charakteristisch ist. Die Semantik genetischer Information erhält hierdurch unmittelbar eine evolutionsbezogene Deutung: Ein Lebewesen ist um so besser an seine Umweltbedingungen angepaßt (d. h. um so höherwertig in seinem semantischen Informationsgehalt), je genauer und schneller es – bei gleichzeitig hoher Lebensdauer – seinen Informationsgehalt reproduziert.

Damit ist der Anschluß an zwei philosophische Thesen von Carl Friedrich von Weizsäcker hergestellt, wonach der semantische Aspekt von Information nur über den pragmatischen Aspekt von Information objektiviert werden kann (»Information ist nur, was verstanden wird«, »Information ist nur, was Information erzeugt«). Dieser Leitgedanke zieht sich wie ein roter Faden durch die gesamte Diskussion. Er impliziert, daß auch die »Ursemantik« biologischer Information durch ein dynamisches Kriterium der Informationserzeugung objektivierbar ist (siehe unten).

Die Frage, ob und inwieweit sich die Entstehung von biologischer Information im Rahmen der modernen Naturwissenschaften gesetzmäßig erklären läßt, wird in Kapitel III aufgegriffen. Drei Lösungsvorschläge stehen hier zur Diskussion: (a) die Zufallshypothese (III, 1), (b) der teleologische (bzw. vitalistische) Lösungsansatz (III, 2) und (c) der molekulardarwinistische Lösungsansatz (III, 3).

Die Zufallshypothese interpretiert den Ursprung biologischer Information als ein *singuläres* Zufallsereignis, das nur auf der syntaktischen Ebene der Informationserzeugung, das heißt auf der Ebene der chemischen Evolution, durch die Gesetze der Physik und Chemie beschrieben werden kann. Der semantische Aspekt der biologischen Information wird hingegen im Kontext der Zufallshypothese als Epiphänomen aufgefaßt, das seinem Wesen nach rein zufällig ist und keinerlei naturgesetzliche Regelmäßigkeiten besitzt. Begründet wird die Zufallshypothese mit der zunächst kontradiktorisch erscheinenden Aussage, daß im Rahmen einer Gleichgewichtsstatistik die Erwartungswahrscheinlichkeit für die zufällige Synthese eines informationstragenden Makromoleküls extrem niedrig ist; denn die informationstragenden Makromoleküle repräsentieren nur einen winzigen Bruchteil ihrer *physikalisch* äquivalenten Sequenzalternativen, und diese Alternativen besitzen unter Gleichgewichtsbedingungen alle (nahezu) dieselbe A-priori-Wahrscheinlichkeit, als Reaktionsprodukte aus einer nicht-instruierten Synthese hervorzugehen. Folglich wird im Kontext der Zufallshypothese die Entstehung des Lebens a posteriori als singuläres Zufallsereignis interpretiert, welches aufgrund seiner extrem niedrigen A-priori-Wahrscheinlichkeit im gesamten Universum einmalig und nicht wiederholbar ist.

Der teleologische Lösungsansatz geht ebenfalls von dem geschilderten Erklärungsdefizit der Gleichgewichtsstatistik aus. Im Gegensatz zur Zufallshypothese, welche ja für den Ursprung biologischer Information keinerlei kausale Erklärung anbietet, postuliert der teleologische Ansatz die Existenz einer zielgerichteten und zugleich irreduziblen Gesetzmäßigkeit, durch die die unüberschaubare Fülle makromolekularer Strukturen auf die biologisch relevanten Strukturen eingeengt wird. Dem teleologischen Erklärungsmodell entsprechend müssen die informationstragenden Biomoleküle als das materielle Kondensat eines in der Natur wirksamen finalistischen Prinzips angesehen werden. Auf der physikalisch-chemischen

Ebene, darin stimmen der teleologische Ansatz und die Zufallshypothese überein, sei die spezifische, Plan- und Zweckmäßigkeit verschlüsselnde Anordnung der monomeren Bausteine der Erbmoleküle eines Organismus grundsätzlich nicht erklärbar.

Was die Rollenverteilung von Gesetz und Zufall beim Prozeß der biologischen Informationserzeugung betrifft, so nimmt der molekulardarwinistische Lösungsansatz unter der Zufallshypothese und dem teleologischen Ansatz eine Zwischenstellung ein. Die Entstehung biologischer Information wird im molekulardarwinistischen Erklärungsmodell aus einem Wechselspiel zwischen ungerichteten Zufallsprozessen (Mutationen) und gesetzmäßigem Materieverhalten (natürliche Selektion) abgeleitet. Die mathematische Formulierung dieses Ansatzes ist die eingangs skizzierte Molekulartheorie der Evolution. Allerdings, und darin unterscheidet sich der molekulardarwinistische Lösungsansatz grundlegend von den oben diskutierten Konkurrenzmodellen, basiert das Wechselspiel von Mutation und Selektion in essentieller Weise auf den Prinzipien einer *Nichtgleichgewichts*statistik. Des weiteren beruht der molekulardarwinistische Ansatz auf der Arbeitshypothese, daß eine natürliche Selektion im Sinne Darwins bereits im unbelebten Materiebereich in Erscheinung tritt.

Die Diskussion in Kapitel III macht klar, daß eine wissenschaftsphilosophische Analyse der gegenwärtigen Hypothesen über den Ursprung biologischer Information eine derart allgemeine Formulierung des Gesetzesbegriffs voraussetzt, daß selbst so verschiedene Lösungsmodelle wie die Zufallshypothese und der teleologische Ansatz gleichsam aus einer übergeordneten Perspektive der Begriffs- und Theorienbildung zueinander in Beziehung gesetzt werden können.

Nun ist es ein charakteristisches Merkmal eines Naturgesetzes, daß es in komprimierter Form Information über natürliche Ereignismengen verschlüsselt. Es liegt daher nahe, eine allgemeine Formulierung des Gesetzesbegriffs im Rahmen einer informationstheoretischen Betrachtungsweise zu suchen.

Die Information für den Aufbau eines lebenden Organismus ist in der detaillierten Abfolge der monomeren Bausteine seiner Erbmoleküle verschlüsselt. Diese Abfolge ist in der Regel aufgrund empirischer Befunde, zum Beispiel aufgrund chemischer Sequenzanalysen, bekannt. Sie kann, wie alle Beobachtungsdaten in den Naturwissenschaften, durch eine endliche Folge von Nullen und Einsen dargestellt werden (IV, 2; Abb. 19).

Die Darstellung von Beobachtungsdaten als Binärfolgen führt direkt zu einer informationstheoretischen Deutung des Gesetzesbegriffs. Offenbar ist eine gesetzmäßige Beziehung in einer Folge von Beobachtungsdaten immer dann enthalten, wenn es einen Algorithmus (sog. Kompaktalgorithmus) gibt, mit dessen Hilfe sich die Beobachtungsdaten in komprimierter Form darstellen lassen. Ein solcher Algorithmus zeichnet sich also dadurch aus, daß zu seiner Darstellung (und zwar auf der syntaktischen Ebene) weniger Information erforderlich ist als zu der Darstellung der von ihm generierten Datenfolgen. Umgekehrt muß eine Folge von Beobachtungsdaten so lange als Zufallsfolge gelten, bis ein entsprechender Kompaktalgorithmus aufgefunden wird. Der Begriff der »Zufallsfolge« erhält hierdurch eine präzise algorithmische Definition (IV, 1). Allerdings läßt sich die Irreduzibilität, das heißt die Zufälligkeit einer Binärfolge, grundsätzlich nicht beweisen, da die Nichtexistenz eines die Folge generierenden Kompaktalgorithmus nicht beweisbar ist (sog. Zufallstheorem).

Aus dem Zufallstheorem, dessen logische Wurzeln auf das Gödelsche Unvollständigkeitstheorem zurückgehen, lassen sich zwei grundlegende Grenzen objektiver Erkenntnis in den Naturwissenschaften ableiten (IV, 2). Die eine Grenze bezieht sich auf die in Kapitel III angesprochenen Grundprobleme biologischer Erkenntnis: Danach ist die Zufallshypothese aus prinzipiellen Gründen unbeweisbar, während der teleologische Ansatz aus prinzipiellen Gründen unwiderlegbar ist. Die andere Grenze bezieht sich auf die naturgesetzliche Erfassung der Wirklichkeit als Ganzes: Danach läßt sich grundsätzlich nicht beweisen, daß ein gegebener Algorithmus der kleinstmögliche ist, mit dem sich eine Klasse von Naturereignissen gesetzmäßig beschreiben läßt, denn der kleinstmögliche Algorithmus ist (in binärer Darstellung) per definitionem eine Zufallsfolge, deren Irreduzibilität aufgrund des Zufallstheorems aber nicht beweisbar ist. Diese Aussage gilt insbesondere für den Fall, daß ein Algorithmus für *alle* Klassen von Naturereignissen angegeben wird. Mit anderen Worten: Die Abgeschlossenheit naturwissenschaftlicher Theorien, wie sie sich informationstheoretisch in der Angabe eines einheitlichen und irreduziblen Algorithmus äußern würde, ist aus prinzipiellen Gründen nicht beweisbar. Sie ist nur auf pragmatischem Weg widerlegbar: durch die Angabe eines neuen kompakteren Algorithmus.

Es ist zu erwarten, daß der auf der Basis der algorithmischen Informationstheorie eingeführte Gesetzesbegriff auch für eine Reihe anderer wissenschaftsphilosophischer Fragestellungen von Bedeutung ist. So wird in Kapitel IV, 2 bereits die Vermutung geäußert, daß zwischen der algorithmischen Definition des Gesetzesbegriffs und dem von Carl Friedrich von Weizsäcker entwickelten Konzept der sogenannten Uralternativen ein engerer Zusammenhang besteht.

Im Gegensatz zur Zufallshypothese und zum teleologischen Lösungsansatz bewegt sich der molekulardarwinistische Lösungsansatz ganz im Rahmen traditioneller naturwissenschaftlicher Erklärungsmodelle. Allerdings ist der molekulardarwinistische Ansatz nur dann tragfähig, wenn eine natürliche Selektion im Sinne Darwins tatsächlich bereits im unbelebten Materiebereich auftritt, und zwar allein als Konsequenz physikalisch-chemischer Gesetzmäßigkeiten (siehe oben).

Der molekulardarwinistische Lösungsansatz induziert in

geradezu paradigmatischer Weise die Frage nach der physikalischen Begründbarkeit der Biologie (sog. Reduktionsproblem). Die Reduktionsfrage bildet folglich auch den gedanklichen Mittelpunkt der Diskussion um die Möglichkeiten und Grenzen des molekulardarwinistischen Erklärungsmodells. Sie wird in Kapitel V, 1 zunächst als rein wissenschaftsphilosophisches Problem behandelt. Anschließend wird explizit gezeigt, daß sich das Selektionsprinzip physikalisch begründen läßt (V, 2). In Kapitel V, 3 schließlich wird die wissenschaftstheoretische Frage nach der Erklärungsstruktur des molekulardarwinistischen Lösungsansatzes aufgegriffen.

Das Reduktionsproblem ist seit langem Gegenstand einer heftigen Auseinandersetzung zwischen der reduktionistischen und der organismischen Biologie. Die reduktionistische Theorie lebender Systeme geht davon aus, daß alle Lebensprozesse streng kausalgenetisch ablaufen und allein aus den materiellen Eigenschaften ihrer molekularen Träger sowie deren physikalisch-chemischen Wechselwirkungen abgeleitet werden können (sog. genetischer Determinismus). Wenn der physikalischen Beschreibung lebender Systeme Grenzen gesetzt seien, so seien diese nicht prinzipieller Art, sondern einzig und allein in der Komplexität der Lebenserscheinungen begründet. Die organismische Theorie lebender Systeme betrachtet dagegen die Lebensphänomene unter einem ganzheitlichen Gesichtspunkt und postuliert einen Zusammenhang zwischen der jeweiligen Integrationsstufe lebender Systeme und den daraus hervorgehenden Eigenschaften. Dies ist vor allem in dem Sinn zu verstehen, daß ein integriertes genetisches System auf jeder Organisationsstufe Eigenschaften besitzen kann, die aus der physikalisch-chemischen Analyse seiner Untersysteme allein nicht erklärbar sind. Insbesondere verneint die organismische Biologie die Möglichkeit einer physikalischen Begründung des Selektionsprinzips, da die natürliche Selektion im Kontext der organismischen Biologie als eine irreduzible Eigenschaft bereits belebter Systeme angesehen wird.

Die organismische Biologie beruht auf zwei zentralen Thesen: (1) Das Ganze ist mehr als die Summe seiner Teile (hieraus resultiert das Phänomen der Emergenz). (2) Das Ganze bestimmt das Verhalten seiner Teile (hieraus resultiert das Phänomen der Makrodeterminiertheit).

Die universelle Gültigkeit dieser beiden Thesen, insbesondere ihre Relevanz im Hinblick auf die Lebensphänomene, wird hier nicht in Frage gestellt. Was hingegen bestritten wird, ist die Behauptung, daß die reduktionistische Biologie im Rahmen ihrer *analytischen* Forschungsmethodik Ganzheitsphänomene, wie das der Emergenz oder das der Makrodeterminiertheit, grundsätzlich nicht erklären könne. Die Analyse konkreter Beispiele aus der Physik und Chemie zeigt vielmehr, daß in den Wissenschaftszweigen, auf die die reduktionistische Forschungsmethode die Lebensphänomene zu reduzieren versucht, der Systembegriff seit jeher ein genuiner Bestandteil von Erklärungen ist. Demnach kann der Systembegriff auch kein geeignetes Instrumentarium sein, um die belebte Materie von der unbelebten Materie ontologisch abzugrenzen. Im Gegenteil, durch die Sonderstellung, die dem Systembegriff innerhalb der organismischen Biologie eingeräumt wird, wird in die Biologie wieder ein methodologischer Mystizismus hineingetragen, der sich mit der Entwicklung der molekularen Biologie gerade aufzulösen begann. Es läßt sich nachweisen, daß in der Biologie eine Reihe von Forschungshemmnissen allein durch die unreflektierte Übernahme ganzheitlicher Denkweisen aufgebaut wurden. Hiervon betroffen ist vor allem die organismische Biologie selbst, die sich mit einer Reihe von selbstinduzierten Widersprüchen konfrontiert sieht (V, 2).

Nachdem in Kapitel V, 1 nachgewiesen wurde, daß die *methodologische* Position der organismischen Biologie bereits in der reduktionistischen Forschungsmethode verankert ist und somit keine über das reduktionistische Forschungsprogramm hinausgehende Methodologie darstellt, wird in Kapitel

V, 2 gezeigt, daß eine der zentralen Schlußfolgerungen der organismischen Biologie falsch ist: Natürliche Selektion ist *keine* irreduzible Systemeigenschaft lebender Systeme, sondern erweist sich als ein physikalisch begründbares Extremalprinzip, das bereits in unbelebten Materiesystemen in Erscheinung tritt, sofern bestimmte materielle und physikalische Voraussetzungen erfüllt sind.

Die physikalische Begründung des Selektionsprinzips ermöglicht einen tiefen Einblick in den Mechanismus evolutiver Anpassungsvorgänge. Es wird deutlich, daß sich der Darwinsche Anpassungsbegriff primär auf den *funktionalen* Aspekt der Anpassung bezieht und nicht so sehr auf den *strukturellen* – in Übereinstimmung mit unserer wissenschaftsphilosophischen Eingangsthese, wonach der semantische Aspekt der biologischen Information nur über ein dynamisches Kriterium der Informationserzeugung objektivierbar ist.

Das molekulardarwinistische Lösungsmodell besitzt ein Merkmal, durch das es sich in charakteristischer Weise von den traditionellen Modellen physikalischer Erklärung unterscheidet: Während in den traditionellen Erklärungsmodellen die Randbedingungen kontingente Größen darstellen, die dem Explanandum als irreduzible Antezedensbedingungen vorgeschaltet sind, werden hingegen im molekulardarwinistischen Erklärungsmodell die Randbedingungen selbst zum Explanandum (V, 3).

Auf die Lebensphänomene bezogen, hat der Begriff der Randbedingung allerdings eine – gegenüber seiner herkömmlichen Verwendung in der Physik – erweiterte Bedeutung. Er umfaßt in diesem Fall sowohl die biologischen Randbedingungen, wie sie in der Primärstruktur der biologischen Makromoleküle fixiert sind, als auch die physikalischen Milieubedingungen, unter denen die biologischen Makromoleküle als Informations- beziehungsweise Funktionsträger in einem lebenden System operational werden. Es sind vorrangig die biologischen Randbedingungen, die im Rahmen evolutionärer

Erklärungsmodelle zum Explanandum werden, während die physikalischen Milieubedingungen als Antezedensbedingungen vorgegeben sind.

Der Sachverhalt wird allerdings dadurch noch komplizierter, daß auf der evolutionären Ebene die biologischen Randbedingungen und die hierdurch gesteuerte Systemdynamik in einem rückkoppelnden Bezug zueinander stehen. Die Rückkoppelung zwischen den Randbedingungen eines Systems und der durch die Randbedingungen induzierten Systemdynamik ist so charakteristisch für alle Selbstorganisationsprozesse, daß sich dieses Phänomen für den Begriff »Selbstorganisation« geradezu definitorisch verwenden läßt (V, 3).

Bei den Prozessen der Lebensentstehung ging die Entwicklung selbstorganisierender Systeme zunächst von unspezifischen Randbedingungen aus, wie sie etwa am Ende der Phase der chemischen Evolution gegeben waren, als die Makromoleküle in ihrer Primärstruktur noch keinerlei genetische Information verschlüsselten. Im Verlauf der Selbstorganisation wurden die unspezifischen Randbedingungen dann sukzessiv in biologische, das heißt genetische Information verschlüsselnde Randbedingungen transformiert. Die biologischen Randbedingungen sind insofern nicht-kontingente Größen, als sie eine begrenzte, unter evolutiven Gesichtspunkten gesetzmäßige Auswahl aus einer unüberschaubaren Menge physikalisch gleichwertiger Alternativen darstellen.

Die charakteristischen Merkmale des evolutiven Optimierungsprozesses lassen sich anhand eines einfachen Modells veranschaulichen (III, 3; Abb. 16). Faßt man alle kombinatorisch möglichen Sequenzalternativen eines biologischen Makromoleküls als Koordinaten eines »Informationsraumes« auf, so ist der Prozeß der biologischen Informationsentstehung vergleichbar mit der Wanderung in einem multidimensionalen Gebirge, dessen Profil durch die zu jeder »Koordinate« gehörenden Selektionswerte bestimmt wird (sog. Wertegebirge). Der Weg liegt hierbei jedoch nur so weit fest, als er immer von einem niedrigeren Gebirgsgipfel zu einem höheren, das heißt von einem niedrigeren (lokalen) Maximum zu einem höheren (lokalen) Maximum, führen muß.

Gesetzmäßig determiniert ist also nur der Gradient der Optimierungsroute, nicht aber deren Detailverlauf. Die Unbestimmtheit des Detailverlaufs hat im wesentlichen zwei Gründe. Zum einen hängt die »Richtung«, die der Optimierungsprozeß einschlägt, von der genetischen Variabilität ab, und diese wiederum resultiert aus den prinzipiell indeterminierten Genmutationen. Zum anderen hängt die Struktur des Wertegebirges von allen am Evolutionsprozeß beteiligten Individuen ab. Jede differentielle Konzentrationsverschiebung deformiert jedoch die Struktur des Wertegebirges und hat damit zugleich einen Einfluß auf den Gradienten sowie auf die »Richtung« der Optimierungsroute. Ziel und Zielgerichtetheit stehen bei einem biologischen Selbstorganisationsprozeß in einem unauflösbaren rückkoppelnden Bezug zueinander. Naturgesetzlich erklären läßt sich daher nur das »Dasein« biologischer Strukturen, nicht aber ihr »Sosein«. Das »Sosein« spiegelt die historische Einzigartigkeit lebender Systeme wider und entzieht sich prinzipiell einer naturgesetzlichen Beschreibung. Dies bedeutet: Der Ursprung biologischer Information läßt sich zwar als *allgemeines* Phänomen erklären, die biologische Information ist jedoch nicht in ihrem konkreten Inhalt aus den Gesetzmäßigkeiten der Physik und Chemie ableitbar.

Nachwort

Die Wissenschaftsphilosophie lebt in besonderem Maß vom interdisziplinären Gedankenaustausch. So ist denn auch ein großer Teil der in diesem Buch zusammengetragenen Ideen aus Diskussionen mit Kollegen und Freunden hervorgegangen. Sehr viel habe ich hierbei von Manfred Eigen, Bernhard Hassenstein, Günter Hotz, Herbert Spengler und Carl Friedrich von Weizsäcker gelernt. Mein besonderer Dank aber gilt Erhard Scheibe; denn er hat in zahlreichen Gesprächen mit seinem kritischen Rat und fördernden Interesse ganz entscheidend zur Entstehung dieses Buches beigetragen. Ingeborg Lechten wiederum hat in bewährter Form die vielen Rohfassungen des Manuskripts bis zur Endfassung geschrieben. Christine Mrowietz sowie Klaus Stadler vom Piper Verlag haben die redaktionelle Bearbeitung besorgt. Allen sei für die gute Zusammenarbeit an dieser Stelle herzlich gedankt.

Anmerkungen

1 de Lamarck, Jean-Baptiste: Philosophie zoologique.
2 Darwin, Charles: Origin of Species.
3 Unabhängig von Charles Darwin war auch Alfred Russel Wallace zu ähnlichen Schlußfolgerungen über den Mechanismus der Evolution gekommen. So hatte Wallace am 9. März 1858 Darwin ein Manuskript mit dem Titel »On the Tendency of Varieties to Depart Indefinitely from the Original Type« zugeschickt, in welchem Darwin wesentliche Aussagen seiner eigenen Theorie wiederfand. Das Manuskript wurde daraufhin am 1. Juli 1858 bei der Sitzung der Linnean Society of London gemeinsam mit einem Manuskript Darwins verlesen.
In jüngster Zeit hat insbesondere Arnold Brackman (»Delicate Arrangement«) nachzuweisen versucht, daß Darwin erst durch die Mitteilung von Wallace in die Lage versetzt worden sei, sein Evolutionskonzept zu formulieren. Dieser Darstellung widersprechen jedoch Darwins frühe Tagebucheintragungen sowie zwei Manuskriptentwürfe aus den Jahren 1842 und 1848, die erst später durch Francis Darwin unter dem Titel »The Foundations of the Origin of Species« veröffentlicht wurden. Im übrigen hat Wallace selbst die Priorität und Kompetenz Darwins im Hinblick auf die Entwicklung der Evolutionslehre nie in Zweifel gezogen.
4 Der Begriff »synthetische Evolutionstheorie« stammt von Julian Huxley, der neben Ronald Fisher und John Haldane zu den Begründern des populationsgenetisch erweiterten Evolutionskonzepts zählt. Eine Einführung in die moderne Evolutionstheorie findet man bei Earl Hanson (»Understanding Evolution«).
5 Monod, Jacques: Theory of evolution.
6 Popper, Karl: Ausgangspunkte.
7 Riedl, Rupert: Biologie der Erkenntnis.
8 Bereits Kant hat sich mit dem Phänomen der Zweckmäßigkeit

lebender Organismen in seiner »Kritik der teleologischen Urteilskraft« eingehend befaßt. Insbesondere ging es ihm um die Frage, ob und inwieweit es zulässig ist, die offenkundige Zweckmäßigkeit der belebten Natur durch einen Endzweck oder eine Endursache zu erklären.

9 Pittendrigh, Colin: Adaptation.

10 Monod, Jacques: Zufall und Notwendigkeit, S. 11.

11 Monod, Jacques: a. a. O., S. 30 f.

12 Ausschnitt aus der von der Firma Boehringer (Mannheim) jährlich überarbeiteten und neu herausgegebenen Karte »Metabolic Pathways«.

13 Perutz, Max: Hämoglobin, S. 354.

14 Perutz, Max: Hämoglobin.

15 Ein charakteristisches Beispiel hierfür ist das Cytochrom c mit seinen 104 Aminosäureresten. Das Cytochrom c besitzt eine wichtige Funktion als elektronenübertragendes Protein in der Atmungskette.

16 Eine Folge aus n Symbolen und λ Symbolklassen besitzt $N = \lambda^n$ kombinatorisch mögliche Sequenzen. Für Nukleinsäuren ist $\lambda = 4$, für die natürlich vorkommenden Proteine ist $\lambda = 20$.

17 Vgl. Rolf Lohrmann u. a.: Synthesis.

18 Fiers, Walter u. a.: Nucleotide sequence. Angegeben ist ein Ausschnitt aus der Nukleotidsequenz des Replikase-Gens von MS2.

19 Siehe auch Anmerkung 95.

20 Eigen, Manfred: Sprache und Lernen, S. 200 f.

21 Ratner, Vadim: Molekulargenetische Steuerungssysteme. S. 45 ff.

22 Eigen, Manfred: Sprache und Lernen.

23 Böhme, Gernot: Information und Verständigung, S. 17.

24 Polanyi, Michael: Life transcending physics and chemistry, S. 59. [Objekte, die Information vermitteln, sind nicht auf die Begriffe der Physik und Chemie reduzierbar.]

25 von Weizsäcker, Carl Friedrich: Die Einheit der Natur, S. 351.

26 von Weizsäcker, Carl Friedrich: Evolution und Entropiewachstum, S. 522.

27 Seiffert, Hans: Information.

28 Shannon, Claude/Weaver, Warren: Theory of Communication.

29 Weaver, Warren: The Mathematics of Communication, S. 12. [... zwei Nachrichten, die eine schwer beladen mit Sinn und Bedeutung, die andere reiner Unsinn, können, was die Information betrifft, äquivalent sein.]

30 von Weizsäcker, Carl Friedrich: Die Einheit der Natur, S. 22.
31 Hartley, Ralph: Transmission of information.
32 Shannon, Claude/Weaver, Warren: Theory of Communication.
33 Wiener, Norbert: Kybernetik.
34 Detaillierte Darstellungen findet man in den einschlägigen Lehrbüchern. Siehe z. B. Hans Sachsse: Einführung in die Kybernetik.
35 Brillouin, Léon: Science and Information Theory.
36 von Weizsäcker, Carl Friedrich: Evolution und Entropiewachstum.
37 Rényi, Alfréd: Probability Theory.
38 Ruch, Ernst/Lesche, Bernhard: Information.
39 Chaitin, Gregory: Sequences.
   Kolmogorov, Andrei: Information.
40 Solomonoff, Ray: Inductive inference.
41 Chaitin, Gregory: Randomness.
42 Küppers, Bernd-Olaf: Paradoxon.
   Küppers, Bernd-Olaf: Zufall oder Planmäßigkeit?
   Küppers, Bernd-Olaf: Berechenbarkeit.
   Küppers, Bernd-Olaf: Probability.
43 Dies gilt nur unter der Voraussetzung, daß der Empfänger nicht weiß, daß es sich bei der Buchstabenfolge EVOLUTIONS – THEORIE um ein Wort der *deutschen* Sprache handelt. Die Wahrscheinlichkeit für das Auftreten eines Buchstabens weicht nämlich in diesem Fall wegen der jeder Sprache anhaftenden *spezifischen* Redundanz (siehe II, 3) von der Gleichverteilung ab, was wiederum zu einer Verringerung der Shannonschen Information führt.
44 In diesem Zusammenhang stellt sich auch das philosophische Problem, inwieweit der Wahrscheinlichkeitsbegriff ein objektiver wahrer Begriff ist. Sofern sich Wahrscheinlichkeitsurteile empirisch prüfen lassen, erfolgt die Begründung der Wahrscheinlichkeitstheorie durch die Logik zeitlicher Aussagen, in der die Wahrscheinlichkeit als Erwartungswert einer relativen Häufigkeit erscheint. (Siehe auch Paul Lorenzen: Konstruktive Wissenschaftstheorie, S. 209–233.)
45 von Weizsäcker, Carl Friedrich: Die Einheit der Natur, S. 347 f.
46 Der Begriff der Strukturinformation ist auf sehr tiefgehende Weise von Carl Friedrich von Weizsäcker (»Die Einheit der Natur«, S. 347 f.) verallgemeinert worden. Weizsäcker greift den Formbegriff (eidos) der antiken Philosophie auf und betrachtet

Information als ein Maß für die Menge an Form (Struktur). In diesem Sinn kann die Information eines Ereignisses definiert werden »als die Anzahl völlig unentschiedener einfacher Alternativen, die durch das Eintreten des Ereignisses entschieden werden. Als völlig unentschieden soll eine einfache Alternative gelten, wenn keine ihrer beiden möglichen Antworten wahrscheinlicher ist als die andere. Man kann nun als ein quantitatives Maß der Menge an Form eines Gegenstandes die Anzahl von einfachen Alternativen bezeichnen, die entschieden werden müssen, um seine Form zu beschreiben.« Und weiter: »Die in einem Gegenstand ›enthaltene‹ Information ist die Information, die dem Ereignis des Auftretens dieses in seiner Identität erkannten Gegenstandes im Gesichtsfeld des Beobachters zukommt.«

47 Siehe auch Anmerkung 16. Sofern alle Sequenzen die gleiche A-priori-Wahrscheinlichkeit besitzen, ist die Erwartungswahrscheinlichkeit für die spezielle Sequenz x_k durch $p_k = 1/\lambda^n$ und dessen Informationsmenge entsprechend Gleichung (2) durch

$$I_{Dc} = -ld(1/\lambda^n) = n ld(\lambda) = 2n$$

gegeben.

48 Die biologischen Makromoleküle übertreffen in ihrer Speicherkapazität die derzeit besten technischen Informationsspeicher um viele Größenordnungen. So herrscht im *E.coli*-Genom eine »Informationsdichte« von etwa 10^{27} bits/m^3.

49 Auf den niedrigen Organisationsstufen des Lebendigen wächst zwar die strukturelle Komplexität proportional zur Menge der Erbinformation an, auf den höheren Organisationsstufen scheint es jedoch eine solche Korrelation nicht mehr zu geben. Dieser Sachverhalt wird in Kapitel V, 2 eingehend diskutiert.

50 Dies scheint die von Erwin Schrödinger in seinem Buch »What is Life?« aufgrund allgemeiner Überlegungen zum Codierungsproblem geäußerte Vermutung zu bestätigen, nach der eine reichhaltige Informationsspeicherung nur in nichtperiodischen Strukturen möglich ist. Im Anschluß hieran entwickelte Schrödinger die Vorstellung von der DNS als »aperiodischen« Kristall, die durch die modernen Strukturanalysen von Nukleinsäuren in ihrem Grundgedanken bestätigt wurde.

51 Vgl. Ernst von Weizsäcker: Erstmaligkeit und Bestätigung, S. 87.
Bereits in einer früheren Arbeit von Donald McKay (»Informa-

tion, Mechanism and Meaning«) wird die Semantik von Information über den pragmatischen Aspekt definiert. McKay gibt folgende Arbeitsdefinition für die semantische Komponente der Information: ». . . the meaning of a message can be defined . . . as its selective function on the range of the recipient's state of conditional readiness for goal directed activity.« [. . . Sinn und Bedeutung einer Nachricht können definiert werden . . . über ihre selektive Funktion, die sie auf dem Bereich der bedingten Bereitschaft des Empfängers für eine zielgerichtete Handlung ausüben.] Die Semantik einer Information wird entsprechend dieser Definition nicht daran gemessen, wie der Empfänger tatsächlich reagiert, sondern wie der Empfänger reagieren kann, wenn bestimmte relevante Umstände eintreten. Dies läßt sich an folgendem Beispiel erklären: Angenommen, die Person A teilt der Person B mit, daß es regnet. Was wird geschehen? Es kann sein, daß B nicht die Absicht hat, in den nächsten Stunden das Haus zu verlassen. B wird daher unter Umständen auf die Mitteilung von A gar nicht reagieren. Dies bedeutet jedoch nicht, daß die Information von A auf den Empfänger B keinerlei Einfluß hat. Sollte B nämlich unerwartet aus dem Haus gerufen werden, wird B nach einem Regenschirm verlangen. Sollte C das Haus betreten, wird B höchstwahrscheinlich fragen, ob C naß geworden sei. Es ist nicht das tatsächliche Verhalten des Empfängers, wie es von einem naiv-behavioristischen Standpunkt aus gesehen würde, woran die Bedeutung einer Nachricht abgelesen wird, sondern die durch die Nachricht induzierte Bereitschaft für eine zielgerichtete Handlung.

52 Erste Versuche einer Objektivierung von Semantik, bezogen auf die Sprache, findet man in verschiedenen Arbeiten von Rudolf Carnap und Yehoshua Bar Hillel (»Outline«; »Semantic information«), sowie Jaakko Hintikka und Juhani Pietarinen (»Semantic information and inductive logic«).
Carnap und Bar Hillel (»Outline«) gehen vom Grundgedanken der Shannonschen Informationstheorie aus, daß Information Unsicherheit beseitigen soll. Als Modellfall für ihre Überlegungen betrachten sie eine präzise definierte Sprache, zum Beispiel eine künstliche Sprache. Wenn eine Aussage in dieser Sprache mit einer sehr großen Zahl anderer Ausdrücke im Einklang steht, so ist die Aussage nicht sehr überraschend und ihr Informationswert, in Analogie zum Shannonschen Informationsmaß,

nicht sehr groß. Der Informationsgehalt ist jedoch um so größer, je mehr logisch mögliche Ausdrücke durch die Aussage ausgeschlossen werden.

53 von Weizsäcker, Carl Friedrich: Die Einheit der Natur, S. 351 f.

54 Bei der Übersetzung einer Nukleinsäurestruktur in Proteinstrukturen geht, sofern man jeweils nur die Primärsequenzen betrachtet, Strukturinformation verloren. Da die Identifizierung eines einzelnen Nukleotids innerhalb einer Nukleotidkette zwei bits Information erfordert, enthält ein Nukleotidtriplett sechs bits Information. Die Nukleotidtripletts codieren jeweils für eine Aminosäure. Andererseits besteht das Alphabet der Proteinsprache aus den zwanzig natürlich vorkommenden Aminosäuren, so daß eine einzelne Aminosäure in der Primärsequenz eines Proteins circa 4,5 bits Information ($2^{4,5} \approx 20$) enthält. Der bei der Übersetzung eines Nukleotidtripletts auftretende Informationsverlust beträgt demnach circa 1,5 bits. Dieser Informationsverlust ist eine unmittelbare Konsequenz der Redundanz des genetischen Codes (den 64 Codons stehen nur 20 Aminosäuren gegenüber). Allerdings entsteht bei der räumlichen Faltung eines Proteins neue Strukturinformation, deren Quelle die physikalisch-chemischen Milieubedingungen sind (siehe V, 1) und die den Informationsverlust bei der Translation um einige Größenordnungen überkompensiert.

55 Bei der phänotypischen Expression der genetischen Information kommt es zu einer hierarchisch geordneten Multiplizität der Strukturinformation. Wahrscheinlich ist es dieser Akkumulationsprozeß, bei dem es scheinbar eine Bereicherung ohne Ursache gibt, der zum Gedanken des genetischen Indeterminismus geführt hat (siehe V, 1).

56 von Weizsäcker, Carl Friedrich: Die Einheit der Natur, S. 353.

57 Siehe auch Kapitel II, 2, Zitat und Anmerkung 51.

58 von Weizsäcker, Christine und Ernst: Information. In dieser Arbeit wird in der Fußnote 20 darauf hingewiesen, daß das Modell einer wechselseitigen Beziehung von Erstmaligkeit und Bestätigung auf Überlegungen von Carl Friedrich von Weizsäcker zurückgeht.
Eine überarbeitete Fassung des von Christine und Ernst von Weizsäcker publizierten Aufsatzes »Information« ist unter dem Titel »Erstmaligkeit und Bestätigung« von Ernst von Weizsäcker veröffentlicht worden.

59 Zur begrifflichen Abgrenzung der *Erstmaligkeit* gegenüber der *Einmaligkeit* eines Ereignisses siehe Ernst von Weizsäcker: Erstmaligkeit und Bestätigung, S. 95.

60 von Weizsäcker, Ernst: Erstmaligkeit und Bestätigung, S. 94.

61 Weitere Einzelheiten zum nachrichtentechnischen Redundanzbegriff findet man in den entsprechenden Lehrbüchern der Informationstheorie. Siehe z. B. Hans Sachsse: Einführung in die Kybernetik.

62 Eindrucksvolle Beispiele für den Einfluß des Vorwissens auf die Rekonstruktion *optischer* Information liefern gewisse Phänomene der Gestaltwahrnehmung. Vgl. H. Seiffert: Information, S. 65 ff.

63 von Weizsäcker, Ernst: Erstmaligkeit und Bestätigung.

64 von Weizsäcker, Ernst: a. a. O., S. 99.

65 von Weizsäcker, Carl Friedrich: Die Einheit der Natur, S. 351.

66 von Weizsäcker, Ernst: Erstmaligkeit und Bestätigung, S. 98.

67 von Weizsäcker, Christine und Ernst: Information, S. 546.

68 Diesen Einwand scheint Ernst von Weizsäcker selbst bemerkt zu haben, denn in der überarbeiteten Fassung des Erstmaligkeit-Bestätigungs-Modells (siehe Anm. 58) liest man die etwas vorsichtigere Formulierung:»Quantitative Hinweise zur ›Bestätigung‹, die sich eventuell zu einer solchen ›Bestätigungsinformation‹ ausbauen ließen, finden sich an mehreren Stellen in der Literatur. Unbrauchbar scheint der wissenschaftstheoretische Ansatz, den C. G. Hempel, K. Popper und R. Carnap auf jeweils verschiedene Weise für den Sicherheitsgrad wissenschaftlicher Hypothesen eingeführt haben. Unbrauchbar sind diese Ansätze für unsere Zwecke deshalb, weil sie, unabhängig ob als induktive oder deduktive Bestätigung, schon voraussetzen, daß Wahrscheinlichkeiten oder ›logische Spielräume‹ gegeben sind; dies ist aber am linken Ende der Kurve mit Sicherheit nicht zu erwarten. Möglicherweise können allerdings diese Begriffe wieder eine Rolle spielen, wenn man auf der Basis vorhandener niedriger semantischer Ebenen . . . neue höhere Ebenen aufbaut, welche anfangs noch eine sehr geringe Bestätigung haben. Die pragmatische Information wäre dann vorstellbar als Bestätigungs*gewinn* durch ein Ereignis.« (Ernst von Weizsäcker: Erstmaligkeit und Bestätigung, S. 100/102.)

69 Jacob, François: Die Logik des Lebenden, S. 9.

70 Vgl. Manfred Eigen: Information, S. 1071 ff.

71 Monod, Jacques: Zufall und Notwendigkeit.

Monod, Jacques: L'évolution microscopique.

Monod, Jacques: Theory of evolution.

72 Bei der spontanen und nicht-instruierten Synthese von Polypep-
tiden unter präbiotischen Reaktionsbedingungen wurde zwar
hinsichtlich der eingebauten Aminosäuren eine gewisse Selektivität beobachtet, jedoch ist dieser Effekt so schwach, daß die
statistischen Überlegungen von Kapitel III, 1 in ihrer zentralen
Aussage nach wie vor richtig bleiben. Bezüglich der experimentellen Aspekte siehe Kaoru Harada und Sidney Fox (»Polycondensation«).

73 Polanyi, Michael: Life's irreducible structure.

74 Die Zahlenangabe bezieht sich auf einen *geschlossenen* Kosmos.

75 Siehe Anmerkung 71.

76 Monod, Jacques: Theory of evolution, S. 23. [Wenn wir diese
Theorie akzeptieren, müssen wir schließen, daß das Auftreten
von Leben auf der Erde wahrscheinlich unvorhersagbar war. Wir
müssen schließen, daß die Existenz jeder einzelnen Spezies ein
singuläres Ereignis ist, ein Ereignis, das nur ein einziges Mal im
gesamten Universum eintrat und daher prinzipiell unvorhersagbar ist, einschließlich der Spezies Mensch.]

77 Eine ausgezeichnete Einführung in die Probleme und Resultate
der präbiotischen Chemie liefert das Buch von Stanley Miller
und Leslie Orgel (»Origins of Life«).
Für die hier diskutierten Probleme sei als wichtigste Originalver-
öffentlichung die Arbeit von Rolf Lohrmann u. a. (»Synthesis«)
genannt, in der über eine matrizengesteuerte, nicht-enzymati-
sche Synthese von RNS-Molekülen unter präbiotischen Reaktionsbedingungen berichtet wird.

78 Hörz, Herbert: Gesetz und Zufall.

79 Stegmüller, Wolfgang: Gegenwartsphilosophie, S. 407–413.

80 Fitch, Walter/Margoliash, Emanuel: Phylogenetic trees.

81 Ayala, Francisco: Evolution.

82 Knippers, Rolf: Molekulare Genetik.

83 Yockey, Hubert: Spontaneous biogenesis.

84 Die experimentellen Perspektiven wurden von Manfred Eigen
(»Experiments on biogenesis«) beschrieben.
Eine theoretische Analyse des multidimensionalen Sequenzraumes findet man bei John McCaskill (»Macromolecular quasispecies«).

85 Stegmüller, Wolfgang: Gegenwartsphilosophie.

86 Stegmüller, Wolfgang: a. a. O., S. 411.
87 Stegmüller, Wolfgang: a. a. O., S. 411.
88 Stegmüller, Wolfgang: a. a. O., S. 410.
89 Zum »Likelihood«-Begriff siehe Wolfgang Stegmüller: Wahrscheinlichkeit; 2. Halbbd., Teil III, Abschnitt 9.
90 Thom, René: Systeme.
91 Whitehead, Alfred North: Process and Reality.
92 Popper, Karl: Propensity interpretation.
93 Popper, Karl: Materialism, S. 25 ff.
94 Der experimentelle Bezug befindet sich auf S. 52 f., Anmerkung 16 als Zusatz zur deutschen Übersetzung von »Materialism«.
95 Die RNS-Viren (Q_β, MS2 usw.) des Bakterienstammes *Escherichia coli* besitzen eine bemerkenswerte Eigenschaft: Sie induzieren in der Wirtszelle die Synthese einer RNS-abhängigen RNS-Polymerase (sog. Replikase). Die Replikase ist in der Lage, eine vorgegebene Ribonukleinsäure direkt unter Verwendung der energiereichen Grundbausteine (Ribonukleosidtriphosphate) zu kopieren. Die Replikase ist darüber hinaus außerordentlich spezifisch bezüglich der Replikation ihrer homologen Virus-RNS. Unter einer Vielzahl von RNS-Molekülen erkennt das Enzym genau die zugehörige Virus-RNS, um sie anschließend bevorzugt zu reproduzieren. Die biochemische Analyse hat gezeigt, daß die Phagen-RNS ein ganz bestimmtes Erkennungssignal besitzt, das immer erst von dem Kopierungsenzym überprüft wird, bevor dieses mit der Reproduktion der RNS beginnt (Bernd-Olaf Küppers und Manfred Sumper: Template recognition; Bernd-Olaf Küppers: Phänotypische Information).
Das RNS-Reproduktionssystem der RNS-Phagen kann man isolieren und zur zellfreien Synthese der entsprechenden Virus-RNS einsetzen (Ichirō Haruna u. a.: Replicase). Für die In-vitro-Synthese von Phagen-RNS benötigt man: (a) Die Virus-RNS als molekulare Matrize, (b) die Replikase als Kopierungsenzym, (c) die vier Klassen von Ribonukleotidtriphosphaten als Bausteine der RNS sowie (d) verschiedene biochemische Faktoren (Puffer, Salze usw.), die erforderlich sind, damit die Replikase unter Reagenzglasbedingungen aktiv ist.
Wenn man eine solche Standardreaktionslösung bei 37° C inkubiert, initiiert die Replikase an der Phagen-RNS zunächst die Synthese einer komplementären RNS-Kopie, welche dann in

271

einem weiteren Schritt wieder in das Positiv umgekehrt wird. Die RNS-Replikation erfolgt also nach dem kreuzkatalytischen Prinzip der komplementären Basenerkennung jeweils über einen (+)- und einen (−)-Strang (siehe Abb. 6).

Die Replikase des Phagen Q_β besitzt neben der Matrizenspezifität eine weitere faszinierende Eigenschaft. Es hat sich nämlich gezeigt, daß von der Q_β-Replikase in einer bisher noch nicht bekannten Art und Weise das *zentrale Dogma* der Molekularbiologie (siehe I, 2) verletzt wird.

Einen ersten Hinweis auf diese Eigenschaft der Q_β-Replikase lieferte die Beobachtung, daß das hochgereinigte Enzym auch ohne vorgegebene RNS-Matrizen noch aktiv ist (Manfred Sumper und Rüdiger Luce: Self-replicating RNA). Man geht bei einer solchen De-novo-Synthese wieder von einer Standardreaktionslösung aus, der nun jedoch keine RNS-Matrizen zugegeben werden. Wenn man die matrizenfreie Reaktionslösung inkubiert, findet man hierin schon nach einer relativ kurzen Inkubationszeit von wenigen Minuten wieder selbstreplizierende RNS-Moleküle. »Selbstreplikativ« bedeutet in diesem Zusammenhang, daß die RNS-Moleküle ihre eigene Reproduktion als molekulare Matrizen nur *instruieren*. Der Reproduktionsprozeß selbst bedarf der katalytischen Hilfe durch das Replikationsenzym. Die De-novo-Reaktion findet statt, ohne daß der Reaktionslösung irgendwelche exogenen RNS-Matrizen zugegeben werden. Die Replikase synthetisiert vielmehr entgegen der vom *zentralen Dogma* postulierten Richtung selbsttätig bestimmte RNS-Moleküle, die sie anschließend als endogene RNS-Matrizen verwendet und autokatalytisch vervielfältigt.

Darüber hinaus kommt es bei der De-novo-Reaktion offenbar auch zu einer systemimmanenten Selektion; denn die RNS-Endprodukte sind hinsichtlich ihrer Primärstruktur relativ homogen und den jeweiligen Reaktionsbedingungen angepaßt, unter denen sie entstanden sind.

Dies zeigt das folgende Beispiel: Schon seit langem kennt der Biochemiker Substanzen, die die enzymatische Reproduktion von Nukleinsäuren inhibieren. Hierzu gehören unter anderem bestimmte Farbstoffe wie Acridinorange und Ethidiumbromid. Setzt man nun eine De-novo-Reaktion an, bei der man zuvor die Reaktionslösung mit einer hohen Dosis Farbstoff »kontaminiert« hat, so kann man eine interessante Beobachtung machen.

Und zwar findet man nach einer Inkubationszeit von (in der Regel) mehreren Stunden in der Reaktionslösung tatsächlich wieder selbstreplizierende RNS-Moleküle, die nicht nur farbstoffresistent, sondern sogar farbstoffsüchtig sind, indem sie eine bestimmte Menge Ethidiumbromid benötigen, um ihre optimale Reproduktionsgeschwindigkeit zu erreichen. Durch geschickte Wahl der Reaktionsbedingungen für die De-novo-Synthese kann man praktisch RNS-Moleküle mit beliebigen Eigenschaften selektionieren. (Eine evolutionstheoretische Deutung der Experimente mit dem Q_β-Replikase-System findet man bei Bernd-Olaf Küppers: Self-organization; Evolution im Reagenzglas.)

96 Popper, Karl: Materialismus, S. 53.

97 Küppers, Bernd-Olaf: Self-organization.

98 Zum Problem der De-novo-Synthese von RNS-Strukturen durch die Q_β-Replikase (siehe Anm. 95) schreibt Popper (»Materialismus«, Fortsetzung von Anm. 16 auf S. 53 als Zusatz zur deutschen Ausgabe): »Wir können nun annehmen, daß es unter den vielen in diesem Sinn bestangepaßten RNS-Sequenzen überaus selten, aber doch mit endlicher Wahrscheinlichkeit, auch solche geben wird, denen ein Enzym (oder ein Enzymkomplex) entspricht, das für diese Sequenz vielleicht als Replikase wirkt... Die Wahrscheinlichkeit, durch einen Spiegelman-Komplex oder ähnliches experimentell eine Urzeugung zu bewirken, ist offenbar überaus nahe an 0: Es mag viele Tausende von Jahren gedauert haben, bevor durch Zufall ein RNS-Molekül entstand, dessen zugeordneter Enzymkomplex sich als eine für dieses Molekül wirksame Replikase herausstellt.«

99 Siehe Anmerkung 77.

100 Popper, Karl: Ausgangspunkte, S. 246.

101 Polanyi, Michael: Life's irreducible structure.
Polanyi, Michael: Life transcending physics and chemistry.

102 Siehe auch Bernd-Olaf Küppers: Biologie.

103 Polanyi, Michael: Life's irreducible structure, S. 1308. [So arbeitet die Maschine als Ganzes unter der Kontrolle zweier verschiedener Prinzipien. Das höhere Prinzip ist das Konstruktionsprinzip der Maschine, und dieses macht sich das niedrigere Prinzip nutzbar, welches in den physikalisch-chemischen Prozessen besteht, auf denen die Maschine basiert. Gewöhnlich schaffen wir solch eine zweischichtige Struktur, wenn wir ein

Experiment ausführen; aber zwischen der Konstruktion einer Maschine und dem Einrichten eines Experiments besteht ein Unterschied. Der Experimentator erlegt der Natur Einschränkungen auf, um ihr Verhalten unter diesen Einschränkungen zu beobachten, während der Konstrukteur einer Maschine die Natur einschränkt, um ihre Arbeitsweise nutzbar zu machen. Aber wir können einen Begriff aus der Physik übernehmen und diese beiden nützlichen Einschränkungen der Natur dergestalt beschreiben, daß den Gesetzen der Physik und Chemie *Randbedingungen* auferlegt werden.]

104 Polanyi, Michael: Life transcending physics and chemistry, S. 62. [Die chemische Herstellung einer Verbindung, welche eine von Millionen gleichwahrscheinlicher DNS-Alternativen ist, würde gleichzeitig nahezu gleiche Mengen von jeder dieser Millionen Alternativen liefern.]

105 Polanyi, Michael: a. a. O., S. 60. [Unsere Unfähigkeit, Maschinen und deren Funktionen mit Begriffen der Physik und Chemie zu definieren, ist einer augenscheinlichen Unmöglichkeit zuzuschreiben: Maschinen werden vom Menschen gestaltet und können niemals aus einer spontanen Gleichgewichtseinstellung ihrer materiellen Bestandteile hervorgehen.]

106 Polanyi, Michael: a. a. O., S. 64. [Schließlich noch ein Wort zu dem Weg, auf dem die Randbedingungen, die die physikalisch-chemischen Prozesse in einem Organismus kontrollieren, am unbelebten Anfang entstanden sein könnten. Die Frage ist die, ob der logische Bereich von Zufallsmutationen die Entstehung neuer Prinzipien, die nicht mit den Begriffen der Physik und Chemie definiert werden können, einschließt. Dies erscheint ziemlich unwahrscheinlich.]

107 Polanyi, Michael: a. a. O., S. 64f. [Aber das Problem der Evolution ist hier nicht mein Thema. Wenn ich behaupte, daß das Leben über die Physik und Chemie hinausgeht, dann meine ich damit, daß die Biologie unserer Zeit das Lebendige aufgrund der gegenwärtig herrschenden physikalischen und chemischen Gesetze nicht erklären kann.]

108 Stegmüller, Wolfgang: Erklärung, S. 640 ff.

109 Verwendet man das Schema der DN-Erklärung (siehe V, 3) als Systematisierungsmodell, so bezeichnet die »formale« Teleologie den Fall einer »Zeitspiegelung« zwischen den Antezedensbedingungen (A) und dem Explanandum (E) in dem Sinn, daß

der Zeitindex von A größer ist als der Zeitindex von E. In der Wissenschaftstheorie wird dieser Fall auch *Retrodiktion* genannt.

110 Stegmüller, Wolfgang: Erklärung, S. 640 ff.

111 Osche, Günther: Evolution, S. 96.

112 Üblicherweise unterscheidet man zwischen einem »metaphysischen« und einem »wissenschaftlichen« Vitalismus. Der »metaphysische« Vitalismus im weiteren Sinn beruft sich auf die Existenz eines universellen teleologischen Prinzips, das sowohl in der belebten als auch in der unbelebten Materie wirksam sein soll. Danach sind die Lebewesen die am weitesten entwickelten und vollkommensten Produkte einer umfassenden kosmischen Evolution. Unter diese allgemeine vitalistische Konzeption fällt beispielsweise die biologische Philosophie von Teilhard de Chardin (»Le phénomène humain«). Der »metaphysische« Vitalismus im engeren Sinn postuliert die Existenz eines teleologischen Prinzips, das ausschließlich in der belebten Materie wirksam sein soll. Zu den bekanntesten Vertretern dieser Richtung gehört Henri Bergson (»L'évolution créatrice«; siehe auch Anm. 129).
Die größere Bedeutung für die philosophische Diskussion innerhalb der Biologie hat zweifelsohne der »wissenschaftliche« Vitalismus erlangt. Dieser lehnt sich methodologisch eng an die exakten Naturwissenschaften an. Er wurde zu Beginn des 20. Jahrhunderts im wesentlichen als Reaktion auf den physiologischen Materialismus des 19. Jahrhunderts neu begründet. Der kritische Neovitalismus, wie er neben dem Biologen Hans Driesch vor allem von Jakob von Uexküll vertreten wurde, verneint die Möglichkeit einer rein kausal-mechanischen Erklärung der Lebenserscheinungen. Als vermeintlich stärksten Beweis ihrer These führten die Neovitalisten das biologische Phänomen der »Äquifinalität« an. Darunter wird die Tatsache verstanden, daß komplexe Systeme den gleichen Endzustand von verschiedenen Anfangsbedingungen aus erreichen können.
Ein Beispiel für einen äquifinalen Prozeß sind die embryonalen Regulationen. Bereits Driesch (siehe »Philosophie«) hatte experimentell nachgewiesen, daß sich jedes Fragment von zwei ersten Furchungszellen (Blastomeren) eines Seeigels wieder zu einer kompletten Larve entwickeln kann. Selbst die 1/4-Blastomeren, die sich normalerweise immer nur in bestimmte Organe

des Embryos weiterentwickeln, liefern, wenn sie isoliert werden, noch vollständige Embryonen. Dies schien der mechanistischen Vorstellung von der Struktur und Funktionsweise eines Lebewesens als Maschine zu widersprechen; denn eine Maschine besitzt offenbar nicht die Fähigkeit, wieder eine vollständige Maschine hervorzubringen, wenn man sie in der Mitte teilt. Aus den entwicklungsmechanischen Experimenten zogen die Neovitalisten den Schluß, daß es in der Biosphäre ein immaterielles Prinzip geben muß, das die Lebensvorgänge in systemerhaltender Weise ausrichtet. Das von den Neovitalisten postulierte Lebensprinzip wurde mit dem aristotelischen Ausdruck »Entelechie« benannt.

Für die anscheinend integrative Kraft morphogenetischer Prozesse haben später Hans Spemann (»Development and Induction«) und Paul Weiss (»Development«) den Begriff »morphogenetisches Feld« geprägt. Dies führte zum geometrischen Bild von der »epigenetic landscape«, wonach das Wachstum eines Embryos durch den Gradienten einer Potentialfläche bestimmt wird, ähnlich wie der Gradient der potentiellen Energie die Bewegung eines Körpers kontrolliert. Eine stark formalisierte Darstellung des morphogenetischen Feldes liefert die geometrodynamische Beschreibung morphogenetischer Prozesse im Rahmen der sogenannten Katastrophentheorie (René Thom: Stability; siehe auch Anm. 132). Thom ordnet beispielsweise jedem lebenden System formal eine geometrische Struktur zu, durch die *global* die lokalen Einzelheiten des Systems determiniert werden (siehe auch V, 1 zum Problem der Makrodeterminiertheit lebender Systeme). Man könnte das Thomsche Modell als »geometrodynamischen« Vitalismus bezeichnen.

Der Vitalismus, auch in seiner pseudowissenschaftlichen Form, ist durch die Ergebnisse der modernen Biologie in seinen Grundlagen tief erschüttert worden. Die erkenntnistheoretische Situation des Vitalismus hat Monod treffend charakterisiert: »Um zu überleben, hat der Vitalismus es nötig, daß in der Biologie, wenn nicht wirkliche Paradoxa, so doch zumindest ›Geheimnisse‹ erhalten bleiben. Die Entwicklungen der letzten 20 Jahre in der Molekularbiologie haben den Bereich der Geheimnisse außerordentlich zusammenschrumpfen lassen; dadurch blieb den Spekulationen der Vitalisten kaum mehr als das weite Feld der Subjektivität offen – der Bereich des

Bewußtseins. Man geht kein großes Risiko ein mit der Voraussage, daß diese Spekulationen sich auf diesem, im Augenblick noch unzugänglichen Gebiet als ebenso unfruchtbar erweisen werden wie überall, wo das bisher auch offenkundig der Fall war« (Jacques Monod: Zufall und Notwendigkeit, S. 42). So wurde denn auch der wissenschaftliche Vitalismus mit der Zeit immer wieder auf Gebiete zurückgedrängt, die der physikalisch-chemischen Analyse noch nicht vollständig zugänglich waren und sind. Dies gilt insbesondere für das Paradigma vitalistischer Hypothesenbildung, die Embryogenese, deren Erklärung nicht durch abgeschlossene naturwissenschaftliche Beobachtungen, sondern allenfalls durch unsere *gegenwärtige* Unkenntnis in Frage gestellt ist. Wie sehr sich jedoch auch hier inzwischen das Bild zugunsten einer physikalisch-chemischen Erklärung gewandelt hat, zeigen die eindrucksvollen Arbeiten von Alfred Gierer und Hans Meinhardt zum Problem der biologischen Strukturbildung (vgl. Hans Meinhardt: Pattern Formation).

113 Bohr, Niels: Licht und Leben.
114 Bohr, Niels: a. a. O., S. 248.
115 Bohr, Niels: a. a. O., S. 249.
116 Bohr, Niels: Atomphysik, S. 26.
117 Heitler, Walter: Komplementarität.
118 Pattee, Howard: Complementary principle.
119 Elsasser, Walter: Biology.
   Elsasser, Walter: Atom and Organism.
   Elsasser, Walter: Chief Abstractions.
120 von Neumann, John: Quantenmechanik. Im Kern hängt das Theorem von John von Neumann mit der für die moderne Physik grundlegenden Frage zusammen, ob die Quantentheorie die Einfuhrung verborgener Parameter gestattet.
121 Wigner, Eugene: Probability.
122 Walter Elsasser verweist in diesem Zusammenhang auf quantitative Untersuchungen von Roger Williams (»Biochemical Individuality«) über die Varietät in der biochemischen Zusammensetzung lebender Systeme. Williams kommt zu dem Schluß, daß es bei Individuen derselben Art große Streuungen in der Konzentration wichtiger chemischer Bestandteile gibt. Die Untersuchungen, die sich auch auf die Varietät in den anatomischen Merkmalen höherer Organismen beziehen, führen zu

einem ähnlichen Ergebnis. Elsasser wiederum glaubt hieraus den Schluß ziehen zu können, daß eine Erklärung der strukturellen Komplexität und individuellen Einzigartigkeit lebender Systeme seitens der Physik nicht möglich ist.

123 Elsasser, Walter: Logic, S. 30. [Dies ist der Punkt, an dem wir vorschlagen, die Biologie von der Physik zu trennen: Die Biologie sehen wir als Disziplin an, die von der Logik heterogener Klassen Gebrauch macht, während die Physik homogene Klassen verwendet.]

124 Elsasser, Walter: a. a. O., S. 57. [... ist der eines ursprünglichen und irreduziblen Typs natürlicher Ordnung, auf derselben Ebene wie die herkömmlichen »Gesetze der Natur«, die jedem so vertraut sind.]

125 Kochanski, Zdzislaw: Reduktion, S. 110 ff.

126 Elsasser, Walter: Biological theory, S. 138. [... daß unter allen morphologisch erlaubten Konfigurationen eine bestimmte Anzahl selektioniert, während der Rest durch einen spontanen natürlichen Prozeß verworfen wird.]

127 Elsasser, Walter: a. a. O., S. 147. [... als Grenzfall eines kreativen Prozesses; sie ist demnach losgelöst von der üblichen (mechanistischen) Interpretation der Reproduktion als einer rein mechanischen, möglicherweise mit Fehlern behafteten Verdopplung.]

128 Elsasser, Walter: a. a. O., S. 147. [... Schöpfung unter hinreichenden Bedingungen in der Weise, daß das Produkt (Nachkomme) innerhalb der durch die Heterogenität des Substrats gesetzten Grenzen seinem Original ähnlich wird.]

129 Die naturphilosophische Position Bergsons läßt sich, was die Evolution lebender Systeme betrifft, etwa wie folgt zusammenfassen: Im Universum gibt es eine schöpferische Kraft (»élan vital«), die die unbelebte Materie durchdringt und zwingt, sich zu belebten Systemen zu organisieren. Die mit dem Lebensdrang zusammenfallende Evolution der Materie ist absolut frei, hat also weder Endzweck noch Ursache. Ausdruck und Beweis der totalen Freiheit des schöpferischen Dranges der Evolution ist der Mensch.

130 Wigner, Eugene: Probability.

131 Die Schlußfolgerung ist auch für den Fall richtig, daß ein lebender Organismus durch mehr als *einen* quantenmechanischen Zustand charakterisiert wird.

132 Auch René Thom (»Stability«) hat sich mit der Frage befaßt, inwieweit der Übergang von einem unbelebten zu einem belebten Materiezustand im Rahmen der traditionellen Naturwissenschaften erklärt werden kann. Aus der Sicht der von ihm entwickelten Katastrophentheorie nimmt Thom hierzu eher eine kritische Haltung ein: »Just as death is the generalized catastrophe determined by the transformation of a metabolic field into a static field, so the synthesis of living matter demands a truly anabolic catastrophe which, starting from a static field, will lead to a metabolic field. As we have seen in differential models, this requires the execution of an infinite number of ordinary catastrophes controlled by a well-established plan before the stable metabolic situation can be established, and so *an infinite number of local syntheses in a well-defined spatiotemporal arrangement.* This seems to exceed the possibilities of traditional chemistry.« [So wie der Tod die verallgemeinerte Katastrophe ist, die aus der Transformation eines metabolischen Feldes in ein statisches Feld resultiert, so erfordert die Synthese belebter Materie eine echte anabolische Katastrophe, die, von einem statischen Feld ausgehend, zu einem metabolischen Feld führt. Wie wir an den differentialtopologischen Modellen gesehen haben, erfordert dies eine unendliche Zahl von gewöhnlichen Katastrophen in einer definierten Reihenfolge, bevor die stabile metabolische Situation angenommen werden kann, und damit *eine unendliche Zahl von lokalen Synthesen in einer wohldefinierten raum-zeitlichen Anordnung.* Dies scheint die Möglichkeiten der traditionellen Chemie zu überschreiten.] (Thom, René: Systeme, S. 286).

133 Monod, Jacques: Zufall und Notwendigkeit, S. 30.

134 Eigen, Manfred: Self-organization.

135 Eigen, Manfred/Schuster, Peter: The Hypercycle.

136 Eine zusammenhängende Darstellung findet man bei Bernd-Olaf Küppers: Molecular Theory.

137 In Anlehnung an die idealisierten Randbedingungen der Thermodynamik betrachtet Manfred Eigen Systeme unter den Bedingungen konstanter Gesamtpopulation beziehungsweise konstanter Energieflüsse (CP- bzw. CF-Bedingungen). Die CP-Bedingungen entsprechen den thermodynamischen Bedingungen konstanter Reaktionskräfte, das heißt konstanter Affinitäten, während die CF-Bedingungen denen konstanter Reak-

tionsflüsse entsprechen. Beide Bedingungen führen zur Ausbildung stationärer Zustände und stehen in einem engen Zusammenhang mit den von Paul Glansdorff und Ilya Prigogine (»Structure, Stability and Fluctuations«) diskutierten Reaktionssystemen in der Nähe stationärer Zustände (vgl. hierzu auch die Diskussion bei Bernd-Olaf Küppers: Molecular Theory, S. 245 ff.). Die experimentelle Umsetzung dieser Randbedingungen wurde ausführlich von Bernd-Olaf Küppers (»Self-organization«) beschrieben.

138 Kuhn, Hans: Selbstorganisation molekularer Systeme.
Kuhn, Hans: Model consideration.
Kuhn, Hans: Morphogenesis.

139 Vgl. Bernd-Olaf Küppers: Molecular Theory, S. 255 f.

140 Eigen, Manfred: Information.

141 Die Wachstumsbegrenzung ist an sich keine notwendige Bedingung für das Einsetzen einer Selektion im Darwinschen Sinn. Wichtig wird sie allerdings bei einer Selektionswertentartung, wo alle Spezies den gleichen Selektionswert besitzen. Die Wachstumsbegrenzung führt in diesem Fall zur sogenannten »neutralen« Selektion (Motoo Kimura: Neutral theory).

142 Bei dem vorliegenden Computerexperiment wurden folgende Parameterwerte eingesetzt: differentieller Vorteil: 2.7 / Mutationsrate: 1 %.

143 Vgl. Sewell Wright: Surfaces.

144 Eigen, Manfred: Leben, S. 75.

145 Ebeling, Werner/Feistel, Rainer: Selbstorganisation, S. 291 ff.

146 Vgl. Bernhard Rensch: Zufall.

147 Der Begriff der Zufallsfolge ist ein altes Problem der Wahrscheinlichkeitstheorie und hat Anlaß zu einer Vielzahl von Untersuchungen gegeben. Besonders ausführlich wird das Problem, ausgehend von den Arbeiten von Richard von Mises, bei Karl Popper diskutiert (»Forschung«; Kap. VIII und Anhang Kap. IV und Kap. *VI).

148 Chaitin, Gregory: Sequences.
Kolmogorov, Andrei: Information.
Solomonoff, Ray: Inductive inference.
Eine elementare Einführung, auf die sich auch die hier gegebene Darstellung stützt, findet man bei Gregory Chaitin (»Randomness«; »Information«).

149 Chaitin, Gregory: Sequences.

Chaitin, Gregory: Computations.

Kolmogorov, Andrei: Information.

Kolmogorov, Andrei: Logical basis.

In ihrem Kern geht die algorithmische Definition der Zufälligkeit auf Ray Solomonoff (»Inductive inference«) zurück.

150 Bennett, Charles: Computation.

151 Chaitin, Gregory: Complexity.

152 Kolmogorov, Andrei: Information.

153 Siehe z. B. Werner Ebeling und Rainer Feistel: Selbstorganisation, S. 326 ff.

154 Dies folgt aus Gleichung (2) für $p = 1/2^n$. Für den Grenzfall *unendlicher* Symbolfolgen, wie er insbesondere bei der Lösung nicht-linearer dynamischer Probleme auftreten kann, muß die algorithmische Komplexität durch eine Grenzwertbeziehung definiert werden. So definierte Andrei Kolmogorov (»Information«) für $n \to \infty$ die Zufälligkeit einer Sequenz durch

$$\lim_{n \to \infty} K^{(n)} = n$$

Per Martin-Löf (»Random sequences«) konnte jedoch zeigen, daß diese Definition nicht sinnvoll ist. Für bestimmte nicht-lineare Fälle (z. B. Lösungen mit chaotischem Systemverhalten) kann nämlich $K^{(n)}$ selbst für den Fall $n \to \infty$ beträchtlich unterhalb des erwarteten Wertes von der Größenordnung n oszillieren. Es ist daher sinnvoll, die Oszillation mittels der Definition

$$K = \lim_{n \to \infty} [K^{(n)}/n]$$

»herauszudämpfen«. Eine Übersicht über die Anwendungsmöglichkeiten der algorithmischen Komplexitätstheorie auf nicht-lineare dynamische Probleme findet man bei Joseph Ford (»Coin toss«).

155 So sind zum Beispiel die irrationalen Zahlen π und e *keine* Zufallsfolgen, da sich für ihre Erzeugung jeweils ein Kompaktalgorithmus angeben läßt.

156 Man betrachte alle 2^n kombinatorisch möglichen n-stelligen Binärfolgen. Wir definieren die Sequenzen, die eine Komplexität $K \geq n - 10$ besitzen, als Zufallsfolgen und berechnen deren Anteil an der Gesamtzahl aller n-stelligen Binärsequenzen: Es gibt 2^1 Algorithmen der Komplexität $K = 1$, die eine n-stellige Binärfolge erzeugen könnten, 2^2 Algorithmen der Komplexität $K = 2, \ldots$, und 2^{n-11} Algorithmen der Komplexität $K = n - 11$.

Die Gesamtmenge aller Algorithmen der Komplexität K < n − 10 beträgt demnach

$$(2^1 + 2^2 + \ldots + 2^{n-11}) = 2^{n-10} - 2.$$

Da jeder der Algorithmen mit K < n − 10 nicht mehr als eine Binärfolge generieren kann, gibt es weniger als 2^{n-10} *geordnete* Sequenzen. Diese bilden den $(1/2^{10})$-ten Teil aller n-stelligen Binärsequenzen $(2^{10} = 1024)$. Dies bedeutet, daß unter allen n-stelligen Binärsequenzen nur etwa jede tausendste Sequenz *nicht* zufällig ist und eine algorithmische Komplexität K < n − 10 besitzt.

157 Chaitin, Gregory: Complexity, S. 14 f.

158 Berry war Bibliothekar an der Universität Oxford. Sein Paradoxon wurde zuerst veröffentlicht von Bertrand Russell und Alfred North Whitehead: Principia Mathematica, S. 61.

159 Vgl. Martin Davis: Computation.

160 Chaitin, Gregory: Complexity, S. 14 f.

161 Monod, Jacques: Zufall und Notwendigkeit, S. 121.

162 In den Chromosomen von Eukaryonten, insbesondere denen höherer Säugetiere, findet man häufig sich wiederholende Sequenzmuster. Diese beziehen sich jedoch nicht auf die gesamte Nukleotidsequenz, sondern nur auf kürzere Abschnitte derselben.

163 Schrödinger, Erwin: What is Life?

164 Monod, Jacques: Zufall und Notwendigkeit, S. 143.

165 Monod, Jacques: a. a. O., S. 143.

166 Anmerkung des Übersetzers: »(*) Im Originaltext ist von ›chance‹ die Rede. − Auch im deutschen Sprachgebrauch werden − etwa beim Wettspiel − ›Glück‹ und ›Zufall‹ gleichzeitig durch ›Chance‹ ausgedrückt. (**) Das französische ›accident‹ bezeichnet sowohl einen Unfall wie auch den Zufall!«

167 Solomonoff, Ray: Inductive inference.

168 Die algorithmische Interpretation des Begriffes »Naturgesetz« besitzt eine gewisse Ähnlichkeit zum Konzept der sogenannten Uralternativen, mit dem Carl Friedrich von Weizsäcker versucht hat, den physikalischen Objektbegriff zu formalisieren. Über den Zusammenhang von Information und Beobachtung schreibt von Weizsäcker: »Die Information eines Ereignisses kann auch definiert werden als die Anzahl völlig unentschiedener einfacher Alternativen, die durch das Eintreten des Ereignisses entschieden werden. Als völlig unentschieden soll eine

einfache Alternative gelten, wenn keine ihrer beiden möglichen Antworten wahrscheinlicher ist als die andere. Man kann nun als ein quantitatives Maß der Menge an Form eines Gegenstandes die Anzahl von einfachen Alternativen bezeichnen, die entschieden werden müssen, um seine Form zu beschreiben. In diesem Sinn mißt dann die Information, die in dem Gegenstand enthalten ist, genau die Menge seiner Form. Die in einem Gegenstand ›enthaltene‹ Information ist die Information, die dem Ereignis des Auftretens dieses in seiner Identität erkannten Gegenstands im Gesichtsfeld des Beobachters zukommt« (Carl Friedrich von Weizsäcker: Die Einheit der Natur, S. 347 f.). Und weiter: »Wie läßt sich eine Form so allgemein wie möglich charakterisieren? Ob eine bestimmte Form vorliegt oder nicht, ist eine Alternative. Die Unterscheidung vieler verschiedener Formen voneinander erfordert die Entscheidung einer Vielzahl einfacher Alternativen. Allgemein kann man also sagen: Wo empirisch eine bestimmte Form gefunden wird, werden jedenfalls einige einfache Alternativen empirisch entschieden. Dies wird stilisiert in der Grundannahme der ›Uralternativen‹: Alle Formen ›bestehen aus‹ Kombinationen von ›letzten‹ einfachen Alternativen« (Carl Friedrich von Weizsäcker: Die Einheit der Natur, S. 362). Die einfachen Alternativen sind Ja-Nein-Entscheidungen, die die Information über ein Ereignis konstituieren. Sie entsprechen dem, was man in der Physik eine Observable nennt, und ihre Antworten den möglichen Werten der Observablen. Die Weizsäckersche Ontologie vermeidet eine fundamentale Unterscheidung zwischen objektivem *Sein* eines Gegenstandes und dem objektiven *Wissen* des beobachteten Subjekts, indem durch das Konzept der Uralternativen *Sein* und *Wissen* zu einer unauflöslichen Einheit zusammengezogen werden (vgl. Klaus Müller: Naturgesetz, S. 322 ff.). Auch im Kontext der algorithmischen Deutung des Begriffes »Naturgesetz« repräsentiert die einfache Alternative das logische »Atom« unseres Wissens über die Regularität einer Struktur oder eines Ereignisses.

169 Küppers, Bernd-Olaf: Berechenbarkeit.
170 Monod, Jacques: Zufall und Notwendigkeit, S. 30.
171 von Bertalanffy, Ludwig: Biologie, S. 18.
172 von Bertalanffy, Ludwig: Gesetz oder Zufall, S. 81.
173 Popper, Karl: Materialismus, S. 38.

174 Der Neurobiologe John Eccles hat den Versuch unternommen, die Poppersche Drei-Welten-Lehre neurophysiologisch zu begründen. Seine Theorie geht von dem Ansatz aus, daß Geist und Gehirn voneinander unabhängige Einheiten sind, wobei das Gehirn zur *Welt 1* und der Geist zur *Welt 2* gehört. Ferner sollen Gehirn und Geist aufeinander einwirken und sich gegenseitig beeinflussen. Die aus diesem Ansatz resultierende dualistische Interaktionstheorie ist das Thema eines gemeinsamen Buches von Popper und Eccles (»The Self and Its Brain«).

175 Hartmann, Nicolai: Aufbau der realen Welt.

176 Popper, Karl: Materialismus, S. 44.

177 Popper, Karl: a. a. O., S. 38.

178 Es sei hier auf die umfangreiche Darstellung von Wolfgang Stegmüller (»Theorie und Erfahrung«) verwiesen.

179 Weiss, Paul: System, S. 20 f.

180 Vgl. Barry Commoner: Science and Survival (hier insbesondere Chapter 3: Greater than the Sum of its Parts). Über die Anfänge der organismischen Biologie lese man bei Zdzislaw Kochanski (»Reduktion«, S. 73, Anm. 6) nach.

181 Weiss, Paul: System, S. 17.

182 Weiss, Paul: a. a. O., S. 19.

183 Weiss, Paul: a. a. O., S. 21 f.

184 Weiss, Paul: a. a. O., S. 46.

185 Campbell, Donald: Downward causation.

186 Popper, Karl: Materialismus, S. 41.

187 von Bertalanffy, Ludwig: Gesetz oder Zufall, S. 74.

188 von Bertalanffy, Ludwig: Gesetz oder Zufall.
von Bertalanffy, Ludwig: Biologie.

189 Weiss, Paul: System.
Weiss, Paul: Systemdenken.

190 Popper, Karl: Materialismus.

191 Whitehead, Alfred North: Process and Reality.

192 Der Begriff »Allosterie« leitet sich vom Griechischen her und bezeichnet die für molekulare Regulationsphänomene typische Konformationsänderung von Proteinen.

193 Die schwachen Wechselwirkungskräfte (z. B. Wasserstoffbrücken-Bindungen) spielen im Aufbau makromolekularer Strukturen eine wichtige Rolle. Das dem Strukturaufbau zugrunde liegende dynamische Prinzip ist vergleichbar mit dem Reißverschlußprinzip. Der Aufbau (bzw. Abbau) von Strukturen

erfolgt schrittweise durch Knüpfung (bzw. Lösung) der schwachen Einzelbindungen, während die notwendige Stabilität der Gesamtstruktur durch die (positive) *Kooperativität* aller Einzelbindungen zustande kommt. Kooperative Effekte lassen sich sehr gut durch sogenannte Ising-Modelle beschreiben, welche eine physikalische Erklärung für bestimmte Ganzheitsphänomene liefern.

194 Monod, Jacques u. a.: Allosteric transitions.

195 Koshland, Daniel u. a.: Proteins containing subunits.

196 Eigen, Manfred: Reaktionen. S. 176.

197 Eigen, Manfred: Reaktionen.

198 Die stereospezifische Komplexbildung ist heute, nicht zuletzt aufgrund von Röntgenstrukturanalysen an allosterischen Proteinen wie dem Hämoglobinmolekül, physikalisch weitgehend verstanden. Weitere Einzelheiten hierzu findet man bei Jacques Monod (»Zufall und Notwendigkeit«, Kap. III und IV).

199 Eigen, Manfred: Biological information, S. 619 ff.

200 Eigen, Manfred/Winkler-Oswatitsch, Ruthild: Das Spiel, S. 151.

201 Ein weiteres Beispiel für die biologische Bedeutung der Stereospezifität liefert das Immunsystem. So erkennen die Antikörper körperfremde Substanzen, wie zum Beispiel Bakterien oder Viren, ebenfalls vermöge einer stereospezifischen Komplexbildung (siehe z. B. Norbert Hilschmann: Immunität).

202 Monod, Jacques: Zufall und Notwendigkeit, S. 118.

203 Monod, Jacques: a. a. O., S. 118 f.

204 Eine Proteinstruktur ist dann stabil, wenn sie sich in einem Energieminimum befindet. Da es unter Umständen mehrere (lokale) Energieminima geben kann, hängt die dreidimensionale Struktur, die eine Proteinkette letztendlich annimmt, vom Mechanismus ab, nach welchem sich die Kette faltet.

205 Monod, Jacques: Zufall und Notwendigkeit, S. 119.

206 Eine analoge Problematik tritt im atomaren Bereich auf, wo zum Beispiel die Rückwirkung felderzeugender Körper (wie z. B. der Elektronen) auf ein ursprüngliches Feld nicht mehr vernachlässigbar ist, so daß sich ein Dualismus von Feld und Quellen des Feldes ergibt.

207 Pauli, Wolfgang: Aspekte, S. 285. Siehe auch Anm. 206.

208 Lorenz, Konrad: Die Rückseite des Spiegels. S. 49.

209 Schon ein einfaches Wasserstoffatom bildet ein *System*. Wäh-

rend Proton und Elektron für sich genommen eine positive beziehungsweise negative Elementarladung tragen, besitzt das Gesamtsystem eine Eigenschaft, die in seinen konstitutiven Teilen nicht vorhanden ist: Das Wasserstoffatom ist elektrisch neutral. Ein weiteres Beispiel für den Systembegriff in der Physik liefert die Temperatur und ihre Deutung durch die statistische Mechanik. (Siehe hierzu Anm. 211.)

210 Primas, Hans/Gans, Werner: Biologie und Theoriereduktion.

211 Folgende Beispiele stammen von Michael Polanyi: »Take the fact that the sun is a sphere. Its separate parts are not spheres; nor does the law of gravitation speak of spheres. But the mutual gravitational interaction causes the parts of the sun to form a sphere. The same law causes the planets to move on elliptic paths around the sun.
Physics is rich in examples of comprehensive features of a system that cannot be observed in the isolated parts of the system. Crystals are marvelously ordered aggregates. Their particles are arranged in the pattern of one out of 230 space groups, which are not observed in the separate atomic parts. But these patterns can be derived from the interaction of their component parts. Snell's Law says that a beam of light passing through a medium of variable refractive powers will take the path along which it reaches its endpoint in the shortest time, and this comprehensive feature is derived from the laws that determine the curvature of the path at any single point in space. These comprehensive features, which cannot be observed in any single particle or any pair of particles nor, for the case of Snell's law, at any point of a beam, are all computable by the mathematical integration of the laws observed in isolated components. And this is true also for the theory of superconductivity, which Commoner quotes as an example for the emergence of irreducible principles.
[Man betrachte die Tatsache, daß die Sonne eine Kugel ist. Ihre einzelnen Teile sind keine Kugeln; auch spricht das Gravitationsgesetz nicht von Kugeln. Aber die gegenseitige Gravitationswechselwirkung veranlaßt die Teile der Sonne, eine Kugel zu bilden. Dasselbe Gesetz ist die Ursache dafür, daß sich die Planeten auf elliptischen Bahnen um die Sonne bewegen.
Die Physik ist reich an Beispielen für Systemeigenschaften, welche nicht an den isolierten Teilen beobachtet werden kön-

nen. Kristalle sind wunderbar geordnete Aggregate. Ihre Partikel sind nach einem Muster geordnet, das eins von 230 Raumgruppen ist, die an den einzelnen atomaren Bestandteilen nicht beobachtet werden. Diese Muster können aber aus der Wechselwirkung der Einzelkomponenten abgeleitet werden. Das Snellsche Gesetz besagt, daß ein Lichtstrahl, der ein Medium mit veränderlichen Brechungskräften durchläuft, den Weg nimmt, auf dem er den Endpunkt in kürzester Zeit erreicht, und diese Systemeigenschaft leitet sich aus jenen Gesetzen ab, welche die Krümmung des Weges an jedem einzelnen Raumpunkt bestimmen. Solche Systemeigenschaften, die in keiner einzelnen Partikel oder irgendeinem Paar von Partikeln beobachtet werden können, auch nicht, wie im Fall des Snellschen Gesetzes, in irgendeinem Punkt eines Strahls, sind alle berechenbar über die mathematische Integration jener Gesetze, die für die isolierten Komponenten beobachtet werden. Dies gilt auch für die Theorie der Supraleitung, die Commoner als Beispiel für die Emergenz irreduzibler Prinzipien nennt.] (Michael Polanyi: Life transcending physics and chemistry, S. 56 f.).

212 Ehrenfest, Paul und Tatjana: H-Theorem. Die spieltheoretische Variante des Ehrenfest-Modells wurde von Manfred Eigen und Ruthild Winkler-Oswatitsch (»Ludus vitalis«; »Das Spiel«) entwickelt.

213 Eigen, Manfred: Information, S. 1061.

214 Eigen, Manfred: a. a. O., S. 1062.

215 Eigen, Manfred/Winkler-Oswatitsch, Ruthild: Ludus vitalis, S. 85.

216 René Thom hat die Bedeutung der Katastrophentheorie für die Biologie selbst wie folgt relativiert: »Our method of attributing a formal geometrical structure to a living being, to explain its stability, may be thought of as a kind of *geometrical vitalism*; it provides a global structure controlling the local details like Driesch's entelechy. But this structure can, in principle, be explained solely by local determinisms, theoretically reducible to mechanisms of a physicochemical type. I do not know whether such a reduction can be carried out in detail; nevertheless, I believe that an understanding of this formal structure will be useful even when its physicochemical justification is incomplete or unsatisfactory.« [Unsere Methode, einem Lebewesen eine

formale geometrische Struktur zuzuordnen, um seine Stabilität zu erklären, kann als eine Form von *geometrischem Vitalismus* aufgefaßt werden; sie liefert eine globale Struktur, die die lokalen Einzelheiten kontrolliert, wie Drieschs Entelechie. Aber diese Struktur kann im Prinzip allein durch einen lokalen Determinismus erklärt werden, welcher theoretisch auf Mechanismen vom physikalisch-chemischen Typ reduzierbar ist. Ich weiß nicht, ob eine solche Reduktion im einzelnen durchführbar ist; dennoch glaube ich, daß ein Verständnis dieser formalen Struktur von Nutzen sein kann, selbst wenn ihre physikalisch-chemische Begründung unvollständig oder unbefriedigend ist.] (René Thom: Stability, S. 159).

Die Katastrophentheorie ist nach Thoms eigener Einschätzung »vor allem eine Methode und eine Sprache. Wie jede Sprache dient sie dazu, die Wirklichkeit zu beschreiben. Aber sie kann genauso wenig wie die Sprache weder für die Wahrhaftigkeit noch für die Angemessenheit der Beschreibung garantieren« (René Thom: Systeme, S. 43).

217 Mohr, Hans: Lectures, S. 95 ff.
218 von Weizsäcker, Carl Friedrich: Aufbau der Physik.
219 von Weizsäcker, Carl Friedrich: a. a. O., S. 628.
220 Eigen, Manfred: Self-organization, S. 520.
221 Popper, Karl: Materialismus.
222 Popper, Karl: a. a. O., S. 39 (Kursivschrift abweichend vom Original).
223 Oppenheim, Paul/Putnam, Hilary: Unity of Science.
224 Ein Materiesystem wird als *isoliert* (oder abgeschlossen) bezeichnet, wenn es mit seiner Umgebung weder Materie noch Energie austauscht. Ein System heißt *geschlossen*, wenn es nur Energie, nicht aber Materie mit seiner Umgebung austauschen kann. Systeme, die sowohl Energie als auch Materie austauschen, bezeichnet man als *offene* Systeme.
225 Die Tatsache, daß lebende Systeme *offene* Systeme sind, steht in Übereinstimmung mit der Tatsache, daß biologische Information nur in offenen Systemen entstehen kann.
226 Oparin, Alexandr: Genesis.
227 Der Kristallograph spricht allerdings nicht von Mutationen, sondern von Fehlordnungen. Solche Fehlordnungen wie Gitterlücken (Leerstellen) und Zwischengitteratome erzeugt ein Kristall durch thermische Aktivierung von selbst; sie gehören,

wie die Mutabilität bei den Lebewesen, zu den inhärenten Eigenschaften eines Kristalls.

228 Die Morphogenese eines Viruspartikels ist vollständig im Rahmen physikalisch-chemischer Gesetzmäßigkeiten zu verstehen. Vgl. Jonathan Butler und Aaron Klug: Assembly of a virus.

229 Dies ist tatsächlich nur eine Vermutung. Außer den Viren kennen wir heute keine Organismen, die einen *fließenden* Übergang vom Unbelebten zum Belebten dokumentieren. Entwicklungsgeschichtlich gesehen sind die Viren wahrscheinlich sogar später einzuordnen als die lebende Zelle. – In einer vergleichbaren Situation befindet sich die Paläontologie. Auch in der Evolution der Arten fehlen wichtige Zwischenformen, die den von der Darwinschen Theorie postulierten *graduellen* Prozeß der Artbildung belegen (Problem der sog. »missing links«).

230 Weiss, Paul: System, S. 28.

231 Eigen, Manfred/Schuster, Peter: The Hypercycle.

232 Rolf Lohrmann u. a. (»Synthesis«) ist es gelungen, unter enzymfreien Reaktionsbedingungen von bestimmten RNS-Strukturen jeweils eine Komplementärkopie herzustellen. Wenngleich bis heute unter enzymfreien Bedingungen eine vollständige kreuzkatalytische Reproduktion noch nicht gelungen ist, so besteht doch aus der Sicht des Nukleinsäurechemikers kaum ein Zweifel daran, daß dieses Problem prinzipiell lösbar ist.

233 Spiegelman, Sol: Precellular evolution. Die Anwendung dieser Definition auf selbstreproduktive Automaten bestätigt unsere Behauptung, daß die Eigenschaft der Selbstreproduktivität kein hinreichendes Kriterium ist, um zwischen »belebten« und »unbelebten« Objekten zu unterscheiden.

234 Eigen, Manfred: Biological information.

235 Eigen, Manfred: a. a. O., S. 608.

236 Eigen, Manfred/Winkler-Oswatitsch, Ruthild: Das Spiel, S. 67 ff.

237 Eigen, Manfred/Winkler-Oswatitsch, Ruthild: Glasperlenspiele, S. 93.

238 Eigen, Manfred: Information, S. 1066.

239 Eigen, Manfred/Winkler-Oswatitsch, Ruthild: Gesetz und Zufall, S. 231.

240 Das Selektionsprinzip wurde erstmals von Manfred Eigen (»Self-organization«) physikalisch begründet. Eine ausführli-

che Darstellung der Eigenschen Theorie findet man bei Bernd-Olaf Küppers: Molecular Theory.

241 Küppers, Bernd-Olaf: Self-organization.

242 Wie die mathematische Analyse im einzelnen zeigt, schränkt die Annahme einer Wachstumsbegrenzung die hier gezogenen Schlußfolgerungen keineswegs ein (vgl. Manfred Eigen und Peter Schuster: The Hypercycle).

243 Diese Annahme ist gerechtfertigt, da fernab vom inneren Gleichgewicht der Auf- und Abbau von Nukleinsäuren *nicht* durch die Bedingung der mikroskopischen Reversibilität miteinander verknüpft sind.

244 Eigen, Manfred: Self-organization.

245 Bei der Diskussion der Selektionsgleichungen (25) wurde angenommen, daß der Informationsfluß von den Mutanten zur Stammsequenz vernachlässigbar ist. Die Mutationsterme können jedoch ohne Schwierigkeiten in den Formalismus einbezogen werden, sofern man das Konzept der Spezies durch das Konzept der Quasispezies ersetzt. Mit dem Begriff »Quasispezies« bezeichnet man eine Verteilung von Spezies, die aus einer Stammsequenz und der daraus hervorgehenden stationären Mutantenverteilung besteht. Eine »Quasispezies« entspricht somit (auf der Ebene der Moleküle) dem, was der Biologe gemeinhin als »Spezies« bezeichnet. Vgl. Billy Jones u. a.: Macromolecular systems; Bernd-Olaf Küppers: Q_β-Replikase-System; Dynamics of molecular self-organization; Colin Thompson und John McBride: Eigen's theory.
Des weiteren gelten die Gleichungen (25) streng genommen nur für den deterministischen Fall hinreichend großer Populationszahlen. Jede selektiv günstige Mutante tritt jedoch zunächst nur in *einer* Kopie auf und kann infolge einer Fluktuationskatastrophe aussterben, bevor sie auf makroskopische Populationswerte verstärkt wurde. Der deterministische Ansatz muß in diesem Fall durch einen stochastischen Ansatz ersetzt werden. Die Behandlung des stochastischen Problems zeigt, daß sich für die Selektion einer selektiv günstigen Mutante nur noch Wahrscheinlichkeitsaussagen machen lassen, in die der Selektionswert *und* die momentane Populationsstärke der Mutante eingehen. An den prinzipiellen Aussagen der Selektionstheorie ändert der stochastische Ansatz jedoch nichts (siehe z. B. Bernd-Olaf Küppers: Molecular Theory, S. 103 ff.).

290

246 Eigen, Manfred: Sprache und Lernen, S. 201.
247 Biebricher, Christof: Darwinian selection.
   Küppers, Bernd-Olaf: Self-organization.
   Küppers, Bernd-Olaf: Evolution im Reagenzglas.
   Mills, Donald u. a.: Extracellular Darwinian experiment.
   Spiegelman, Sol: Precellular evolution.
248 von Weizsäcker, Carl Friedrich: Die Einheit der Natur, S. 352.
   Vgl. auch Kapitel II, 2.
249 Eigen, Manfred/Winkler-Oswatitsch, Ruthild: Das Spiel. Zur
   selektiven Konkurrenz zwischen Lasermoden siehe Hermann
   Haken und Herwig Sauermann: Laser modes; Peter Richter:
   Evolution.
250 Vgl. Manfred Eigen: Self-organization, S. 479 (hier insbeson-
   dere Gleichung [II-45]). Für den Fall der neutralen Selektion
   zeigt die Analyse der Selektionskinetik, daß sich unter gewissen
   Bedingungen auch neutrale Mutationen, die weder einen
   Selektionsvorteil noch Selektionsnachteil besitzen, in einer
   Population ausbreiten und eine evolutive Driftbewegung in
   Gang setzen können. Motoo Kimura (»Neutral theory«) hat
   postuliert, daß bei der Komplexität des Erbmaterials höherer
   Lebewesen der überwiegende Anteil der Veränderungen aus
   einer solchen genetischen Driftbewegung resultiert. Das quantitative Ausmaß dieser »neutralen« Selektion läßt sich nur
   experimentell bestimmen und ist nach wie vor ein offenes Problem der Evolutionsbiologie.
   Im Rahmen der Theorie der neutralen Selektion bleibt jedoch
   die Semantik biologischer Information völlig undefiniert. Jede
   Nukleinsäurevariante besitzt hier die gleiche A-priori-Wahrscheinlichkeit, selektioniert zu werden, so daß der Selbstorganisationsprozeß einem »random-walk« im Informationsraum
   entspricht. Darwin selbst hat übrigens die Möglichkeit einer
   genetischen Drift aufgrund von neutralen Mutationen, also solchen, die nicht durch einen Anpassungsvorteil ausgezeichnet
   sind, in Betracht gezogen: »Abänderungen, die weder nützen
   noch schaden, bleiben von der natürlichen Auslese unberührt;
   sie bleiben entweder ein fluktuierendes Element, wie wir es
   vielleicht bei gewissen polymorphen Arten beobachten, oder
   sie werden schließlich je nach Art der Organismen und Bedingungen fixiert.« (Zitiert nach Manfred Eigen: Darwin und die
   moderne Biologie, S. 455.)

251 Mayr, Ernst: Darwinistische Mißverständnisse, S. 51.
252 Küppers, Bernd-Olaf: Phänotypische Information.
253 von Bertalanffy, Ludwig: Gesetz oder Zufall; Gutmann, Wolf-
    gang: Evolutionsverständnis.
254 Siehe zum Beispiel Wolfgang Gutmann und Klaus Bonik: Kriti-
    sche Evolutionstheorie. Die selbstinduzierten Schwierigkeiten
    der sogenannten kritischen Evolutionstheorie beruhen darauf,
    daß diese im Prinzip eine reduktionistische Theorie ist, welche
    jedoch wissenschaftsphilosophisch mit einer organismischen,
    das heißt antireduktionistischen Betrachtungsweise begründet
    wird. Auf die Widersprüchlichkeit der »kritischen« Evolutions-
    theorie hat schon Ernst Mayr hingewiesen: »Gutmann und
    seine Mitarbeiter scheinen der Idee anzuhängen, daß die Selek-
    tionskräfte erst dann ihre Wirkung entfalten, wenn ein junges
    Säugetier geboren worden ist und der Außenwelt entgegen-
    tritt... Gutmanns Mißverständnis beruht zum Teil darauf, daß
    er den Phänotyp sozusagen als das versteht, was man von außen
    sehen kann. Indem er anscheinend sämtliche ontogenetischen
    Stadien aus dem Phänotyp ausschließt, kommt er zu der
    Behauptung: ›Wer Phänotypen in Selektion konkurrieren läßt,
    erfaßt nicht die intraorganismische Seite der Evolution‹... Die
    Wahrheit ist in diesem Fall natürlich, daß der Phänotyp *alles*
    umfaßt, was von der DNA abgelesen und übersetzt wird...
    Alle Entwicklungen vollziehen sich im bzw. am Phänotyp. Dar-
    win hatte dies klar erkannt, wie seine Feststellung verdeutlicht,
    die Natur könne ›auch auf jedes innere Organ wirken, auf den
    kleinsten körperlichen Unterschied, auf die ganze Maschinerie
    des Lebens‹« (Ernst Mayr: Darwinistische Mißverständnisse,
    S. 48).
255 Chaitin, Gregory: Definition of »life«.
256 von Neumann, John: Self-Reproducing Automata.
257 Dies folgt aus einer Umformulierung von Theorem 1 in
    Abschnitt 5 der Arbeit von Gregory Chaitin: Definition of
    »life«, S. 18.
258 Siehe auch Reinhard Mahnke: Komplexität von Objekten,
    S. 113.
259 Chaitin, Gregory: Definition of »life«, S. 7f. [Der nächste
    Schritt im Rahmen dieses Forschungsprogramms würde darin
    bestehen, daß man von statischen Momentaufnahmen zu zeit-
    veränderlichen Situationen übergeht, mit anderen Worten, daß

man ein diskretes Universum mit statistischen Zustandsände-
rungen betrachtet und zeigt, daß es eine bestimmte Wahrscheinlichkeit für das Erreichen einer bestimmten Organisationsebene in einer bestimmten Zeit gibt. Oder allgemeiner:
Man würde gerne die Wahrscheinlichkeitsverteilung für den
maximalen Organisationsgrad von jedem Organismus zur Zeit
t + Δt als eine Funktion davon zur Zeit t bestimmen. Wir wollen einmal eine Anfangsstrategie für die Konstruktion eines
nicht-trivialen Beispiels einer Evolution von Organismen vorschlagen: Man konstruiere eine Reihe von evolutionären Formen . . ., argumentiere, daß anwachsende Komplexität den
Organismen einen Selektionsvorteil bietet . . ., und zeige, daß
kein primitiver Organismus so erfolgreich oder so letal ist, daß
er diesen graduellen evolutionären Weg verläßt oder blockiert.
Was wäre der intellektuelle Reiz der von uns angestrebten
Theorie? Es wäre eine quantitative Formulierung der Darwinschen Evolutionstheorie in einem sehr allgemeinen Modelluni-
versum. Es wäre das Gegenteil der Ergodentheorie: Anstatt zu
zeigen, daß die Dinge sich mischen und einheitlich werden,
würde sich zeigen, daß Varietät und Organisation wahrscheinlich anwachsen.]

260 Die Entstehung komplexer Strukturen im Verlauf der Evolution hat René Thom mit einem Analogieschluß verständlich
machen wollen: »If sodium and potassium exist, this is so
because there is a corresponding mathematical structure guar-
anteeing the stability of atoms Na und K; such a structure can
be specified, in quantum mechanics, for a simple object like the
hydrogen molecule and although the case of the Na or K atom
is less well understood, there is no reason to doubt its existence.
I think that likewise there are formal structures, in fact, geo-
metric objects, in biology which prescribe the only possible
forms capable of having a self-reproducing dynamic in a given
environment.« [Wenn es Natrium und Kalium gibt, so deshalb,
weil eine entsprechende mathematische Struktur existiert, welche die Stabilität von Na-Atomen und K-Atomen gewährleistet; eine solche Struktur kann im Rahmen der Quantenmechanik für einfache Objekte, wie das Wasserstoffmolekül, spezifiziert werden, und wenngleich der Fall des Na- oder K-Atoms
weniger gut verstanden ist, so besteht doch kein Zweifel an
der Existenz einer solchen Struktur. Ich glaube, daß es in

ähnlicher Weise in der Biologie formale Strukturen gibt, geometrische Objekte, die vorschreiben, welche möglichen Formen in einer gegebenen Umwelt eine selbst-reproduktive Dynamik besitzen.] (René Thom: Stability, S. 290.)

261 Das Prinzip der funktionalen Anpassung hat übrigens schon Schelling treffend beschrieben: »Sie haben wenigstens zuerst den Satz als *Prinzip* aufgestellt . . . daß die *Form* der Organe nicht die Ursache ihrer Eigenschaften, sondern daß umgekehrt ihre Eigenschaften (ihre Qualität, chemische Mischung) die Ursache ihrer *Form* seyen.« (Schelling: Von der Weltseele, S. 522.)

262 von Weizsäcker, Carl Friedrich: Evolution und Entropiewachstum.

263 Diese Interpretation ist übrigens konsistent mit der informationstheoretischen Deutung des Gesetzesbegriffs, wie sie in Kapitel IV, 2 gegeben wurde.

264 Vgl. Martin Hengst: Mathematische Statistik.

265 Popper, Karl: Materialismus, S. 48 ff.

266 von Weizsäcker, Carl Friedrich: Heisenberg, S. 28.

267 Vgl. Paul Lorenzen: Konstruktive Wissenschaftstheorie, S. 209 ff.; Karl Popper: Materialismus, S. 48 ff.

268 Vgl. zu diesem Problemkreis aus evolutionstheoretischer Sicht Bernd-Olaf Küppers: Molecular Theory, Chapter IV.

269 Hempel, Carl Gustav/Oppenheim, Paul: Logic of explanation.

270 Stegmüller, Wolfgang: Erklärung.

271 Scheibe, Erhard: Ursache und Erklärung.

272 Die Klassifizierung in ontobiologische und entwicklungsbiologische Theorien erfolgt in Anlehnung an Alwin Diemer (»Naturphilosophie«). Sie entspricht der in der Biologie gebräuchlichen Trennung in eine »funktionale« und eine »evolutionäre« Biologie: »It is the combination of functional biology and evolutionary biology which gives us the whole of biology. The way questions are asked and theory is formed is rather different in these two parts of biology. In functional biology, as we have seen, one deals with the decoding of genetic programs. All of it ultimately involves chemical reactions guided by the genetic program and regulated by complex feedback systems. It is quite conceivable that functional biology could be reduced to physics and chemistry, at least in principle, even though the complexity of the interactions between the genetic program and

the resulting proteins produce a system of such diversity that a complete analysis is probably unattainable.« [Es ist die Kombination von funktionaler und evolutionärer Biologie, die die Biologie als Ganzes ausmacht. Die Art der Fragestellung und die der Theorienbildung sind in diesen beiden Teilen der Biologie ziemlich verschieden. Wie wir gesehen haben, beschäftigt man sich im Rahmen der funktionalen Biologie mit der Dechiffrierung des genetischen Programms. All dies schließt letzten Endes chemische Reaktionen ein, die vom genetischen Programm gelenkt und über komplizierte Rückkopplungssysteme reguliert werden. Es ist einleuchtend, daß die funktionale Biologie auf die Physik und Chemie reduziert werden kann, wenigstens im Prinzip, wenngleich die Komplexität der Wechselwirkungen zwischen dem genetischen Programm und den resultierenden Proteinen ein System von so großer Diversität erzeugen, daß eine vollständige Analyse wahrscheinlich unerreichbar ist.] (Ernst Mayr: Theory and hypotheses, S. 454.)

273 Küppers, Bernd-Olaf: Self-organization.

274 Hempel, Carl Gustav/Oppenheim, Paul: Logic of explanation.

275 Popper, Karl: Ausgangspunkte, S. 243 ff.

276 Popper, Karl: Letter to New Scientist, S. 611. [. . . einige Leute glauben, ich hätte den wissenschaftlichen Charakter der historischen Wissenschaften, wie der Paläontologie oder der Theorie der Evolution des Lebens auf der Erde, bestritten; oder sagen wir, der Literaturgeschichte, der Technologiegeschichte oder Wissenschaftsgeschichte.

Dies ist ein Mißverständnis, und ich möchte hier bekräftigen, daß diese und andere historische Wissenschaften meiner Meinung nach einen wissenschaftlichen Charakter haben: ihre Hypothesen lassen sich in vielen Fällen *testen*.

Es hat den Anschein, als würden manche Leute glauben, die historischen Wissenschaften seien deswegen nicht überprüfbar, weil sie einmalige Ereignisse beschreiben. Die Beschreibung einmaliger Ereignisse kann jedoch sehr häufig dadurch getestet werden, daß man aus ihnen überprüfbare Voraussagen oder Retrodiktionen ableitet.]

277 Monod, Jacques: Theory of evolution.
Monod, Jacques: L'évolution microscopique.

Literaturverzeichnis

Ayala, F.: (Evolution), The mechanism of evolution. Scientific American *239*, 48 (1978).

Bar Hillel, Y./Carnap, R.: Semantic information. British Journal for the Philosophy of Science *4*, 144 (1953).

Bennett, Ch. H.: (Computation), The thermodynamics of computation – a review. International Journal of Theoretical Physics *21*, 905 (Dez. 1982).

Bergson, H.: L'évolution créatrice, Paris 1907 (dt.: Schöpferische Entwicklung, Jena 1912).

von Bertalanffy, L.: (Gesetz oder Zufall), Gesetz oder Zufall: Systemtheorie und Selektion. In: Das neue Menschenbild, edd. A. Koestler und J. R. Smythies, Wien 1970.

von Bertalanffy, L.: (Biologie), Biologie und Weltbild. In: Wohin führt die Biologie?, ed. M. Lohmann, München 1977.

Biebricher, Ch. K.: (Darwinian selection), Darwinian selection of self-replicating RNA molecules. In: Evolutionary Biology, Vol. 16, edd. M. K. Hechet, B. Wallace und G. T. Prance, New York 1983.

Böhme, G.: Information und Verständigung. In: Offene Systeme I, ed. E. von Weizsäcker, Stuttgart 1974.

Bohr, N.: Licht und Leben. Naturwissenschaften *21*, 245 (1933).

Bohr, N.: (Atomphysik), Atomphysik und menschliche Erkenntnis, Bd. II, Braunschweig 1966.

Brackman, A. C.: (Delicate Arrangement), A Delicate Arrangement: The Strange Case of Charles Darwin and Alfred Russel Wallace, New York 1980.

Brillouin, L.: Science and Information Theory, New York 1963.

Butler, P. J. G./Klug, A.: (Assembly of a virus), The assembly of a virus. Scientific American *239*, 52 (November 1978).

Campbell, D. T.: (Downward causation). »Downward causation« in Hierarchically Organized Biological Systems. In: Studies in the Philosophy of Biology, edd. F. Ayala und Th. Dobzhansky, London 1974.

Carnap, R./Bar Hillel, Y.: (Outline), An outline of a theory of semantic information. In: Language and Information, ed. Y. Bar Hillel, Massachusetts 1964.

Chaitin, G. J.: (Sequences), On the length of programs for computing finite binary sequences. Journal of the Association for Computing Machinery *13*, 547 (1966).

Chaitin, G. J.: (Computations), On the difficulty of computations. IEEE Trans. Inform. Theory, Vol. IT-16, 5 (1970).

Chaitin, G. J.: (Complexity), Information-theoretic computational complexity. IEEE Trans. Inform. Theory. *20*, 10 (1974).

Chaitin, G. J.: (Randomness), Randomness and mathematical proof. Scientific American *232*, 47 (1975).

Chaitin, G. J.: (Definition of »life«), Toward a mathematical definition of »Life« II. IBM Report RC 6919. T. J. Watson Research Center, New York 1977.

Chaitin, G. J. (Information), Algorithmic information theory. IBM J. Research Develop. *21*, 350 (1977).

de Chardin, T.: Le phénomène humain, Paris 1955 (dt.: Der Mensch im Kosmos, München 1959).

Commoner, B.: Science and Survival, New York 1966.

Darwin, Ch.: (Origin of Species), On the Origin of Species by Means of Natural Selection, or the Preservation of Favoured Races in the Struggle for Life, London 1859. (Vgl. auch: Die Entstehung der Arten durch natürliche Zuchtwahl, ed. C. W. Neumann, Stuttgart 1963.)

Darwin, F.: The Foundations of the Origin of Species. Two Essays written in 1842 and 1848 by C. Darwin, Cambridge 1904.

Davis, M.: (Computation), What is a Computation? In: Mathematics Today, ed. L. A. Steen, New York 1978.

Diemer, A.: Naturphilosophie. In: Grundriß der Philosophie, Bd. 2. Die philosophischen Sonderdisziplinen, Frankfurt am Main, 1964.

Driesch, H.: (Philosophie), Philosophie des Organischen, Leipzig 1909.

Ebeling, W./Feistel, R.: (Selbstorganisation), Physik der Selbstorganisation und Evolution, Berlin 1982.

Ehrenfest, P./Ehrenfest, T.: (H-Theorem), Über zwei bekannte Einwände gegen das Boltzmannsche H-Theorem. Phys. Z. *8*, 311 (1907).

Eigen, M.: (Reaktionen), Die »unmeßbar« schnellen Reaktionen. In: Les Prix Nobel, ed. Nobel Foundation, Stockholm 1967.

Eigen, M.: (Self-organization), Self-organization of matter and the evolution of biological macromolecules. Naturwissenschaften *58*, 465 (1971).

Eigen, M.: (Biological information), The origin of biological information. In: The Physicist's Conception of Nature, ed. J. Mehra, Dordrecht 1973.

Eigen, M./Winkler-Oswatitsch, R.: Ludus vitalis. In: Mannheimer Forum 73/74, ed. H. v. Ditfurth, Mannheim 1974.

Eigen, M./Winkler-Oswatitsch, R.: Das Spiel, München 1975.

Eigen, M.: (Information), Wie entsteht Information? Prinzipien der Selbstorganisation in der Biologie. Ber. Bunsenges. Phys. Chem. *80*, 1059 (1976).

Eigen, M./Schuster, P.: The Hypercycle, Heidelberg 1979.

Eigen, M.: (Sprache und Lernen), Sprache und Lernen auf molekularer Ebene. In: Der Mensch und seine Sprache, ed. C. F. von Siemens Stiftung, Berlin 1979.

Eigen, M.: (Darwin und die moderne Biologie), Charles Darwin und die moderne Biologie. In: Meyers Großes Universallexikon, Mannheim 1981.

Eigen, M./Winkler-Oswatitsch, R.: Gesetz und Zufall. In: Kindlers Enzyklopädie »Der Mensch«, Zürich 1982.

Eigen, M./Winkler-Oswatitsch, R.: (Glasperlenspiele), Glasperlenspiele mit dem Zufall. Natur *8*, 91 (1982).

Eigen, M.: (Leben), Entstehung des Lebens. Natur *3*, 68 (1983).

Eigen, M.: Experiments on biogenesis. In: Biomimetic Chemistry. Proceedings of the 2nd International Kyoto Conference on New Aspects of Organic Chemistry, Tokyo 1983.

Elsasser, W. M.: (Biology), The Physical Foundation of Biology, Oxford 1958.

Elsasser, W. M.: Atom and Organism. Princeton University Press, New Jersey 1966.

Elsasser, W. M.: (Chief Abstractions), The Chief Abstractions of Biology, Amsterdam 1975.

Elsasser, W. M.: (Logic), A form of logic suited for biology. In: Progress in Theoretical Biology, Vol. 6, ed. R. Rosen, New York 1981.

Elsasser, W. M.: (Biological theory), Principles of a new biological theory: a summary. J. Theor. Biol. *89*, 131 (1981).

Fiers, W./Contreras, R./Duerinck, F./Haegeman, G./Iserentant, D./ Merregaert, J./Min Jan, W./Molemans, F./Raeymackers, F./van den Berghe, G./Volkaerts, G./Ysebaert, M.: (Nucleotide sequence), Complete nucleotide sequence of bacteriophage MS2 RNA: Primary and secondary structure of the replicase gene. Nature *260*, 500 (1976).

Fitch, W. M./Margoliash, E.: (Phylogenetic trees), Construction of phylogenetic trees. Science *155*, 279 (1967).

Ford, J.: (Coin toss), How random is a coin toss? Physics Today *36*, 40 (1983).

Glansdorff, P./Prigogine, I.: (Structure, Stability and Fluctuations), Thermodynamic Theory of Structure, Stability and Fluctuations, New York 1971.

Gutmann, W. F.: (Evolutionsverständnis), Entwickelt sich ein neues Evolutionsverständnis: Das Analogiedenken Darwins und die physikalistische Evolutionstheorie. Biologische Rundschau *17*, 84 (1979).

Gutmann, W. F./Bonik, K.: Kritische Evolutionstheorie. Ein Beitrag zur Überwindung altdarwinistischer Dogmen, Hildesheim 1981.

Haken, H./Sauermann, H.: (Laser modes), Nonlinear interaction of laser modes. Z. Physik *173*, 261 (1963).

Hanson, E. D.: Understanding Evolution, Oxford 1981.

Harada, K./Fox, S. W.: (Polycondensation), Thermal polycondensation of free amino acids with polyphosphoric acid. In: The Origins of Prebiological Systems, ed. S. W. Fox, New York 1965.

Hartley, R. V. L.: Transmission of information. Bell System Techn. J. *7*, 3 (1928).

Hartmann, N.: (Aufbau der realen Welt), Der Aufbau der realen Welt, Berlin ³1964.

Haruna, I./Nozu, K./Ohtaka, Y./Spiegelman, S.: (Replicase), An RNA »replicase« induced by and selective for a viral RNA: Isolation and properties. Proc. Natl. Acad. Sci. USA *50*, 905 (1963).

Heitler, W.: (Komplementarität), Über die Komplementarität von lebloser und lebender Materie. Abhandlungen der Mathematisch-Naturwissenschaftlichen Klasse der Akademie der Wissenschaften und Literatur, Mainz. Nr. 1, Mainz 1976.

Hempel, C. G./Oppenheim, P.: (Logic of explanation), Studies in the logic of explanation. Philos. Sci. *15*, 135 (1948).

Hengst, M.: (Mathematische Statistik), Einführung in die mathematische Statistik und ihre Anwendung, Mannheim 1967.

Hilschmann, N.: (Immunität), Die Immunität – eine vorprogrammierte Reaktion auf das Unerwartete. In: Mannheimer Forum 82/83, ed. H. von Ditfurth, Mannheim 1983.

Hintikka, J./Pietarinen, J.: Semantic information and inductive logic. In: Aspects of Inductive Logic, edd. J. Hintikka and P. Suppes, Amsterdam 1966.

Hörz, H.: (Gesetz und Zufall), Gesetz und Zufall in der biologischen Evolution. In: Gesetz-Entwicklung-Information, edd. H. Hörz und C. Nowiński, Berlin 1979.

Jacob, F.: (Logik des Lebenden), Die Logik des Lebenden, Frankfurt 1972.

Jones, B. L./Enns, R. H./Rangnekar, S. S.: (Macromolecular systems), On the theory of selection of coupled macromolecular systems. Bull. Math. Biol. *38*, 15 (1976).

Kant, I.: Kritik der teleologischen Urteilskraft, Berlin u. Libau 1790. (Theorie-Werkausgabe Bd. X, ed. W. Weischedel, Frankfurt 1968.)

Kimura, M.: (Neutral theory), The neutral theory of molecular evolution. Scientific American *241*, 94 (1979).

Knippers, R.: Molekulare Genetik, Stuttgart ³1982.

Kochanski, Z.: (Reduktion), Kann Biologie zur Physiko-Chemie reduziert werden? In: Materie-Leben-Geist, ed. B. Kanitscheider, Berlin 1979.

Kolmogorov, A. N.: (Information), Three approaches to the quantitative definition of information. Problemy Peredachi Informatsii *1*, 3 (1965).

Kolmogorov, A. N.: (Logical basis), Logical basis for information theory and probability theory. IEEE Trans. Inform. Theory, Vol. IT-14, 663 (1968).

Koshland, D. E./Nemethy, G./Filmer, D.: (Proteins containing subunits), Comparison of experimental binding data and theoretical models in proteins containing subunits. Biochemistry *5*, 365 (1966).

Kuhn, H.: (Selbstorganisation molekularer Systeme), Selbstorganisation molekularer Systeme und die Evolution des genetischen Apparats. Angew. Chem. *84*, 838; Int. Ed. *11*, 798 (1972).

Kuhn, H.: (Model consideration), Model consideration for the origin of life. Naturwissenschaften *63*, 68 (1976).

Kuhn, H.: (Morphogenesis), Morphogenesis. Persistence of organized structures and breakthrough of new structures. In: Synergetics, ed. H. Haken, Heidelberg 1977.

Küppers, B.-O./Sumper, M.: (Template recognition), Minimal requirements for template recognition by bacteriophage Q_β repli-

300

case: Approach to general RNA-dependent RNA snythesis. Proc. Natl. Acad. Sci. USA 72, 2640 (1975).

Küppers, B.-O.: (Q$_\beta$-Replikase-System), Das Q$_\beta$-Replikase-System als Modellsystem für das quantitative Studium molekularer Evolutionsprozesse *in vitro*. Dissertation, Braunschweig 1975.

Küppers, B.-O.: (Phänotypische Information), Phänotypische Information von Nukleinsäuren: Die Initiationssignale für die RNA-Replikation durch die Q$_\beta$-Replikase. Ber. Bunsenges. Phys. Chem. *11*, 1149 (1976).

Küppers, B.-O.: (Dynamics of molecular self-organization), Some remarks on the dynamics of molecular self-organization. Bull. Math. Biol. *41*, 803 (1979).

Küppers, B.-O.: (Self-organization), Towards an experimental analysis of molecular self-organization and precellular Darwinian evolution. Naturwissenschaften *66*, 228 (1979).

Küppers, B.-O.: (Biologie), Wissenschaftstheoretische Probleme der Biologie. In: Handbuch wissenschaftstheoretischer Begriffe, ed. J. Speck, Göttingen 1980.

Küppers, B.-O.: Evolution im Reagenzglas. In: Mannheimer Forum 80/81, ed. H. von Ditfurth, Mannheim 1981.

Küppers, B.-O.: Zufall oder Planmäßigkeit? Biologie in unserer Zeit *4*, 109 (1983).

Küppers, B.-O.: (Paradoxon), Das »Paradoxon« der Evolution. In: Moderne Naturphilosophie, ed. B. Kanitscheider, Würzburg 1984.

Küppers, B.-O.: (Molecular Theory), Molecular Theory of Evolution, Heidelberg ^{2}1985.

Küppers, B.-O.: (Berechenbarkeit), Die Berechenbarkeit des Lebendigen. Philosophia Naturalis *22* (2), 250 (1985).

Küppers, B.-O.: (Probability), On the prior probability of the existence of life. In: The Probabilistic Revolution 1806–1930: Dynamic of Scientific Development, Vol. 3, edd. G. Gigerenzer, L. Krüger und M. S. Morgan, Massachusetts 1986.

de Lamarck, J.-B.: Philosophie zoologique, Paris 1809. (Vgl. auch: Zoologische Philosophie, ed. H. Schmidt, Leipzig 1909.)

Lohrmann, R./Bridson, P. K./Orgel, L. E.: (Synthesis), Efficient metal-ion catalyzed template-directed oligonucleotide synthesis. Science *208*, 1464 (1980).

Lorenz, K.: (Rückseite des Spiegels), Die Rückseite des Spiegels, München 1973.

Lorenzen, P.: Konstruktive Wissenschaftstheorie, Frankfurt 1974.

301

Mahnke, R.: (Komplexität von Objekten), Philosophische und historische Betrachtungen zur Struktur und Komplexität von Objekten. Rostocker Philosophische Manuskripte *24*, 101 (1983).

Martin-Löf P.: (Random sequences), The definition of random sequences. Inform. Contr. *9*, 602 (1966).

Mayr, E.: (Theories and hypotheses): Comments on theories and hypotheses in biology. In: Boston studies in the Philosophy of Science V, edd. R. S. Cohen und M. W. Wartofsky, Dordrecht 1969.

Mayr, E.: Darwinistische Mißverständnisse. In: Darwin und die Evolutionstheorie, edd. K. Bayertz, B. Heidtmann und H.-J. Rheinberger, Köln 1982.

McCaskill, J. S.: (Macromolecular quasispecies), A localization threshold for macromolecular quasispecies from continuously distributed replication rates. J. Chem. Phys. *80* (10), 5194 (1984).

McKay, D. M.: Information, Mechanism and Meaning, Cambridge Mass. 1969.

Meinhardt, H.: (Pattern Formation), Models of Biological Pattern Formation, New York 1982.

Miller, S. L./Orgel, L. E.: (Origins of Life), The Origins of Life on Earth, New Jersey 1974.

Mills, D. R./Peterson, R. L./Spiegelman, S.: (Extracellular Darwinian experiment), An extracellular Darwinian experiment with a self-duplicating nucleic acid molecule. Proc. Natl. Acad. Sci. USA *58*, 217 (1967).

Monod, J./Wyman, J./Changeux, J.-P.: (Allosteric transitions), On the nature of allosteric transitions: a plausible model. J. Mol. Biol. *12*, 88 (1965).

Monod, J.: Zufall und Notwendigkeit, München 1971.

Monod, J.: (Theory of evolution), On the molecular theory of evolution. In: Problems of Scientific Revolution. Progress and Obstacles to Progress in the Science, ed. R. Harré, Oxford 1975.

Monod, J.: L'évolution microscopique. Neue Zürcher Zeitung, 19. Februar 1975.

Müller, A. M. K.: (Naturgesetz), Naturgesetz, Wirklichkeit, Zeitlichkeit. In: Offene Systeme I, ed. E. von Weizsäcker, Stuttgart 1974.

von Neumann, J.: (Quantenmechanik), Mathematische Grundlagen der Quantenmechanik, Berlin 1932.

von Neumann, J.: (Self-Reproducing Automata), Theory of Self-

Reproducing Automata (pp. 74–87; herausgegeben und fertiggestellt von A. W. Burks), Urbana 1966.

Oparin, A. I.: (Genesis), Genesis and Evolutionary Development of Life, New York 1968.

Oppenheim, P./Putnam, H.: (Unity of Science), Unity of science as a working hypothesis. In: Minnesota Studies in the Philosophy of Science, Bd. II, edd. H. Feigl, M. Scriven und G. Maxwell, Minneapolis 1958.

Osche, G.: Evolution, Freiburg [10]1979.

Pattee, H. H.: (Complementary principle), The complementary principle and the origin of macromolecular information. Biosystems *11*, 217 (1979).

Pauli, W.: (Aspekte), Naturwissenschaftliche und erkenntnistheoretische Aspekte der Ideen vom Unbewußten. Dialectica *8*, 283 (1954).

Perutz, M.: (Hämoglobin), Hämoglobin – eine Lunge im Molekülformat. Bild der Wissenschaft *4*, 350 (1972).

Pittendrigh, C. S.: (Adaptation), Adaptation, natural selection and behavior. In: Behavior and Evolution, edd. A. Roe und G. G. Simpson, New Haven 1958.

Polanyi, M.: Life transcending physics and chemistry. Chemical and Engineering News *45*, 56 (1967).

Polanyi, M.: Life's irreducible structure. Science *160*, 1308 (1968).

Popper, K. R.: (Propensity interpretation), The propensity interpretation of the calculus of probability and the quantum theory. In: Observation and Interpretation: A Symposium of Philosophers and Physicists: Proceedings of the Ninth Symposium of the Colston Research Society held in the University of Bristol, edd. S. Körner und M. H. L. Pryce, London 1957.

Popper, K. R.: (Forschung), Logik der Forschung, Tübingen 1969.

Popper, K. R.: (Materialism), Materialism transcends itself. In: The Self and Its Brain, edd. K. Popper und J. C. Eccles, New York 1977.

Popper, K. R./Eccles, J. C.: The Self and Its Brain, New York 1977.

Popper, K. R.: Ausgangspunkte, Hamburg 1979.

Popper, K. R.: Letter to New Scientist. New Scientist 21. August 1980.

Popper, K. R.: (Materialismus), Der Materialismus überwindet sich selbst. In: Das Ich und sein Gehirn, edd. K. R. Popper und J. C. Eccles, München 1983.

Primas, H./Gans, W.: (Biologie und Theoriereduktion), Quantenmechanik, Biologie und Theoriereduktion. In: Materie-Leben-Geist, ed. B. Kanitscheider, Berlin 1979.

Ratner, V. A.: Molekulargenetische Steuerungssysteme, Stuttgart 1977.

Rensch, B.: (Zufall), Drei heterogene Bedeutungen des Begriffs »Zufall«. Philosophia Naturalis *18*, 197 (1981).

Rényi, A.: Probability Theory, Amsterdam 1970.

Richter, P. H.: (Evolution), Evolution – eine Folge von Phasenübergängen. Physik in unserer Zeit *5*, 43 (1974).

Riedl, R.: Biologie der Erkenntnis, Hamburg 1980.

Ruch, E./Lesche, B.: (Information), Information extent and information distance. J. Chem. Phys. *69* (1), 393 (1978).

Russell, B./Whitehead, A. N.: Principia Mathematica, Vol. I, Cambridge ²1925.

Sachsse, H.: Einführung in die Kybernetik, Braunschweig 1971.

Scheibe, E.: Ursache und Erklärung. In: Erkenntnisprobleme der Naturwissenschaften. Texte zur Einführung in die Philosophie der Wissenschaft, ed. L. Krüger, Köln 1970.

Schelling, F. W. J.: Von der Weltseele, Stuttgart 1798. (Unveränd. reprograf. Nachdr. [d. Ausg.] Stuttgart u. Augsburg, Cotta, 1856 u. 1857 – Darmstadt 1980.)

Schrödinger, E.: What is Life? Cambridge 1955.

Seiffert, H.: (Information), Information über die Information, München 1968.

Shannon, C. E./Weaver, W.: (Theory of Communication), The Mathematical Theory of Communication, Urbana 1949.

Solomonoff, R. J.: (Inductive inference), A formal theory of inductive inference. Part I. Inform. Contr. *7*, 1 (1964); Part II. Inform. Contr. *7*, 224 (1964).

Spemann, H.: (Development and Induction), Embryonic Development and Induction, New Haven 1938.

Spiegelman, S.: (Precellular evolution), An approach to the experimental analysis of precellular evolution. Quarterly Reviews of Biophysics *4*, 213 (1971).

Stegmüller, W.: (Wahrscheinlichkeit), Probleme und Resultate der Wissenschaftstheorie und Analytischen Philosophie IV, Personelle und Statistische Wahrscheinlichkeit, Heidelberg 1973.

Stegmüller, W.: (Gegenwartsphilosophie), Hauptströmungen der Gegenwartsphilosophie, Bd. II, Stuttgart 1975.

Stegmüller, W.: (Erklärung), Probleme und Resultate der Wissenschaftstheorie und Analytischen Philosophie, Bd. I, Wissenschaftliche Erklärung und Begründung, Heidelberg ²1983.

Stegmüller, W.: (Theorie und Erfahrung), Probleme und Resultate der Wissenschaftstheorie und Analytischen Philosophie, Bd. II, Theorie und Erfahrung, Heidelberg 1970.

Sumper, M./Luce, R.: (Self-replicating RNA), Evidence for *de novo* production of self-replicating and environmentally adapted RNA structures by bacteriophage Q_β replicase. Proc. Natl. Acad. Sci. USA 72, 162 (1975).

Thom, R.: (Stability), Structural Stability and Morphogenesis, Massachusetts 1975.

Thom, R.: (Systeme), Worüber sollte man sich wundern? In: Offene Systeme II, edd. K. Maurin, K. Michalski und E. Rudolph, Stuttgart 1981.

Thompson, C. J./McBride, J. L.: (Eigen's theory), On Eigen's theory of self-organization of matter and the evolution of biological macromolecules. Math. Biosci. 21, 127 (1974).

Weaver, W.: (Mathematics of Communication), The Mathematics of Communication. Scientific American 181, 11 (1949).

Weiss, P.: (Development), The Principles of Development, New York 1939.

Weiss, P.: (System), Das lebende System: Ein Beispiel für den Schichtendeterminismus. In: Das neue Menschenbild, edd. A. Koestler und J. R. Smythies, Wien 1970.

Weiss, P.: (Systemdenken), Empirische Grundlagen des Systemdenkens. Nova Acta Leopoldina 47, 326 (1977).

von Weizsäcker, C. F.: Die Einheit der Natur, München 1971.

von Weizsäcker, C. F.: Evolution und Entropiewachstum. Nova Acta Leopoldina 37 (1), 515 (1972).

von Weizsäcker, C. F.: (Heisenberg), Heisenbergs Entwicklung seit 1927. In: Werner Heisenberg, edd. C. F. von Weizsäcker und B. L. van der Waerden, München 1977.

von Weizsäcker, C. F.: Aufbau der Physik, München 1985.

von Weizsäcker, E.: (Erstmaligkeit und Bestätigung), Erstmaligkeit und Bestätigung als Komponenten der pragmatischen Information. In: Offene Systeme I, ed. E. von Weizsäcker, Stuttgart 1974.

von Weizsäcker, C./von Weizsäcker, E.: (Information), Wiederaufnahme der begrifflichen Frage: Was ist Information? Nova Acta Leopoldina 206, 535 (1972).

Whitehead, A. N.: Process and Reality. An Essay in Cosmology, Cambridge 1929.

Wiener, N.: Kybernetik, Düsseldorf 1963.

Wigner, E.: (Probability), The probability of the existence of a self-reproducing unit. In: The Logic of Personal Knowledge: Essays in Honor of Michael Polanyi, London 1961.

Williams, R. J.: Biochemical Individuality, New York 1956.

Wright, S.: (Surfaces), »Surfaces« of selective value. Proc. Natl. Acad. Sci. *58*, 165 (1967).

Yockey, H. P.: (Spontaneous biogenesis), A calculation of the probability of spontaneous biogenesis by information theory. J. theor. Biol. *67*, 377 (1977).

Register

310

312

318